国家改革和发展示范学校建设项目
课程改革实践教材
全国土木类专业实用型规划教材

建筑结构

JIANZHU JIEGOU

主　编　周琳霞
副主编　郭凤妍　史丽男　房俊静
　　　　李永斌
编　者　蒲红娟　乔明灿　孙秋苓

哈爾濱工業大學出版社
HARBIN INSTITUTE OF TECHNOLOGY PRESS

内容简介

本书体例新颖，案例丰富，各项目均有知识目标、技能目标、技术点睛及形式各异的练习题，以求达到学、练同步的目的。同时，力求内容精炼，重点突出，文字叙述通俗易懂。

本书分为10个项目，主要包括：绪论，建筑结构基本计算原则，钢筋混凝土结构的材料，钢筋混凝土受弯构件，钢筋混凝土受压、受扭构件，预应力混凝土结构，钢筋混凝土楼盖，多层及高层钢筋混凝土结构，砌体结构，钢结构和建筑结构抗震基础知识。并在最后给出了一套完整的单位工程的结构施工图实例。

本书可作为各级职业学校建筑工程技术、工程监理等土木工程类专业的教材，也可作为施工员、资料员等有关技术人员的自学参考书。

图书在版编目(CIP)数据

建筑结构/周琳霞主编. —哈尔滨：哈尔滨工业大学出版社，2015.2

全国土木类专业实用型规划教材

ISBN 978-7-5603-5233-6

Ⅰ.①建… Ⅱ.①周… Ⅲ.①建筑结构—高等学校—教材 Ⅳ.①TU3

中国版本图书馆CIP数据核字(2015)第029833号

责任编辑 张 瑞
出版发行 哈尔滨工业大学出版社
社　　址 哈尔滨市南岗区复华四道街10号 邮编150006
传　　真 0451-86414749
网　　址 http://hitpress.hit.edu.cn
印　　刷 三河市越阳印务有限公司
开　　本 850mm×1168mm 1/16 印张11 插页16 字数450千字
版　　次 2015年2月第1版 2015年2月第1次印刷
书　　号 ISBN 978-7-5603-5233-6
定　　价 34.00元

PREFACE

前言

“建筑结构”是为建筑专业学生提供建筑结构理论基础知识，培养结构施工图识读和工程施工技术员、监理员综合能力而设置的一门课程。它在基础课和专业课之间起着承上启下的作用。本书的编写旨在培养高素质技能型专门人才，提高学生的职业能力，以适应企业的需求。因此，本书在教学内容、课程体系和教材编写上着重贯彻了以下几点：

1. 理论与实训有机结合，穿插编排，建立新的课程体系。为便于学生抓住重点、提高学习效率，本书在每个项目开篇列有知识目标和技能目标，力求学生愿意学、有兴趣学，并且在每个项目后配有形式各异的练习题目，让学生自测学习效果，激发学习潜能。

2. 全新的编制理念，打破了传统的模式。根据企业对毕业生的技能需求，将工程实际中常用的G101图集穿插进去，采用最新的规范标准，增加大量的工程案例，努力与当前工作实践相结合。

3. 可操作性强，注重能力的培养。本书侧重于应用能力的培养，列举了大量工程案例，具有较强的实用性，并且结合能力目标，以“必需、够用”为原则，尽量深入浅出，让学生掌握所必需的知识。另外，本书附有一套完整的图纸，为已完工程的结构施工图，教学内容和行业一线紧密联系。

根据本课程的教学大纲，本书的教学课时数建议安排为94课时，各项目的建议课时分配如下：

序号	内容	建议课时
1	绪　论	2
2	项目1　建筑结构基本计算原则	8
3	项目2　钢筋混凝土结构的材料	6
4	项目3　钢筋混凝土受弯构件	20
5	项目4　钢筋混凝土受压、受扭构件	10
6	项目5　预应力混凝土结构	6
7	项目6　钢筋混凝土楼盖	8
8	项目7　多层及高层钢筋混凝土结构	10
9	项目8　砌体结构	10
10	项目9　钢 结 构	8
11	项目10　建筑结构抗震基础知识	6
合计		94

本书由周琳霞老师任主编。具体编写分工如下：周琳霞老师编写的绪论、项目 1、项目 2、项目 5 和项目 7，郭凤妍老师编写的项目 3、项目 4，史丽男老师编写的项目 6，乔明灿老师编写的项目 9，蒲红娟老师编写的项目 8 和项目 10；李永斌老师、房俊静老师、孙秋苓老师参与本书的资料整理工作。

在本书的编写过程中，参考了许多建筑结构方面的著作、资料，并得到许多工程单位的支持和帮助，在此表示衷心的感谢！

由于编者水平有限，书中难免有疏漏和差错之处，诚望读者批评和指正。

编　者

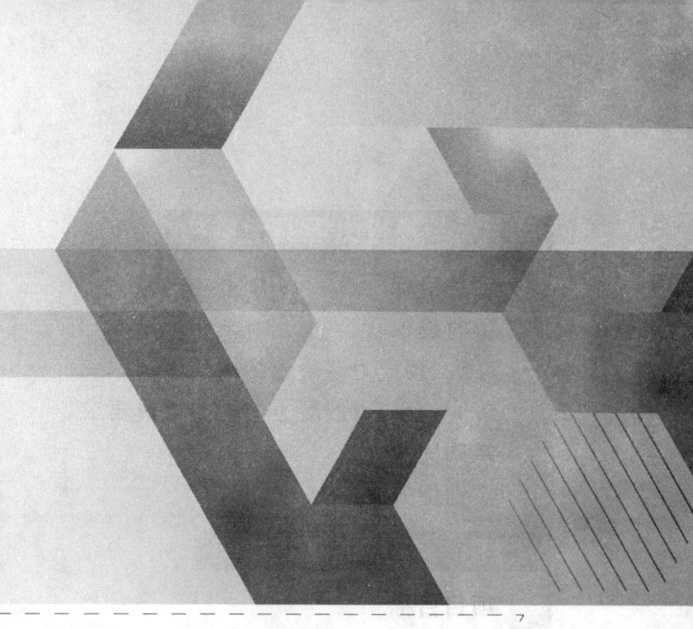

目录

CONTENTS

绪 论

【知识目标】

1. 掌握建筑结构的概念和各种结构类型的优缺点；
2. 了解建筑结构在工程上的应用及发展方向；
3. 了解本课程的任务和学习方法。

【技能目标】

1. 初步具有在建筑工程建设中正确判断建筑结构类型的能力；
2. 初步具有查阅建筑结构设计规范的能力。

【课时建议】

2 课时

0.1 建筑结构发展简介

在建筑中，由若干构件(如梁、板、柱等)连接而构成的能承受荷载和其他间接作用(如温度变化、地基不均匀沉降等)的体系，称为建筑结构。建筑结构在建筑中起骨架作用，是建筑的重要组成部分。

建筑结构是工程结构(包括建筑结构、桥梁结构、水工结构、电力工程结构等)的一部分，因此建筑结构的发展必然离不开整个工程结构的发展；又由于建筑结构是用各种材料(木、砖石、钢、混凝土等)制成的，所以建筑结构的发展与建筑材料的发展也有着密切的联系。

大量的考古发掘资料证明，早在新石器时代末期(4 500～6 000 年前)，我国就已经出现了地面木架建筑和木骨泥墙建筑。到公元前 2000 年，则有夯土的城墙，其后出现了烧制的砖和瓦。我国最早应用的建筑结构是木结构与砖石结构。

我国历代沿用的木结构建筑别具一格，其特点是以梁、柱组成的框架承重，墙体则主要起填充、防护作用。从保存至今已达千年之久的山西五台山佛光寺大殿(建于公元 857 年)可以看出，远溯至唐代既已形成了完整的结构体系。高达 66 m 蔚为壮观的山西应县木塔(建于 1056 年)集中地反映了我国古代木结构建筑的高超水平。

我国古代砖石结构主要用于城墙、佛塔、穹拱佛殿以及石桥等。举世闻名的万里长城，是我国古代劳动人民勇敢、智慧与血汗的结晶，是中华民族的象征。隋代(公元 581—617 年)李春所造河北赵县赵州桥(图 0.1)，距今已有 1 400 多年，其净跨为 37.37 m，为世界上最早的单孔空腹式石拱桥，它在材料使用、结构受力、艺术造型等方面，都达到了极高的水平。

图 0.1 赵州桥

随着冶炼技术的发展，人类很早便开始采用金属结构。根据历史记载，我国在汉明帝时(公元 65 年)，已在云南的峡谷中用铁链做吊桥。现在保存下来的四川泸定县大渡河铁索桥系清康熙四十五年(1706 年)建，桥跨长 103 m、宽 2.8 m，1935 年中国工农红军长征中曾强渡此桥，由此更加闻名。广州光孝寺西铁塔是我国现存铁塔中年代最早的一座，它建于南汉大宝六年(公元 963 年)，塔高 7.69 m，共分 7 层。精致复杂，极具艺术价值，反映了当时我国冶炼、铸造的技术水平。湖北当阳县玉泉寺棱金塔系北宋嘉祐六年(1061 年)建，高 17.9 m，重53.3 t，是我国现存最高、最重的铁塔。

上述成就以及至今保存完好的其他建筑表明，我国古代在建筑结构的应用范围与建造技术等各方面，都已达到了相当高的水平。

19 世纪水泥问世，随之出现了混凝土结构，这大大地促进了建筑结构的发展。随着我国社会主义建设事业的蓬勃发展，建筑结构的发展也十分迅速。在短短的 60 多年间，不论是在建筑材料、工程设计、施工技术以及理论研究等方面我国均取得了长足的进步，相当一部分工程在规模和技术上已经达到了世界先进水平。国家大剧院是世界上最大的穹顶建筑，总建筑面积约 16.5 万 m^2，造价超过20 亿元人民币。武汉天兴洲长江大桥是迄今世界上最大的公铁两用桥，下层为可并列行驶四列火车的铁道，总投资约 110.6 亿元。这些都标志着我国的建筑结构已经开始进入世界先进的技术行列。

0.2 建筑结构的分类及其应用

根据所用材料的不同，建筑结构分为混凝土结构及砌体结构、钢结构和木结构。

0.2.1 混凝土结构

混凝土结构是钢筋混凝土结构、预应力混凝土结构及素混凝土结构的总称。自1824年出现了波特兰水泥，1850年出现了钢筋混凝土以来，混凝土结构已被广泛应用于工程建设中，如各类建筑工程、构筑物、桥梁、港口码头、特种结构等领域。采用混凝土作为建筑结构材料，主要是因为混凝土的原材料（砂、石子等）来源丰富，钢材用量较少，结构承载力和刚度大，防火性能好，造价低。钢筋混凝土技术于1903年传入我国，现在已成为我国发展高层建筑的主要材料。随着科学技术的进步，钢筋与混凝土组合结构也得到了很大发展，并已经被应用到超高层建筑中，如图0.2所示的台北101大厦。

图0.2 台北101大厦

钢筋混凝土结构广泛应用于工业与民用建筑中，一些特种结构，如烟囱、水塔、筒仓、挡土墙等也主要用钢筋混凝土来建造。钢筋混凝土结构之所以应用如此广泛，主要是因为它具有如下优点：

①强度高。钢筋、混凝土两种材料相对于其他建筑材料具有较高的抗拉、抗压强度，从而提高建筑结构的承载能力。

②整体性好。钢筋混凝土结构特别是现浇结构有很好的整体性，这对于地震区的建筑物有重要意义，另外在抵抗暴风及爆炸和冲击荷载方面也有较强的能力。

③耐久性好。在钢筋混凝土结构中，钢筋被混凝土紧紧包裹而不致锈蚀，即使在侵蚀性介质条件下，也可采用特殊工艺制成耐腐蚀的混凝土，从而保证了结构的耐久性。

④可模性好。新拌和的混凝土是可塑的，可根据工程需要制成各种形状的构件，这给合理选择结构形式及构件断面提供了方便。

⑤耐火性好。混凝土是不良传热体，钢筋又有足够的保护层，火灾发生时钢筋不致很快达到软化温度而造成结构瞬间被破坏。

钢筋混凝土也有一些缺点，主要是自重大，抗裂性能差，现浇结构模板用量大，工期长等。但随着科学技术的不断发展，这些缺点可以逐渐被克服。例如，采用轻质、高强的混凝土，可以克服自重大的缺点；采用预应力混凝土，可以克服容易开裂的缺点；掺入纤维做成纤维混凝土，可以改善混凝土的脆性；采用预制构件，可以减小模板的用量，缩短工期。

0.2.2 砌体结构

砌体结构是以砌体为主制作的结构,包括砖结构、石结构和其他材料的砌块结构。砌体结构是我国建筑工程中最常用的结构形式,墙体结构中砖石砌体约占95%以上,主要应用于多层住宅、办公楼等民用建筑的基础、内外墙身、门窗过梁、墙柱等构件,如跨度小于24 m且高度较小的俱乐部、食堂及跨度在15 m以下的中小型工业厂房,60 m以下的烟囱、料仓、地沟、管道支架和小型水池等。我国古代就用砌体结构修建城墙、佛塔、宫殿和拱桥。闻名中外的故宫博物院(图0.3)、西安大雁塔等均为砌体结构建造。

图0.3 故宫博物院

砌体结构主要有以下优点:

①容易就地取材。砖主要用黏土烧制;石材的原料是天然石;砌块可以用工业废料——矿渣制作,来源方便,价格低廉;

②具有良好的耐火性及耐久性。在一般情况下,砌体能耐受400 ℃的高温。砌体耐腐蚀性能良好,完全能满足预期的耐久年限要求;

③具有良好的保温、隔热、隔声性能,节能效果好;

④施工简单,技术容易掌握和普及,也不需要特殊的设备。

砌体结构的主要缺点是:自重大,强度低,整体性差,施工速度缓慢,不能适应建筑工业化的要求等。目前发展高强、轻质的空心块体,能使墙体自重减轻,生产效率提高,保温性能良好,且受力更加合理,抗震性能也得到提高。发展高强度、高黏结胶合力的砂浆,能有效提高砌体的强度和抗震性能。

0.2.3 钢结构

建筑物的主要承重构件全部由钢板或型钢制成的结构称为钢结构。钢结构具有承载能力高、塑性和韧性好、制造与施工方便、工业化程度高、质量较轻、钢材材质均匀、拆迁方便等优点,所以应用范围相当广泛,目前,钢结构多用于工业与民用建筑中的大跨度结构(如图0.4所示鸟巢)、高层和超高层建筑、重工业厂房、受动力荷载作用的厂房、高耸结构以及一些构筑物中。钢结构的应用还在日益增多,尤其是在高层建筑及大跨度结构(如屋架、网架、悬索等)中。钢结构的缺点是易腐蚀,需经常用油漆维护,故维护费用较高。钢结构的耐火性差,当温度达到250 ℃时,其材质将会发生较大变化;当温度达到500 ℃时,钢结构会瞬间崩溃,完全丧失承载能力。此外,钢材是国民经济各部门中不可缺少的材料,要最大限度地节约钢材,所以在建筑工程中要合理使用,充分发挥钢结构的优点。

图 0.4　鸟巢

0.2.4　木结构

木结构是指全部或者大部分使用木材制成的结构，如图 0.5 所示。木结构的优点是能就地取材、制作简单、造价较低、便于施工；缺点是木材本身疵病较多，易燃、易腐、结构变形较大。由于木材的用途广泛，而其产量受到自然条件的限制，目前在大、中城市中已限制采用木结构。

图 0.5　木结构房屋

0.3　本课程的任务与学习方法

本课程是建筑专业的一门重要专业基础课，包括建筑结构基本计算原则，钢筋混凝土结构的材料，钢筋混凝土受弯构件，钢筋混凝土受压、受扭构件，预应力混凝土结构，钢筋混凝土楼盖，多层与高层钢筋混凝土结构，砌体结构，钢结构，建筑结构抗震基础知识 10 个项目。通过本课程的学习，应达到的基本要求是：

①掌握各类结构基本构件的受力特点和计算原理，对常见的一般构件能进行计算和复核；

②掌握各类结构的主要构造要求，熟悉现行规范中有关结构构造的一般规定；

③能识读结构施工图，对一般构件能按设计计算结果绘制；

④理解地震的基本知识和房屋抗震的主要措施。

技术点睛

本教材是根据我国《混凝土结构设计规范》(GB 50010—2010)、《高层建筑混凝土结构技术规程》(JGJ 3—2010)、《建筑结构荷载规范》(GB 50009—2012)、《砌体结构设计规范》(GB 50003—2011)、《混凝土结构施工图平面整体表示方法制图规则和构造详图》(11G101—1、2、3)等规范和国家标准进行编写的。国家标准是建筑工程设计、施工的依据,它反映了我国几十年来建筑结构的科学研究成果和工程实践的经验,是贯彻国家技术经济政策的保证,我们必须熟悉并正确应用。

本课程与“建筑力学”“建筑材料”“建筑制图与识图”“房屋构造”“建筑施工技术”等课程都有密切的联系,熟悉和掌握上述课程内容,是学好“建筑结构”的基础。

本课程对于将从事建筑施工的人员是一门必须掌握的专业知识,只有具备了全面的建筑结构知识,才能正确理解和贯彻设计意图,确定施工方案和组织施工,处理建筑施工中的结构问题,防止发生工程事故,从而保证工程质量。

一、填空题

1. 在建筑中,由________连接而成的能承受________和________的体系,称为建筑结构。
2. 根据所用材料不同,建筑结构可以分为________、________、________和________4类。
3. 钢筋混凝土具有________、________、________和________的优点。
4. 混凝土结构是________结构、________结构、________结构的总称。
5. 钢结构的缺点是易________,________费用较高,________差。

二、简答题

1. 建筑结构根据使用材料的不同可以分为哪几种类型?
2. 钢筋混凝土结构的优缺点有哪些?
3. 砌体结构的优缺点有哪些?
4. 如何学好本门课程?谈谈自己的打算。

请同学们调查本校建筑物(如办公楼、教学楼、实训楼、学生宿舍、体育场馆等)所采用的结构类型。

项目1 建筑结构基本计算原则

项目目标

【知识目标】

1.熟悉荷载的分类和荷载代表值的概念，了解荷载效应与结构抗力的概念；

2.掌握结构的功能要求以及可靠性的概念，了解极限状态的概念、分类以及结构极限状态方程；

3.了解概率极限状态设计法的相关概念。

【技能目标】

掌握构件内力标准值、设计值的计算方法，逐步培养内力分析和配筋计算的能力。

【课时建议】

8 课时

1.1 建筑结构的荷载

1.1.1 荷载的分类

1.荷载的概念

建筑结构在使用期间和在施工过程中要承受各种作用:施加在结构上的集中力或者分布力(如人群、设备、风、雪、构件自重等)称为直接作用,也称荷载;引起结构外加变形或者约束变形的原因(如温度变化、地基不均匀变形、地面运动等)称为间接作用。

2.荷载的分类

(1)按随时间的变化分类

①永久荷载。在结构使用期间,其值不随时间变化,或其变化与平均值相比可以忽略不计的荷载。例如,结构自重、土压力等。永久荷载也称为恒载。

②可变荷载。在结构使用期间,其量值随时间变化,且其变化与平均值相比不可忽略的作用。如安装荷载、楼面活荷载、风荷载、雪荷载、吊车荷载等。可变荷载也称为活载。

③偶然荷载。在结构使用期间不一定出现,一旦出现,其量值很大且持续时间较短的荷载,如爆炸力、撞击力等。

(2)按随空间位置的变化分类

①固定作用。在结构空间位置上具有固定分布的作用,如楼面上的固定设备荷载、结构构件自重等。

②可动作用。在结构空间位置上的一定范围内可以任意分布的作用,如楼面上的人员荷载、吊车荷载等。

(3)按结构的反应分类

①静态作用。使结构产生的加速度可忽略不计的作用,如结构自重、住宅与办公楼的楼面活荷载等。

②动态作用。使结构产生的加速度不可忽略的作用,如地震、吊车荷载、设备振动、风荷载等。

技术点睛

按照荷载随时间的变化分类,是进行结构计算时最常用的分类方法。

1.1.2 荷载代表值及材料强度标准值

1.荷载代表值

结构计算时,须根据不同的设计要求采用不同的荷载数值,称为荷载代表值。《建筑结构荷载规范》(GB 50009—2012)给出了4种荷载代表值,即标准值、组合值、准永久值和频遇值。

技术点睛

荷载标准值是荷载的基本代表值,其他代表值都可以在标准值基础上乘以相应的系数得出。

①荷载标准值。荷载标准值是指结构在使用期间，在正常情况下出现具有一定保证率的最大荷载值。

永久荷载的标准值可按构件的设计尺寸和材料容重的标准值确定。对于构件的自重变化不大的材料，一般取实际概率分布的平均值作为其荷载标准值。但是，对于有些自重变异较大的材料或结构构件，其自重的确定，则应按是否对结构不利来考虑，取自重的上限值或下限值(表1.1)。

表1.1　部分常用材料和构件的自重　　kN/m^3

名称	自重	名称	自重
普通砖	18～19	素混凝土	22～24
陶粒空心砌块	5	钢筋混凝土	24～25
混凝土空心砌块	5.5	钢框玻璃窗	0.4～0.45
石灰砂浆、混合砂浆	17	木门	0.1～0.2
水泥砂浆	20	油毡防水层	0.05

可变荷载的标准值宜统一由设计基准期最大荷载概率分布的某一分位数确定，例如，取为设计平均值加1.645倍标准差，即具有的95%保证率的上分位值。但实际上目前对很多种可变荷载的调查研究还远远不够，难以估计出其概率分布，其大部分荷载的取值还是沿用或参照了传统习用的数值，如我国办公楼和住宅的楼面活荷载标准值均取为2.0 kN/m^2(表1.2)。我国确定标准风荷载的基本风压是按当地比较空旷、平坦的地面，在离地10 m高处，以统计得到的50年一遇10 min平均最大风速v(m/s)为标准，按$v^2/1\,600$确定的风压值；而雪荷载标准值的基本雪压，是按一般空旷、平坦地面上统计得到的50年一遇最大积雪自重为标准确定的。

表1.2　部分民用建筑楼面均布活荷载标准值及其组合值、频遇值和准永久值系数

项次	类别	标准值/($kN \cdot m^{-2}$)	组合值系数(ψ_c)	频遇值系数(ψ_f)	准永久值系数(ψ_q)
1	(1)住宅、宿舍、旅馆、办公楼、医院病房、托儿所、幼儿园； (2)实验室、阅览室、会议室、医院门诊	2.0	0.7	0.5 0.6	0.4 0.5
2	教室、餐厅、食堂、办公楼中的一般资料档案室	2.5	0.7	0.6	0.5
3	(1)礼堂、剧场、影院有固定座位的看台； (2)公共洗衣房	3.0 3.0	0.7 0.7	0.5 0.6	0.3 0.5
4	(1)商店、展览厅、车站、港口、机场大厅及其等候室； (2)无固定座位的看台	3.5 3.5	0.7 0.7	0.6 0.5	0.5 0.3
5	(1)健身房、演出舞台； (2)舞厅、运动场	4.0 4.0	0.7 0.7	0.6 0.6	0.5 0.3
6	(1)书库、档案室、储藏室； (2)密集柜书库	5.0 12.0	0.9	0.9	0.8
7	浴室、厕所、盥洗室	2.5	0.7	0.6	0.5
8	走廊、门厅、楼梯： (1)住宅、宿舍、旅馆、医院病房、托儿所、幼儿园； (2)办公楼、教室、餐厅、医院门诊部； (3)教学楼及其他可能出现人员密集的情况	2.0 2.5 3.5	0.7 0.7 0.7	0.5 0.6 0.5	0.4 0.5 0.3

续表 1.2

项次	类别	标准值 /(kN·m^{-2})	组合值系数 (ψ_c)	频遇值系数 (ψ_f)	准永久值系数 (ψ_q)
9	阳台： (1)一般情况； (2)有人群密集时	2.5 3.5	0.7	0.6	0.5

②可变荷载组合值。当结构同时承受两种或两种以上可变荷载时，由于各种可变荷载同时达到其最大值的可能性极小，因此除主导荷载(产生荷载效应最大的荷载)仍以其标准值为代表值外，其他伴随荷载的代表值应小于其标准值，此代表值称为可变荷载组合值。可变荷载组合值可写成：

$$Q_c=\psi_c\times Q_k \tag{1.1}$$

式中 Q_c——可变荷载组合值；

ψ_c——可变荷载组合值系数；

Q_k——可变荷载标准值。

③可变荷载准永久值。可变荷载的准永久值是指在设计基准期内，其超越的总时间约为设计基准期一半的荷载设计值。

当验算结构构件的变形和裂缝时，要考虑荷载长期作用的影响。此时，永久荷载应取标准值；可变荷载因不能以最大荷载值(即标准值)长期作用于结构构件，所以应取经常作用于结构的那部分荷载，它类似永久荷载的作用，故称为准永久值。显然，可变荷载的准永久值小于可变荷载标准值，故可以写成：

$$Q_q=\psi_q\times Q_k \tag{1.2}$$

式中 Q_q——可变荷载准永久值；

ψ_q——可变荷载准永久值系数($\leqslant 1.0$)；

Q_k——可变荷载标准值。

④可变荷载频遇值。可变荷载的频遇值是指在设计基准期内，其超越的总时间为规定的较小比率或超越频率为规定频率的荷载值。由于频遇值是指在较短持续时间内可能达到的较大可变荷载值，而不是规定使用期限内的最大可变荷载值，因此，可变荷载频遇值小于可变荷载标准值，故可写成：

$$Q_f=\psi_f\times Q_k \tag{1.3}$$

式中 Q_f——可变荷载频遇值；

ψ_f——可变荷载频遇值系数；

Q_k——可变荷载标准值。

2.材料强度标准值

(1)钢材的强度标准值

结构所用材料的性能均有变异性，例如按同一标准生产的钢材，不同时生产的各批钢筋的强度并不完全相同，即使是用同一炉钢轧制成的钢筋，其强度也有差异。因此结构设计时需要确定一个材料强度的基本代表值，即材料的强度标准值。规范规定钢筋的强度标准值应具有95%保证率。热轧钢筋的强度标准值系根据屈服强度确定，用 f_{yk} 表示。预应力钢绞线、钢丝和热处理钢筋的强度标准值系根据极限抗拉强度确定，用 f_{ptk} 表示，见表 1.3。

表 1.3　普通热轧钢筋牌号、符号、直径和强度指标

牌号	符号	公称直径 d/mm	屈服强度标准值 /(N·mm^{-2})	极限强度标准值 /(N·mm^{-2})	抗拉强度设计值 /(N·mm^{-2})	抗压强度设计值 /(N·mm^{-2})
HPB300	Φ	6～22	300	420	270	270
HRB335 HRBF335	Φ Φ^F	6～50	335	455	300	300
HRB400 HRBF400 RRB400	Φ Φ^F Φ^R	6～50	400	540	360	360
HRB500 HRBF500	Φ Φ^F	6～50	500	630	435	435

注：HPB 是热轧光圆钢筋，HRB 是热轧带肋钢筋，HRBF 是热轧带肋细晶粒钢筋，RRB 是余热处理钢筋。HPB、HRB 等符号后的数字代表该牌号钢筋的屈服强度标准值。

(2)混凝土的强度标准值

由于混凝土的骨料为天然材料以及施工水平的差异，混凝土强度的差异性比钢材更大。根据试验分析，考虑到结构中混凝土强度与试件强度之间的差异，基于全国多地区混凝土强度的统计调查结果，以及高强混凝土研究的试验数据，《混凝土结构设计规范》(GB 50010—2010)规定了具有 95%保证率的混凝土强度标准值，混凝土轴心抗压、抗拉强度标准值，见表 1.4。

表 1.4　混凝土强度标准值　N/mm²

强度	混凝土强度等级													
	C15	C20	C25	C30	C35	C40	C45	C50	C55	C60	C65	C70	C75	C80
轴心抗压强度 f_{ck}	10.0	13.4	16.7	20.1	23.4	26.8	29.6	32.4	35.5	38.5	41.5	44.5	47.4	50.2
轴心抗拉强度 f_{tk}	1.27	1.54	1.78	2.01	2.20	2.39	2.51	2.64	2.74	2.85	2.93	2.99	3.05	3.11

1.2　建筑结构的设计方法

1.2.1　结构的功能要求

建筑结构在规定的时间内(一般取 50 年)，在正常条件下，必须满足下列各项功能要求：

①能承受在正常施工和正常使用时可能出现的各种作用；

②在正常使用时具有良好的工作性能；

③在正常维护下具有足够的耐久性；

④在偶然事件发生时及发生以后，仍能保持必须的整体稳定性。

以上功能要求，也可以用安全性、适用性和耐久性来概括。一个合理的结构设计，应该是用较少的材料和费用，获得安全、适用和耐久的结构，以及结构在满足使用条件的前提下，既安全，又经济。

1.2.2 结构功能的极限状态

1. 结构可靠度和安全等级

结构可靠性是指结构在规定的时间内(即设计基准期),在规定的条件下(结构正常的设计、施工、使用和维修条件),完成预定功能(如承载力、刚度、稳定性、抗裂性、耐久性和动力性能等)的能力。需要说明的是,当建筑结构的使用年限到达或超过设计基准使用期后,并不意味着该结构立即报废不能使用了,而是说明它的可靠性水平从此要逐渐降低了,在做结构鉴定及必要加固后,仍可继续使用。

结构可靠度是指结构在规定的时间内,在规定的条件下,完成预定功能的概率,即结构可靠度是结构可靠性的概率度量。

结构可靠度的分析就是要合理地确定结构的可靠度水平,使结构设计满足技术先进、经济合理、安全适用和确保质量的要求。简而言之,进行建筑结构设计的基本目的,就是要采取最经济的手段,使结构在设计基准期内,具有各种预期的功能。

结构的设计基准期是指为确定可变作用及与时间有关的材料性能等取值而选用的时间参数,《建筑结构可靠度设计统一标准》(GB 50068—2001)采用的设计基准期为50年。

结构设计使用年限是指设计规定的结构或结构构件不需进行大修即可按其预定目的使用的时间,《建筑结构可靠度设计统一标准》(GB 50068—2001)采用的设计使用年限为:临时性结构为5年;易于替换的结构构件为25年;普通房屋和构筑物为50年;纪念性建筑和特别重要的建筑结构为100年。

安全可靠是结构设计的重要内容,所以在进行建筑结构的设计时,应根据结构破坏可能产生的各种后果(危及人的生命、造成经济损失、产生社会影响等)的严重性,采用不同的安全等级。《建筑结构可靠度设计统一标准》(GB 50068—2001)对建筑结构的安全等级划分为3级,见表1.5。

表1.5 建筑结构的安全等级

安全等级	破坏后果的严重程度	建筑物的类别
一级	很严重	重要的建筑物
二级	严重	一般的建筑物
三级	不严重	次要的建筑物

当然,对于特殊的建筑物,其安全等级可根据具体情况另行确定。对地基基础和按抗震要求设计的建筑结构,其安全等级尚应符合地基基础和抗震规范的规定。

建筑结构中各类构件的安全等级宜与整个结构同级,对其中部分结构构件的安全等级可进行调整,但不得低于三级。

2. 结构的极限状态

结构的极限状态是指整个结构或结构的一部分超过某一特定状态就不能满足设计规定的某一功能要求时的状态,此特定状态称为该功能的极限状态。

《建筑结构可靠度设计统一标准》(GB 50068—2001)将结构的极限状态分为下列两类。

(1)承载能力极限状态

承载能力极限状态是对应于结构或结构构件达到最大承载能力或不适于继续承载变形的极限状态。当结构或结构构件出现下列状态之一时,便认为超过了承载能力极限状态.

①整个结构或结构的一部分作为刚体失去平衡,如雨篷压重不足而倾覆、烟囱抗风不足而倾倒、挡土墙抗滑不足在土压力作用下而整体滑移等;

②结构构件或其连接部件因超过材料强度而破坏(包括疲劳破坏),如轴心受压构件中混凝土达到

了轴心抗压强度、构件的钢筋因锚固长度不足而被拔出等；或因变形过大而不适于继续承受荷载；

③结构转变为机动体系，如构件发生三铰共线而形成机动体系，丧失承载能力；

④结构或构件丧失稳定，如细长柱到达临界荷载后压屈失稳而破坏。

(2)正常使用极限状态

正常使用极限状态是对应于结构或结构构件达到正常使用或耐久性能的某项规定限值时的状态。当出现下列状态之一时，应认为结构或结构构件超过了正常使用极限状态：

①出现影响正常使用或外观的变形，如吊车梁变形过大导致吊车不能正常行驶，梁挠度过大影响外观等；

②出现影响正常使用或耐久性能的局部损坏，如水池池壁开裂漏水不能正常使用，裂缝过宽导致钢筋锈蚀等；

③出现影响正常使用的振动，如由于机器振动而导致结构的振幅超过按正常使用要求所规定的限位等；

④影响正常使用的其他特定状态，如相对沉降量过大等。

由上述两类极限状态可以看出，承载能力极限状态主要考虑结构的安全性功能。当结构或结构构件超过承载能力极限状态时，就已经超出了最大限度的承载能力，不能再继续使用。正常使用极限状态主要是考虑结构的适用性和耐久性。例如，吊车梁变形过大会影响行驶；屋面构件变形过大会造成粉刷层脱落和屋顶积水；构件裂缝宽度超过容许值会使钢筋锈蚀，影响耐久性等，这些均属于超过了正常使用极限状态。

技术点睛

结构或构件一旦超过承载能力极限状态，就可能发生严重破坏、倒塌，造成人身伤亡和重大经济损失。因此，应当把出现这种极限状态的概率控制得非常严格。而结构或构件出现正常使用极限状态，要比出现承载能力极限状态的危险性小得多，不会造成人身伤亡和重大经济损失。因此，可把出现这种极限状态的概率放宽一些。

1.2.3 极限状态设计表达式

结构设计时，应针对不同的极限状态，根据结构的特点和使用要求给出具体的标志和限值，作为结构设计的依据。这种以相应于结构各种功能要求的极限状态，作为结构设计依据的设计方法，就称为极限状态设计法。

(1)作用效应和结构抗力的概念

作用效应(Siege)S是指由于直接作用或间接作用(荷载、温度、支座不均匀沉降等因素)作用于结构构件上，在结构内产生的内力和变形(如轴力、弯矩、剪力、扭矩、挠度、转角和裂缝等)。当作用为荷载时，引起的效应称为"荷载效应"。

结构抗力(Resistance)R是指结构或结构构件承受内力和变形的能力(如构件的承载能力、刚度等)。由于影响结构构件抗力的主要因素如材料性能(材质、强度、弹性模量、工艺、环境等)、几何参数(制作尺寸的偏差、安装误差)和计算模型的精确性(抗力计算所采用的力学模型和计算公式的精确度)都是不确定的随机变量，所以由这些因素综合而成的结构抗力R也是随机变量。

(2)极限状态方程

结构和结构构件的工作情况究竟怎样，是工作良好安全可靠，还是达到了极限状态结构失效，可以由该结构构件所承受的荷载效应S和结构抗力R两者的关系来描述，其表达式即为结构的极限状态方程，写为：

$$Z=R-S\geqslant 0 \tag{1.4}$$

当 $Z>0$ 时,结构处于可靠状态;

当 $Z<0$ 时,结构处于失效状态;

当 $Z=0$ 时,结构处于极限状态,即当基本变量满足极限状态方程时,则结构达到极限状态,如图 1.1 所示。

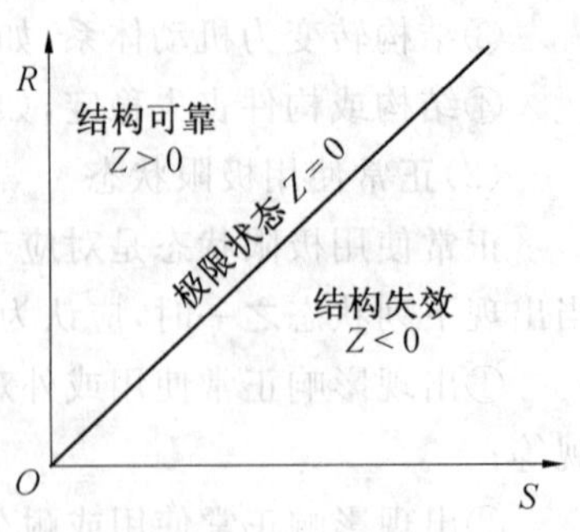

图 1.1 极限状态方程取值示意图

(3)极限状态设计表达式

采用概率极限状态设计法可以较全面地考虑各有关因素的客观变异性,使所设计的结构符合预期的可靠度的要求,但直接采用这种方法计算工作繁重,不易掌握。考虑到应用上的简便,我国《建筑结构可靠度设计统一标准》(GB 50068—2001)确定采用以概率极限状态设计法为基础的实用设计表达式,这种方法在设计表达式中并不出现度量可靠性的数量指标,而是在各分项系数中加以考虑,因此简便易行。

结构构件的极限状态设计表达式,应根据各种极限状态的设计要求,采用有关的荷载代表值、材料性能标准值、几何参数标准值以及各种分项系数等表达。

《建筑结构可靠度设计统一标准》(GB 50068—2001)给出的各极限状态设计表达式如下。

1. 承载能力极限状态设计表达式

对于承载能力极限状态,结构构件应按荷载效应的基本组合和偶然组合设计,其设计表达式如下。

(1)基本组合

对于基本组合,其内力组合设计值可按公式(1.5)和公式(1.6)中最不利值确定。

①可变荷载效应控制的组合:

$$\gamma_0 S=\gamma_0\left[\gamma_G S_{Gk}+\gamma_{Q1} S_{Q1k}+\sum_{i=2}^{n}(\gamma_{Qi}\psi_{ci}S_{Qik})\right] \tag{1.5}$$

② 永久荷载效应控制的组合:

$$\gamma_0 S=\gamma_0\left[\gamma_G S_{Gk}+\sum_{i=1}^{n}(\gamma_{Qi}\psi_{ci}S_{Qik})\right] \tag{1.6}$$

式中 γ_0——结构重要性系数,对安全等级为一级或者设计使用年限为 100 年(砌体结构为 50 年)及以上的结构构件,不应小于 1.1;对于安全等级为二级或设计使用年限为 50 年的结构构件,不应小于 1.0;对安全等级为三级或设计使用年限为 5 年及以下的结构构件,不应小于 0.9,建筑结构安全等级的划分见表 1.5;

S——荷载效应设计值,分别表示设计轴力 N、设计弯矩 M、设计剪力 V 等;

γ_G——永久荷载分项系数,当永久荷载效应对结构构件的承载能力不利时,对公式(1.5)取 1.2,对公式(1.6)取 1.35;当永久荷载效应对结构构件承载能力有利时,不应大于 1.0;

γ_{Q1}、γ_{Qi}——第 1 个和第 i 个可变荷载分项系数,当可变荷载效应对结构构件承载能力不利时,在一般情况下取 1.4;

S_{Gk}——永久荷载标准值的效应;

S_{Q1k}——在基本组合中起控制作用的第一个可变荷载标准值的效应;

S_{Qik}——第 i 个可变荷载标准值的效应;

ψ_{ci}——第 i 个可变荷载的组合值系数(表 1.2),其值不应大于 1.0

技术点睛

采用公式(1.5)和公式(1.6)时，应根据结构可能同时承受的可变荷载进行荷载效应组合，并取其中最不利的组合进行设计。各种荷载的具体组合规则，应符合现行国家标准《建筑结构荷载规范》的规定。

(2)偶然组合

偶然组合是一个偶然作用与其他可变荷载相结合，这种偶然作用的特点是发生概率小，持续时间短，但对结构的危害大。由于不同的偶然作用(如地震、爆炸、暴风雪等)，其性质差别较大。《建筑结构可靠度设计统一标准》(GB 50068—2001)提出对于偶然组合，极限状态设计表达式宜按下列原则确定：偶然作用的代表值不乘分项系数；与偶然作用同时出现的可变荷载，可根据观测资料和工程经验采用适当的代表值。具体的设计表达式及各种系数值，应符合专门规范的规定。例如，当考虑地震作用时，应按现行国家标准《建筑抗震设计规范》(GB 50011—2010)确定。

2. 正常使用极限状态设计表达式

对于正常使用极限状态，应根据不同的设计要求，采用荷载的标准组合、频遇组合或准永久组合，并应按下列设计表达式进行设计：

$$S \leqslant C \tag{1.7}$$

式中 C——结构构件达到正常使用要求所规定的变形、裂缝宽度和应力等的限值；

S——正常使用极限状态的荷载组合的效应设计值。

(1)荷载效应组合

在计算正常使用极限状态的荷载效应组合值时，需首先确定荷载效应的标准组合和准永久组合。荷载效应的标准组合和准永久组合应按下列规定计算：

①标准组合：

$$S_k = S_{Gk} + S_{Q1k} + \sum(\psi_{ci} S_{Qik}) \tag{1.8}$$

②准永久组合：

$$S_Q = S_{Gk} + \sum_{i=1}^{n}(\psi_{qi} S_{Qik}) \tag{1.9}$$

③频遇组合：

$$S = S_{Gk} + \psi_{f1} S_{Q1k} + \sum_{i=2}^{n}(\psi_{qi} S_{Qik}) \tag{1.10}$$

式中 S_G、S_Q——分别为荷载效应的标准组合和准永久组合；

ψ_{ci}、ψ_{qi}——分别为第 i 个可变荷载的组合值系数和准永久值系数。

必须指出，在荷载效应的准永久组合中，只包括在整个使用期内出现时间很长的荷载效应值，即荷载效应的准永久值为 $\psi_{qi} S_{Qik}$；而在荷载效应的标准组合中，既包括在整个使用期内出现时间很长的荷载效应值，也包括在整个使用期内出现时间不长的荷载效应值。因此，荷载效应的标准组合值出现的时间不长。

【案例实解】

某学生公寓楼钢筋混凝土现浇楼板，承受各种均布荷载，其中永久荷载引起的跨中弯矩标准值为1.8 kN·m，可变荷载引起的跨中弯矩标准值为1.5 kN·m，构件的安全等级为二级，可变荷载组合系数为0.7，频遇值系数为0.5，准永久值系数为0.4。试按承载能力极限状态和正常使用极限状态计算板的跨中弯矩值。

解 (1)按承载能力极限状态计算板跨中弯矩设计值

①当按可变荷载效应控制组合时：

$\gamma_G = 1.2, \gamma_Q = 1.4$，则

$$\gamma_0 S = \gamma_0 [\gamma_G S_{Gk} + \gamma_{Q1} S_{Q1k} + \sum_{i=2}^{n} (\gamma_{Qi} \psi_{ci} S_{Qik})]$$
$$= 1.0 \times (1.2 \times 1.8 + 1.4 \times 1.5) \text{kN} \cdot \text{m}$$
$$= 4.26 \text{ kN} \cdot \text{m}$$

②当按永久荷载效应组合时：

$\gamma_G = 1.35, \gamma_Q = 1.4$，则

$$\gamma_0 S = \gamma_0 [\gamma_G S_{Gk} + \sum_{i=1}^{n} (\gamma_{Qi} \psi_{ci} S_{Qik})]$$
$$= 1.0 \times (1.35 \times 1.8 + 1.4 \times 0.7 \times 1.5) \text{kN} \cdot \text{m}$$
$$= 3.9 \text{ kN} \cdot \text{m}$$

故该板按承载能力极限状态设计时跨中弯矩取最大值，即 $M = 4.26 \text{ kN} \cdot \text{m}$。

(2)按正常使用极限状态计算板跨中弯矩组合值

①当采用标准组合时：

$$S_k = S_{Gk} + S_{Q1k} + \sum (\psi_{ci} S_{Qik})$$
$$= (1.8 + 1.5) \text{kN} \cdot \text{m}$$
$$= 3.3 \text{ kN} \cdot \text{m}$$

②当采用频遇组合时：

$$S = S_{Gk} + \psi_{f1} S_{Q1k} + \sum_{i=2}^{n} (\psi_{qi} S_{Qik})$$
$$= (1.8 + 0.5 \times 1.5) \text{kN} \cdot \text{m}$$
$$= 2.55 \text{ kN} \cdot \text{m}$$

③当采用准永久组合时：

$$S_Q = S_{Gk} + \sum_{i=1}^{n} (\psi_{qi} S_{Qik})$$
$$= (1.8 + 0.4 \times 1.5) \text{kN} \cdot \text{m}$$
$$= 2.4 \text{ kN} \cdot \text{m}$$

一、填空题

1. 结构上的荷载，按照随时间的变化可分为________、________和________3类。

2.《建筑结构荷载规范》(GB 50009—2012)给出，荷载代表值分为________、________、________和频遇值4种，其中________是荷载的基本代表值。

3. 建筑结构的功能要求可以概括为________性、________性和________性。

4. 按照随时间的变化，建筑结构上的荷载可分为________、________和________。

5. 雨篷因压重不足而产生倾覆，即认为结构超出了________极限状态。

二、简答题

1.结构上的荷载分为几类？荷载代表值有几种？

2.结构在规定的使用年限内，应满足哪些功能要求？

3.什么叫结构功能的极限状态？什么是承载能力极限状态？什么是正常使用极限状态？

4.什么叫结构可靠度？我国建筑结构的安全等级是如何划分的？

5.什么叫极限状态设计法？试述承载能力极限状态设计表达式(1.5)、(1.6)中各符号的意义。

根据《建筑结构荷载规范》(GB 50009—2012)和工程范例中的结构设计总说明，了解该工程各类荷载的取值方法及设计所用规范。

项目2 钢筋混凝土结构的材料

项目目标

【知识目标】

1. 了解钢筋和混凝土的工作原理；
2. 熟悉钢筋的分类和力学性能，掌握钢筋的选用方法；
3. 熟悉混凝土的力学性能和变形，掌握混凝土的选用方法。

【技能目标】

会查阅《建筑结构荷载规范》(GB 50009—2012)和《混凝土结构设计规范》(GB 50010—2010)的相关内容。

【课时建议】

6 课时

2.1　钢筋和混凝土的共同工作

混凝土结构是钢筋混凝土结构、预应力混凝土结构和素混凝土结构的总称。本项目重点讲述钢筋混凝土结构，并在项目5中扼要介绍预应力混凝土结构。

钢筋混凝土由钢筋和混凝土两种力学性能完全不同的材料组成。混凝土具有较强的抗压能力但抗拉能力较弱，而钢筋的抗拉能力很强，为了充分利用材料的性能，就把混凝土和钢筋这两种材料结合在一起共同工作，使混凝土主要承受压力，钢筋主要承受拉力，来满足工程结构的使用要求。

图2.1为两根截面尺寸、跨度和混凝土强度等级(C20)完全相同的简支梁。图2.1(a)为素混凝土梁，由试验得知，当跨中集中荷载 $P=13.4$ kN 时，该梁便由于受拉区混凝土被拉裂而突然折断。如在该梁的受拉区配置两根直径为20 mm的Ⅱ级钢筋，如图2.1(b)所示，则荷载加至 $P=87$ kN 时，梁才破坏。试验表明，配置在梁受拉区的钢筋使钢筋混凝土梁比素混凝土梁的承载能力大为提高，混凝土和钢筋两种材料的强度均得到充分的利用(除受弯构件外，在受压构件中配置钢筋也可与混凝土共同承受压力)。

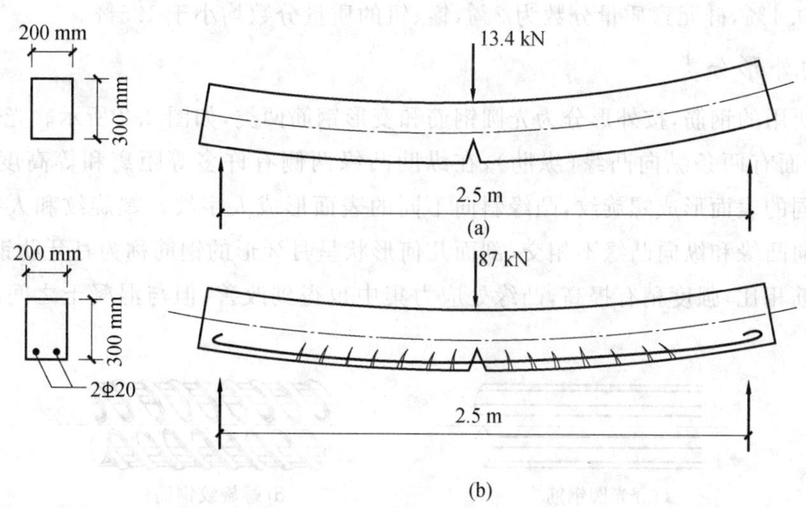

图2.1　钢筋混凝土梁和素混凝土梁的比较

钢筋和混凝土是两种性质不同的材料，其所以能有效地共同工作，是因为：

①钢筋和混凝土之间有着可靠的黏结力，能牢固结成整体，受力后变形一致，不产生相对滑移。这是钢筋和混凝土共同工作的主要条件。

②钢筋和混凝土的温度线膨胀系数非常接近，因此当温度变化时不致产生较大的温度应力而破坏两者之间的黏结。

③混凝土对钢筋无腐蚀作用，而且钢筋外边的混凝土保护层可以防止钢筋锈蚀，从而保证钢筋混凝土构件的耐久性。

2.2 钢筋

2.2.1 钢筋的类型

1. 按钢筋的成分分类

我国建筑工程中所用钢筋按其化学成分的不同，分为碳素钢和普通低合金钢两大类。根据含碳量的多少，碳素钢分为低碳钢（含碳量小于0.25%）、中碳钢和高碳钢（含碳量大于0.6%）。随着含碳量的增加，钢材的强度提高，塑性降低，可焊性变差。普通低合金钢是在碳素钢的基础上，加入了少量的合金元素，如锰、硅、矾、钛等，可使钢材的强度、塑性等综合性能提高，从而使低合金钢钢筋具有强度高、塑性及可焊性好的特点。普通低合金钢一般按主要合金元素命名，名称前面的数字代表平均含碳量的万分数，合金元素后的尾标数字表明该元素含量取整的百分数，当合金元素质量分数小于1.5%时，不加尾标；当合金元素质量分数大于1.5%且小于2.5%时，取尾标数为2。例如，40硅2锰钒（40Si2MnV）表示平均含碳量为0.4%，硅元素质量分数为2%，锰、钒的质量分数均小于1.5%。

2. 按钢筋的外形分类

建筑工程中所用的钢筋，按外形分为光圆钢筋和变形钢筋两类，如图2.2所示。光面钢筋表面是光圆的；变形钢筋表面有两条纵向凸缘（纵肋），在纵肋凸缘两侧有许多等距离和等高度的斜向凸缘（斜肋），凸缘斜向相同的表面形成螺旋纹，凸缘斜向不同的表面形成人字纹。螺旋纹和人字纹钢筋又称为等高肋钢筋。斜向凸缘和纵向凸缘不相交，剖面几何形状呈月牙形的钢筋称为月牙肋钢筋，与同样公称直径的等高肋钢筋相比，强度稍有提高，凸缘处应力集中也得到改善，但与混凝土之间的黏结强度略低于等高肋钢筋。

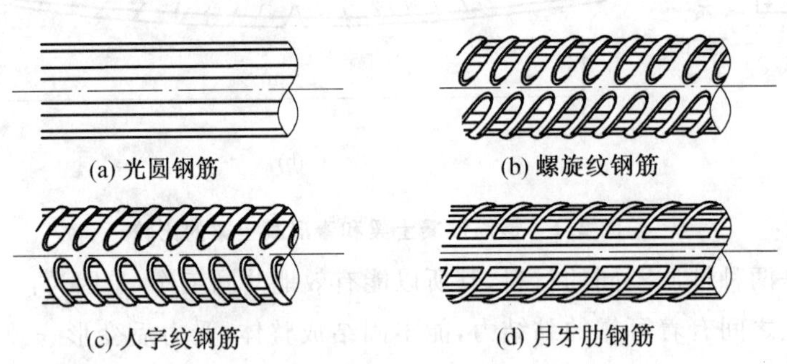

(a) 光圆钢筋　(b) 螺旋纹钢筋　(c) 人字纹钢筋　(d) 月牙肋钢筋

图2.2　各种钢筋的形式

3. 钢筋的品种和级别

(1)热轧钢筋

热轧钢筋是经热轧成型并自然冷却的成品钢筋，由低碳钢和普通低合金钢在高温状态下压制而成，主要用于钢筋混凝土和预应力混凝土结构的配筋，是土木建筑工程中使用量最大的钢筋品种之一。普通热轧钢筋牌号、符号、直径和强度指标见表1.3。

(2)冷轧带肋钢筋

冷轧带肋钢筋是由热轧圆盘条经冷拉后在其表面冷轧成带有斜肋的月牙肋变形钢筋，其屈服强度明显提高，黏结锚固性能也得到了改善。冷轧带肋钢筋按牌号分为CRB550、CRB650、CRB800、

CRB970、CRB1170 5 个牌号。其中，CRB550 为普通钢筋混凝土用钢筋，其他牌号为预应力混凝土用钢筋。冷轧带肋钢筋的牌号由 CRB 和钢筋的抗拉强度最小值构成。

(3)余热处理钢筋

余热处理钢筋是将屈服强度相当于 HRB335 的钢筋在轧制后穿水冷却，利用芯部余热自身完成回火处理而成的带肋钢筋。其性能接近于 HRB400 级钢筋，但不如 HRB400 级钢筋稳定，焊接时钢筋回火强度有所降低，应用范围受到限制。

(4)钢丝及钢绞线

直径 $d<6$ mm 的钢筋称为钢丝。

钢丝按外形分为光圆、螺旋肋及刻痕 3 种，其代号分别为 P、H、I。螺旋肋钢丝表面沿着长度方向上具有规则间隔的肋条。刻痕钢丝表面沿着长度方向上具有规则间隔的压痕。

钢丝按加工状态分为冷拉钢丝和消除应力钢丝两类。冷拉钢丝由盘条通过拔丝模或轧辊经冷加工而成，以盘卷供货的钢丝。消除应力钢丝是在塑性变形下进行的短时热处理或通过矫直工序后在适当温度下进行的短时热处理得到的钢丝，前者称为低松弛钢丝，后者称为普通松弛钢丝。

钢绞线是用光面钢丝绞制而成的，它与混凝土或水泥浆的黏结优于光面钢丝。钢丝及钢绞线都具有很高的抗拉强度，均用作预应力钢筋。

2.2.2 钢筋的力学性能

1. 钢筋的强度

建筑结构中所用的钢筋，按其应力—应变曲线特性的不同分为两类：一类是有明显屈服点的钢筋，另一类是无明显屈服点的钢筋。有明显屈服点的钢筋习惯上称为软钢，包括热轧钢筋和冷拉钢筋；无明显屈服点的钢筋习惯上称为硬钢，包括热处理钢筋、冷轧带肋钢筋、钢丝及钢绞线。

(1)有明显屈服点的钢筋

有明显屈服点的钢筋在单向拉伸时的应力—应变曲线如图 2.3 所示。a 点以前应力与应变呈直线关系，符合胡克定律，a 点对应的应力称比例极限，Oa 段属于弹性工作阶段；a 点以后应变比应力增加得快，应力与应变不成正比；到达 b 点后，钢筋进入屈服阶段，产生很大的塑性变形，在应力－应变曲线中呈现一水平段 bc，称为屈服阶段或流幅，b 点的应力称为屈服强度；过 c 点后，应力与变形继续增加，应力－应变曲线为上升的曲线，进入强化阶段，曲线到达最高点 d，对应于 d 点的应力称为抗拉极限强度；过了 d 点以后，试件内部某一薄弱部位应变急剧增加，应力下降，应力－应变曲线为下降曲线，产生“颈缩”现象，到达 e 点钢筋被拉断，此阶段称为破坏阶段。有明显屈服点的钢筋的应力－应变曲线可分为 4 个阶段，即弹性阶段、屈服阶段、强化阶段及破坏阶段。

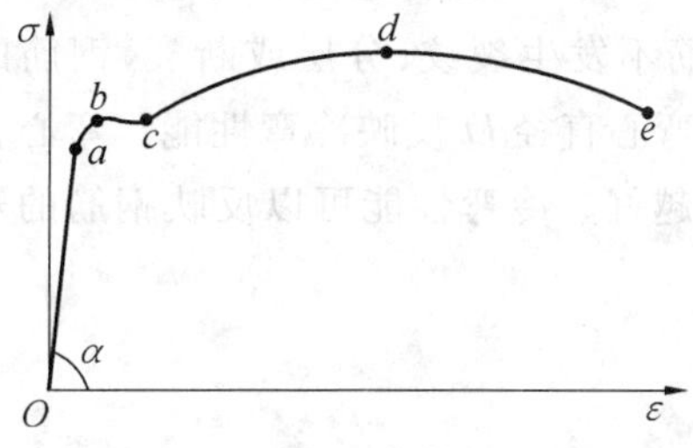

图 2.3　有明显屈服点钢筋的应力—应变曲线

(2)无明显屈服点的钢筋

无明显屈服点的钢筋的应力—应变曲线如图 2.4 所示。由图可以看出,从加载到拉断无明显的屈服点,没有屈服阶段,钢筋的抗拉强度较高,但变形很小。通常取相应于残余应变为 0.2%的应力 $\sigma_{0.2}$ 作为假定屈服点,称为条件屈服强度,其值约为抗拉极限强度的 80%。

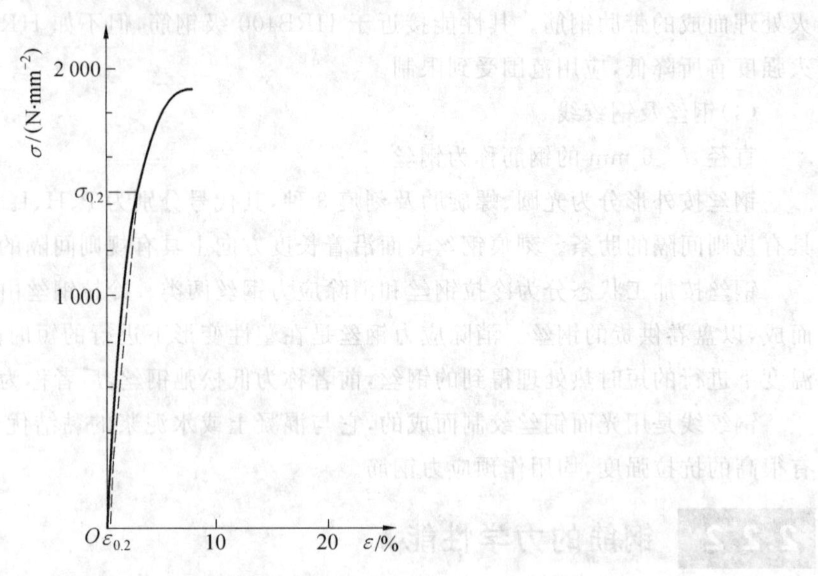

图 2.4　无明显屈服点钢筋的应力—应变曲线

无明显屈服点的钢筋塑性差,伸长率小,采用其配筋的钢筋混凝土构件,受拉破坏时,往往突然断裂,不像用软钢配筋构件在破坏前有明显的预兆。

计算钢筋混凝土结构时,对于有明显屈服点的钢筋取其屈服强度作为钢筋的强度限值。这是因为构件中的钢筋应力达到屈服强度后,钢筋将产生很大的塑性变形,这时钢筋混凝土构件出现很大的裂缝和变形,即使卸载,裂缝也不能闭合,变形也不会恢复,以致不能使用。没有明显屈服点的钢筋,它的极限强度很高,但是伸长率很小。

2. 钢筋的塑性性能

钢筋不但具有一定的强度,还具有一定的塑性变形能力。为了使钢筋在断裂前有足够的伸长,保证在钢筋混凝土构件中能给出即将破坏的预兆,就需要从强度和塑性两个方面来选择钢筋,以满足使用要求。伸长率和冷弯性能是反映钢筋塑性性能的基本指标。

钢筋断裂后的伸长值与原长的比率称为伸长率,伸长率的大小标志着钢筋塑性的大小。

冷弯是在常温下将钢筋绕某一规定直径的辊轴进行弯曲,如图 2.5 所示。在达到规定的冷弯角度时,钢筋不发生裂纹、分层或断裂,钢筋的冷弯性能符合要求。常用冷弯角度 α 和弯心直径 D 反映冷弯性能。弯心直径越小,冷弯角度越大,钢筋的冷弯性能越好。冷弯性能可以反映钢筋的塑性和其内在质量。

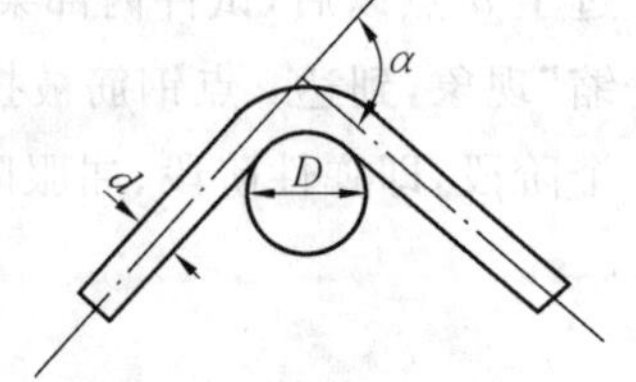

图 2.5　钢筋的冷弯

2.2.3　钢筋的冷加工

对热轧钢筋进行机械冷加工后,可提高钢筋的屈服强度,达到节约钢材的目的。常用的冷加工方法有冷拉和冷拔。

1. 钢筋的冷拉

冷拉是指在常温下，用张拉设备（如卷扬机）将钢筋拉伸超过它的屈服强度，然后卸载至零，经过一段时间后再拉伸，钢筋就会获得比原来屈服强度更高的新的屈服强度值，如图 2.6 所示。冷拉只提高了钢筋的抗拉强度，不能提高其抗压强度，计算时仍取原抗压强度。

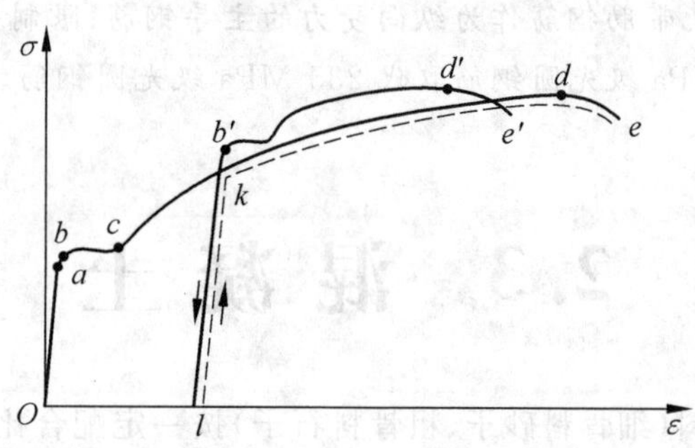

图 2.6　钢筋冷拉应力一应变曲线

2. 钢筋的冷拔

冷拔是将直径为 6～8 mm 的热轧钢筋用强力拔过比其直径小的硬质合金拔丝模，如图 2.7 所示。在纵向拉力和横向挤压力的共同作用下，钢筋截面变小而长度增加，内部组织结构发生变化，钢筋强度提高，塑性降低。冷拔后，钢筋的抗拉强度和抗压强度都得到提高。

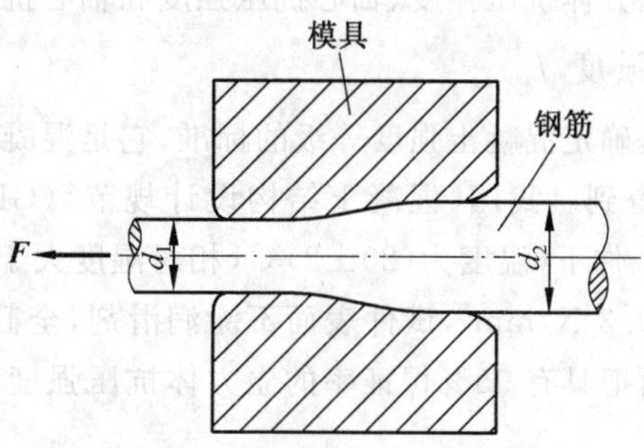

图 2.7　钢筋的冷拔

由于冷加工钢筋的质量不易严格控制，且性质较脆，黏结力较差，因此，中小型预应力混凝土构件的预应力钢筋，逐渐由质量稳定且黏结性能好的冷轧带肋钢筋所取代。

2.2.4　钢筋的选用

钢筋的直径最小为 6 mm，最大为 50 mm。国内常规供货直径（单位 mm）为 6、8、10、12、14、16、18、20、22、25、28、32 等 12 种。

①纵向受力普通钢筋宜采用 HRB400、HRB500、HRBF400、HRBF500 钢筋，也可以采用 HPB300、HRB335、HRBF335、RRB400 钢筋。

②梁、柱纵向受力普通钢筋应采用 HRB400、HRB500、HRBF400、HRBF500 钢筋。

③箍筋宜采用 HRB400、HRBF400、HPB300、HRB500、HRBF500 钢筋，也可以采用 HRB335、HRBF335 钢筋。

④预应力钢筋宜采用预应力钢丝、钢绞线和预应力螺纹钢筋。

规范提倡用HRB400级钢筋作为我国钢筋混凝土结构的主力钢筋；用高强的预应力钢绞线、钢丝作为我国预应力混凝土结构的主力钢筋。

技术点睛

《混凝土结构设计规范》(GB 50010—2010)中增加强度为500 MPa级的热轧带肋钢筋；推广400 MPa、500 MPa级高强热轧带肋钢筋作为纵向受力的主导钢筋；限制并准备逐步淘汰335 MPa级热轧带肋钢筋的应用。用300 MPa级光圆钢筋取代235 MPa级光圆钢筋。

2.3 混凝土

混凝土是由水泥、水和骨料(细骨料砂子、粗骨料石子)按一定配合比经搅拌后入模振捣，养护硬化形成的人造石材。水泥和水在凝结硬化过程中形成水泥胶块把骨料黏结在一起。水泥结晶体和砂石骨料组成混凝土的弹性骨架起着承受外力的主要作用，并使混凝土具有弹性变形的特点。水泥凝胶体则起着调整和扩散混凝土应力的作用，并使混凝土具有塑性变形的性质。由于混凝土的内部结构复杂，因此其力学性能也较为复杂。

2.3.1 混凝土的强度

混凝土的强度指标主要有立方体抗压强度、轴心抗压强度和轴心抗拉强度。

1. 混凝土的立方体抗压强度 f_{cu}

混凝土的立方体抗压强度是确定混凝土强度等级的标准，它是混凝土各种力学指标的基本代表值，混凝土的其他强度可由其换算得到。我国《混凝土结构设计规范》(GB 50010—2010)规定：用边长为150 mm的立方体试件，在标准条件下(温度为(20±2)℃，相对湿度大于等于95%)养护28 d，用标准试验方法(加荷速度为每秒0.2～0.3 N/mm^2，试件表面不涂润滑剂，全截面受力)测得的抗压强度，称为立方体抗压强度，用 f_{cu} 表示。而把具有95%保证率的立方体抗压强度称为混凝土抗压强度标准值，用符号 $f_{cu,k}$ 表示。

混凝土的强度等级按混凝土立方体抗压强度标准值 $f_{cu,k}$ 确定，单位为N/mm^2(或为MPa)。建筑工程中采用的混凝土强度等级有：C15、C20、C25、C30、C35、C40、C45、C50、C55、C60、C65、C70、C75、C80。其中"C"表示混凝土，后面的数字表示混凝土立方体抗压强度标准值的大小，如C20表示混凝土立方体抗压强度为20 N/mm^2(即20 MPa)。

2. 混凝土的轴心抗压强度 f_c

在实际工程中，钢筋混凝土受压构件大多数是棱柱体而不是立方体，工作条件与立方体试块的工作条件有很大差别，采用棱柱体试件比立方体试件更能反映混凝土的实际抗压能力。我国采用150 mm×150 mm×300 mm的棱柱体试件为标准试件，如图2.8所示，用标准试验方法测得的混凝土棱柱体抗压强度即为混凝土的轴心抗压强度，用符号 f_c 表示。

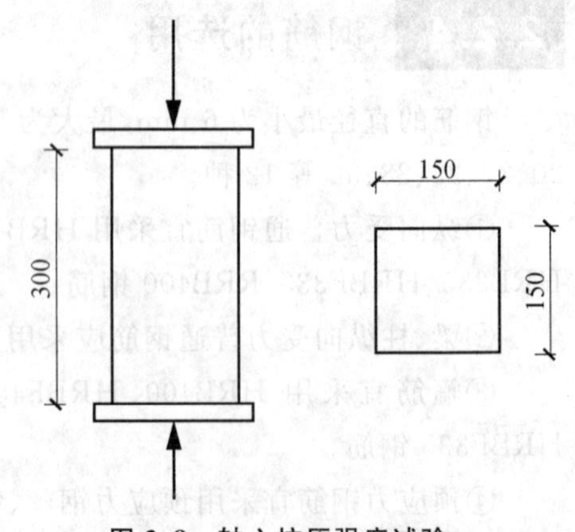

图2.8 轴心抗压强度试验

3. 混凝土的轴心抗拉强度 f_t

混凝土的轴心抗拉强度是确定混凝土抗裂度的重要指标。常用轴心抗拉试验或劈裂试验来测得混凝土的轴心抗拉强度，如图 2.9 所示，其值远小于混凝土的抗压强度。一般为其抗压强度的 1/9～1/18，且不与抗压强度成比例。

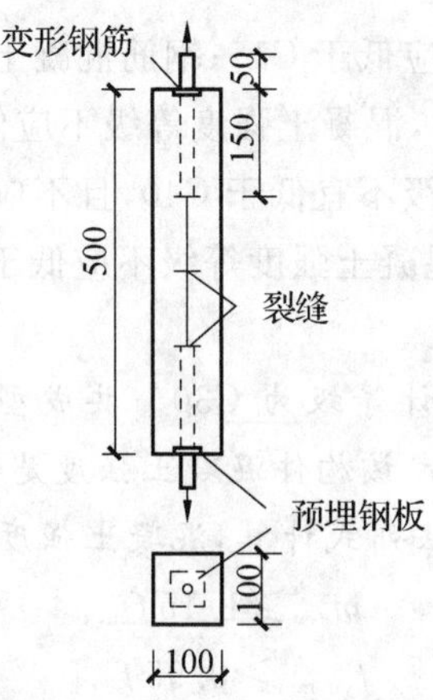

图 2.9 轴心抗拉强度试验

2.3.2 混凝土的变形

由建筑力学已知，对于弹性材料，其应力与应变的关系符合直线变化规律，即弹性模量为常数。对于混凝土，加载后当应力很小时，$\sigma - \varepsilon$ 的关系近似于直线，但是很快就呈现曲线状态；卸载后仅能恢复部分应变，另有一部分不能恢复，称为残余变形，由此可知，混凝土是弹塑性材料。

混凝土在空气中结硬时体积减小的现象称为收缩。混凝土的收缩对混凝土结构会产生有害的影响，例如混凝土构件受到约束时，收缩会使构件产生裂缝；对预应力混凝土构件则会引起预应力损失等。因此应注意减小混凝土的收缩，避免有害影响，对纵向延伸的结构，就需要在一定的长度内设置施工缝。试验表明，混凝土的收缩与下列因素有关，设计和施工中应充分注意这些因素：

①水泥用量越多，灰水比越大，收缩就越大；

②高标号水泥制成的构件收缩越大；

③骨料的弹性模量大时收缩小；

④振捣密实的收缩小；

⑤养护条件好的收缩小；

⑥使用环境湿度大的收缩小。

混凝土在长期不变的荷载作用下其应变随时间继续增长的现象称为徐变。徐变对结构会产生不利影响，如增大变形、引起内力重分布、在预应力混凝土构件中产生预应力损失等。影响徐变大小的因素有如下几种，设计施工中应尽量采取能减小徐变的措施：

①水泥用量越多，灰水比越大，徐变越大；

②混凝土骨料增加，徐变将减小；

③混凝土强度等级越高，徐变越小；

④养护及使用环境湿度大时，徐变小；

⑤构件加载前混凝土强度大时，徐变小；

⑥构件截面的应力越大，徐变越大。

2.3.3 混凝土强度等级的选用

素混凝土结构的混凝土强度等级不应低于C15；钢筋混凝土结构的混凝土强度等级不应低于C20；采用强度等级400 MPa及以上的钢筋时，混凝土强度等级不应低于C25。

预应力混凝土结构的混凝土强度等级不宜低于C40，且不应低于C30。

承受重复荷载的钢筋混凝土构件，混凝土强度等级不应低于C30。

【案例实解】

某混凝土构件，混凝土抗压强度设计等级为C30。共成型3组混凝土试块，强度代表值分别为：38.6 MPa，34.3 MPa，29.0 MPa。请评定该构件混凝土强度是否合格？

解 因试块组 $n\leqslant 9$，采用非统计方法列式计算，混凝土强度应同时满足下列要求：

$$m_{fcu}\geqslant 1.15f_{cu,k} \quad ①$$

$$f_{cu,min}\geqslant 0.95f_{cu,k} \quad ②$$

根据：

$$f_{cu,k}=30\ \text{MPa}$$

$$f_{cu,min}=29.0\ \text{MPa}$$

$$m_{fcu}=(38.6+34.3+29.0)\text{MPa}\div 3=33.9\ \text{MPa}$$

因为 $m_{fcu}=33.9\ \text{MPa}<1.15f_{cu,k}=34.5\ \text{MPa}$，所以强度不满足公式①的要求。

因为 $f_{cu,min}=29.0\ \text{MPa}>0.95f_{cu,k}=28.5\ \text{MPa}$，所以强度满足公式②的要求。

结论：该构件混凝土强度评定不合格。

2.4 钢筋与混凝土之间的黏结力

钢筋与混凝土能共同工作的主要原因是二者之间存在较强的黏结作用。这个黏结作用是由以下3部分组成的：

①水泥浆凝结后与钢筋表面产生的胶结力；

②混凝土结硬收缩将钢筋握紧产生的摩擦力；

③钢筋表面的凹凸(指变形钢筋)或光面钢筋的弯钩与混凝土之间的机械咬合力。

钢筋与混凝土的黏结面上所能承受的平均剪应力的最大值称为黏结强度。其大小与钢筋表面形状、直径、混凝土强度等级、保护层厚度、横向钢筋、侧向压力、浇筑位置有关。

我国设计规范采用有关构造措施来保证钢筋与混凝土的黏结强度，这些构造措施包括：钢筋的搭接长度、锚固长度、保护层厚度、钢筋净距、受力的光面钢筋端部要做弯钩(图2.10)等。

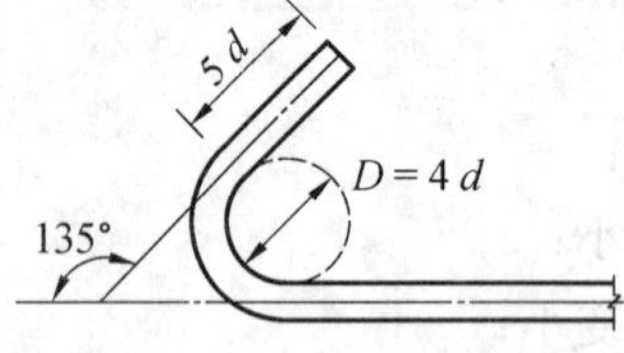

图2.10 钢筋的弯钩

一、填空题

1.混凝土结构是________、________和________的总称。

2.我国建筑工程中所用钢筋按其化学成分的不同，分为________和________两大类。

3.有明显屈服点的钢筋的应力一应变曲线可分为4个阶段：________、________、________和破坏阶段。

4.建筑工程中采用的混凝土强度共有14个等级，其符号中________表示混凝土，后面的数字表示________的大小。

5.预应力混凝土结构的混凝土强度等级不宜低于________，且不应低于________。

二、简答题

1.为什么把钢筋和混凝土两种性质不同的材料结合在一起？它们为什么能共同工作？钢筋混凝土结构有哪些优缺点？

2.计算钢筋混凝土结构时，对有屈服点的钢筋为什么取其屈服强度作为强度限值？没有屈服点的钢筋其强度限值怎么确定？

3.试述钢筋的种类、标记、常规供货直径及选用方法。

4.混凝土的强度等级是怎样确定的？共分多少级？混凝土的轴心抗压强度和轴心抗拉强度是怎样确定的？

5.什么是混凝土的收缩和徐变？对结构有何影响？怎样减小收缩和徐变？

找出工程范例中一层梁的平法施工图中各种钢筋的级别与强度，同时找出各种混凝土的强度等级。

项目3 钢筋混凝土受弯构件

项目
目标

【知识目标】

1.掌握梁、板的构造；

2.掌握单筋矩形截面受弯构件承载力的计算方法；

3.了解双筋矩形截面、T形截面梁的相关构造要求；

4.掌握梁的平法施工图制图规则。

【技能目标】

初步具备对常用受弯构件进行受力分析的能力，以及对梁结构施工图的识图能力，并了解梁板的相关构造要求。

【课时建议】

20课时

3.1 板、梁的构造

截面上有弯矩和剪力共同作用，而轴力可以忽略不计的构件称为受弯构件。板和梁是建筑工程中典型的受弯构件，也是应用最广泛的构件。梁泛指水平方向的长条形承重构件。二者最大的区别是梁的截面高度一般大于截面宽度，而板的截面高度则远小于截面宽度。

3.1.1 板的构造

1. 板的截面形式与尺寸

板的截面形式有矩形板、空心板、槽形板等，如图 3.1 所示。按施工工艺的不同，可分为预制板和现浇板。

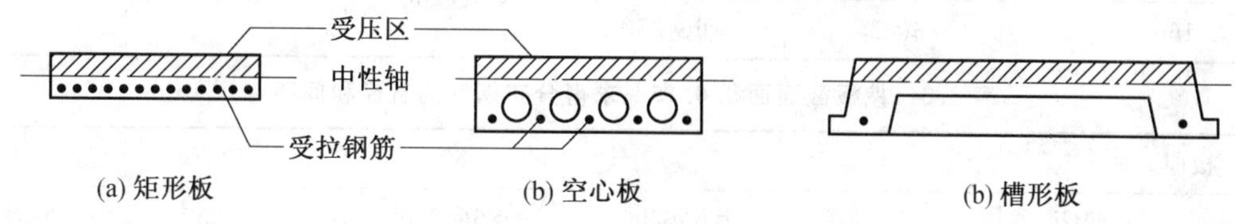

图 3.1　板的截面形式

板的厚度应满足承载力、刚度和抗裂的要求，从刚度条件出发，板的最小厚度对于单跨板不得小于 $l_0/35$，对于多跨连续板不得小于 $l_0/40$（l_0 为板的计算跨度），如板的厚度满足上述要求，即不需做挠度计算。现浇板的厚度一般取为 10 mm 的倍数，工程中现浇板的常用厚度为 60 mm、70 mm、80 mm、100 mm、120 mm。现浇钢筋混凝土板的最小厚度需满足表 3.1 的要求。

表 3.1　现浇钢筋混凝土板的最小厚度　mm

板的类型		厚度
单向板	屋面板	60
	民用建筑楼板	60
	工业建筑楼板	70
	行车道下的楼板	80
双向板		80
密肋板	肋间距小于或等于 700 mm	40
	肋间距大于 700 mm	50
悬臂板	板的悬臂长度小于或等于 500 mm	60
	板的悬臂长度大于 500 mm	80
无梁楼板		150

2. 板的配筋

板通常只配置纵向受力钢筋和分布钢筋。

(1)分布钢筋

分布钢筋垂直于板的受力钢筋方向，在受力钢筋内侧按构造要求配置。分布钢筋的作用：一是固定受力钢筋的位置，形成钢筋网；二是将板上荷载有效地传给受力钢筋；三是防止温度或混凝土收缩等原因造成沿跨度方向形成裂缝。

分布钢筋宜采用 HPB300、HRB335 级钢筋，常用直径为 6 mm、8 mm。梁式板中单位长度上分布钢筋的截面面积不宜小于单位宽度上受力钢筋截面面积的 15%，且不宜小于该方向板截面面积的 0.15%。分布钢筋的直径不宜小于 6 mm，间距不宜大于 250 mm；当因收缩或温度变化等因素对结构产生的影响较大或对防止出现裂缝的要求较严时，板中分布钢筋的数量应适当增加。当集中荷载较大时，分布钢筋截面面积应适当增加，间距不宜大于 200 mm。分布钢筋应沿受力钢筋直线段均匀布置，并且受力钢筋所有转折处的内侧也应配置。通常情况下的分布钢筋，可以参照表 3.2、表 3.3 中相应数值并取两者中直径较大和间距较小者。

表 3.2　按受力钢筋截面面积 15%求得分布钢筋的直径和间距　mm

<table>
<tr><th rowspan="2">受力钢筋间距</th><th colspan="5">受力钢筋直径</th></tr>
<tr><th>12</th><th>12/10</th><th>10</th><th>10/8</th><th>≤8</th></tr>
<tr><td>70,80</td><td>φ8@200</td><td>φ8@250</td><td>φ6@160</td><td>φ6@200</td><td rowspan="4">φ6@250</td></tr>
<tr><td>90,100</td><td>φ8@260</td><td>φ6@160</td><td>φ6@200</td><td rowspan="3">φ6@250</td></tr>
<tr><td>120,140</td><td>φ6@200</td><td>φ6@220</td><td rowspan="2">φ6@250</td></tr>
<tr><td>≥160</td><td>φ6@250</td><td>φ6@250</td></tr>
</table>

表 3.3　按板截面面积 0.15%求得分布钢筋的直径和间距　mm

板厚	100	90	80	70	60
分布钢筋的直径、间距	φ6@180	φ6@200	φ6@230	φ6@250	φ6@250

(2)受力钢筋

梁式板的受力钢筋沿板的短跨方向布置在截面受拉一侧，用来承受弯矩产生的拉力，如图 3.2 所示。板的纵向受力钢筋的常用直径为 6 mm、8 mm、10 mm。为了正常地分担内力，板中受力钢筋的间距不宜过稀，但为了绑扎方便和保证浇捣质量，板的受力钢筋间距也不宜过密。当 $h \leqslant 150$ mm 时，不宜大于 200 mm；当 $h > 150$ mm 时，不宜大于 $1.5h$，且不宜大于 300 mm。板的受力钢筋间距通常不宜小于 70 mm。当板中受力钢筋需要弯起时，其弯起钢筋不宜小于 30°。

图 3.2　板受力示意图

技术点睛

可以根据板的类型、钢筋直径大小或布置位置来区分板中受力筋和分布筋。

3.1.2　梁的构造

1. 梁的截面形式

梁的截面形式(图 3.3)主要有矩形、T 形、倒 T 形、L 形、工字形、十字形、花篮形等。其中，矩形截面由于构造简单、施工方便而被广泛应用。T 形截面虽然构造较矩形截面要复杂，但受力较合理，因而应用也较多。

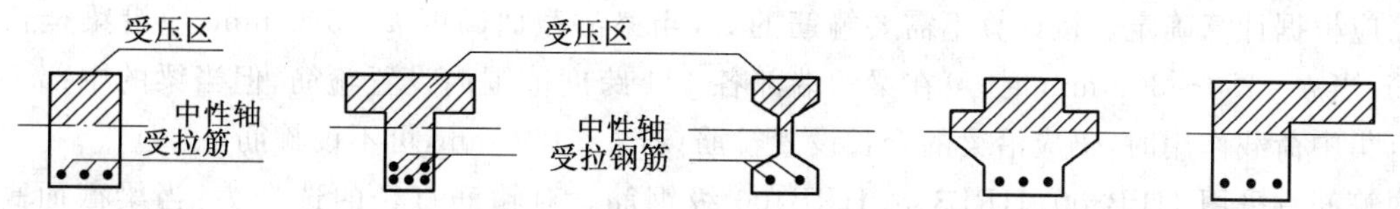

图 3.3　梁的截面形式

梁的截面高度 h 可根据刚度要求按高跨比(h/L)来估计，如简支梁高度为跨度的 1/8～1/14。梁高确定后，梁的截面宽度 b 可由常用的高宽比(h/b)来估计，矩形截面 $h=(2\sim2.5)b$；T 形截面 $h=(2.5\sim4)b$。

为了统一模板尺寸和便于施工，矩形梁的截面宽度和 T 形截面的肋宽 b 宜采用 100 mm、120 mm、150 mm、180 mm、200 mm、220 mm、250 mm，大于 250 mm 时截面宽度取 50 mm 的倍数。当梁高 $h\leqslant$ 800 mm 时，截面高度取 50 mm 的倍数，当 $h>800$ mm 时，则取 100 mm 的倍数。

2. 梁的配筋

梁中的钢筋有纵向受力钢筋、弯起钢筋、箍筋和架立钢筋等，如图 3.4 所示，有时还配置纵向构造钢筋及相应的拉筋等。

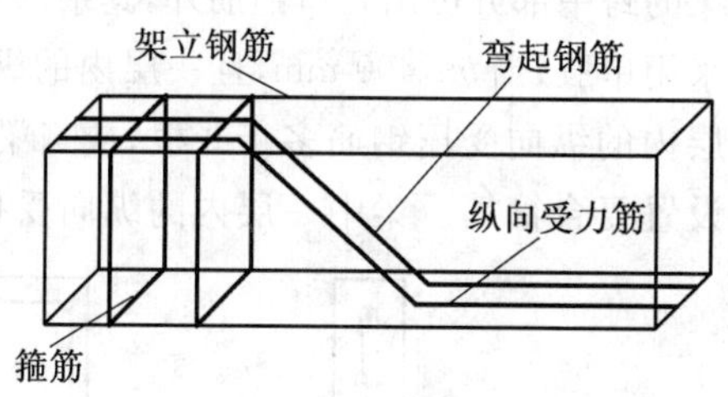

图 3.4　梁的配筋

(1) 纵向受力钢筋

根据纵向受力钢筋配置的不同，受弯构件分为单筋截面和双筋截面两种。前者指只在受拉区配置纵向受力钢筋的受弯构件；后者指同时在梁的受拉区和受压区配置纵向受力钢筋的受弯构件。配置在受拉区的纵向受力钢筋主要用来承受由弯矩在梁内产生的拉力，配置在受压区的纵向受力钢筋则是用来补充混凝土受压能力的不足。由于双筋截面利用钢筋来协助混凝土承受压力，一般不经济。因此，实际工程中双筋截面梁一般只在有特殊需要时采用。

梁纵向受力钢筋的直径应当适中，太粗不便于加工，与混凝土的黏结力也差；太细则根数增加，在截面内不好布置，甚至降低了受弯承载力。梁纵向受力钢筋的常用直径 $d=12\sim25$ mm。当 $h<300$ mm 时，$d\geqslant8$ mm；当 $h\geqslant300$ mm 时，$d\geqslant10$ mm。一根梁中同一种受力钢筋最好为同一种直径；当有两种直径时，其直径相差不应小于 2 mm，以便施工时辨别。梁中受拉钢筋的根数不应少于 2 根，最好不少于 3～4根。纵向受力钢筋应尽量布置成一层。当一层排不下时，可布置成两层，但应尽量避免出现两层以上的受力钢筋，以免过多地影响截面受弯承载力。

为保证钢筋周围的混凝土浇筑密实，避免钢筋锈蚀而影响结构的耐久性，梁的纵向受力钢筋间必须留有足够的净间距，如图 3.5 所示。当梁的下部纵向受力钢筋配置多于两层时，两层以上钢筋水平方向的中距应比下面两层的中距增大一倍。

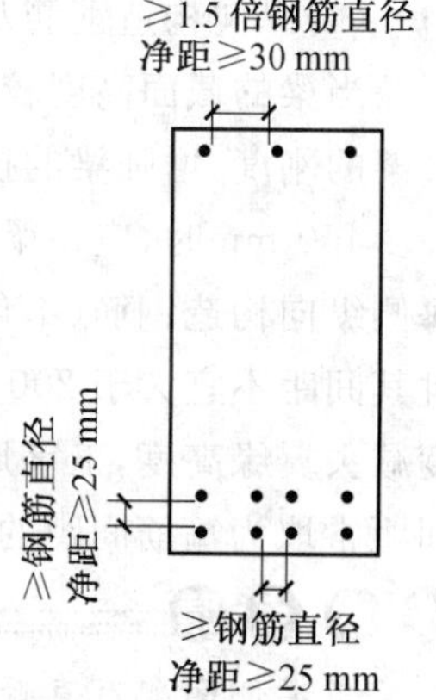

图 3.5　受力钢筋的间距

(2) 弯起钢筋

弯起钢筋的数量、位置由计算确定，一般由纵向受力钢筋弯起而成。当纵向受力钢筋较少，不足以弯起时，也可设置单独的弯起钢筋。弯起钢筋的作用是：其弯起段用来承受弯矩和剪力产生的主拉应力；弯起后的水平段可承受支座处的负弯矩。钢筋的弯起角度一般为 45°，梁高 $h>800$ mm 时可采用 60°。实际工程中第一排弯起钢筋的弯终点距支座边缘的距离通常取为 50 mm。

(3)箍筋

箍筋主要用来承受由剪力和弯矩在梁内引起的主拉应力，同时还可固定纵向受力钢筋并和其他钢筋一起形成立体的钢筋骨架。

箍筋应根据计算确定。按计算不需要箍筋的梁，当梁的截面高度 $h>300$ mm，应沿梁全长按构造配置箍筋；当 $h=150\sim300$ mm 时，可在梁的端部各 1/4 跨度范围内设置箍筋，但当梁的中部 1/2 跨度范围内有集中荷载作用时，仍应沿梁的全长设置箍筋；若 $h<150$ mm，可不设箍筋。

梁内箍筋宜采用 HPB300、HRB335、HRB400 级钢筋。对箍筋直径的选择为：当梁截面高度 $h\leqslant800$ mm 时，不宜小于 6 mm；当 $h>800$ mm 时，不宜小于 8 mm。当梁中配有计算需要的纵向受压钢筋时，箍筋直径还不应小于纵向受压钢筋最大直径的 1/4。为了便于加工，箍筋直径一般不宜大于 12 mm。箍筋的常用直径为 6 mm、8 mm、10 mm。

当梁中配有计算需要的纵向受压钢筋时，箍筋的间距不应大于 $15d$（d 为纵向受压钢筋的最小直径），同时不应大于 400 mm；当一层内的纵向受压钢筋多于 5 根且直径大于 18 mm 时，箍筋间距不应大于 $10d$。

箍筋的形式可分为开口式和封闭式两种。除无振动荷载且计算不需要配置纵向受压钢筋的现浇 T 形梁的跨中部分可用开口箍筋外，其余均应采用封闭式箍筋。对于箍筋的肢数，当梁的宽度 $b\leqslant150$ mm时，可采用单肢；当 $b\leqslant400$ mm，且一层内的纵向受压钢筋不多于 4 根时，可采用双肢箍筋；当 $b>400$ mm，且一层内的纵向受压钢筋多于 3 根，或当梁的宽度不大于 400 mm，但一层内的纵向受压钢筋多于 4 根时，应设置复合箍筋。梁中一层内的纵向受拉钢筋多于 5 根时，宜采用复合箍筋（图 3.6）。

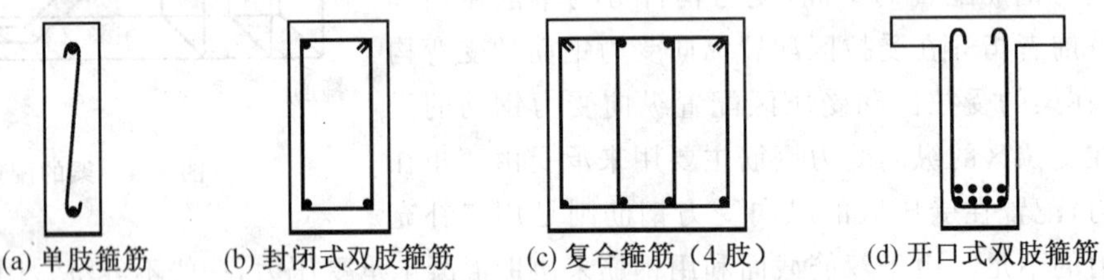

图 3.6 箍筋的形式和肢数

梁支座处的箍筋一般从梁边（或墙边）50 mm 处开始设置。支承在砌体结构上的独立梁在纵向受力钢筋的锚固长度 l_{as} 范围内应配置两道箍筋，其直径不宜小于纵向受力钢筋最大直径的 25%，间距不宜大于纵向受力钢筋最小直径的 10 倍。当梁与钢筋混凝土梁或柱整体连接时，支座内可不设置箍筋，箍筋的布置如图 3.7 所示。

应当注意，箍筋是受拉钢筋，必须有良好的锚固。其端部应采用 135°弯钩，弯钩端头直段长度不小于 50 mm，且不小于 $5d$。

(4)纵向构造钢筋及拉筋

当梁的截面高度较大时，为了防止在梁的侧面产生垂直于梁轴线的收缩裂缝，同时也为了增强钢筋骨架的刚度，增强梁的抗扭作用，约束混凝土的收缩裂缝，减少受拉区混凝土的开裂，当梁的腹板高度 $h_w\geqslant450$ mm时，应在梁的两个侧面沿梁高度配置纵向构造钢筋（亦称腰筋），并用拉筋固定（图 3.8）。每侧纵向构造钢筋（不包括梁的受力钢筋和架立钢筋）的截面面积不应小于腹板截面面积 bh_w 的0.1%，且其间距不宜大于 200 mm。此处 h_w 的取值（图 3.9）为：矩形截面取截面有效高度，T 形截面取有效高度减去翼缘高度，工字形截面取腹板净高。纵向构造钢筋一般不必做弯钩。拉筋直径一般与箍筋相同，间距常取为箍筋间距的两倍。

技术点睛

当梁侧面配有直径不小于构造纵筋的受扭纵筋时，受扭钢筋可以代替构造钢筋。

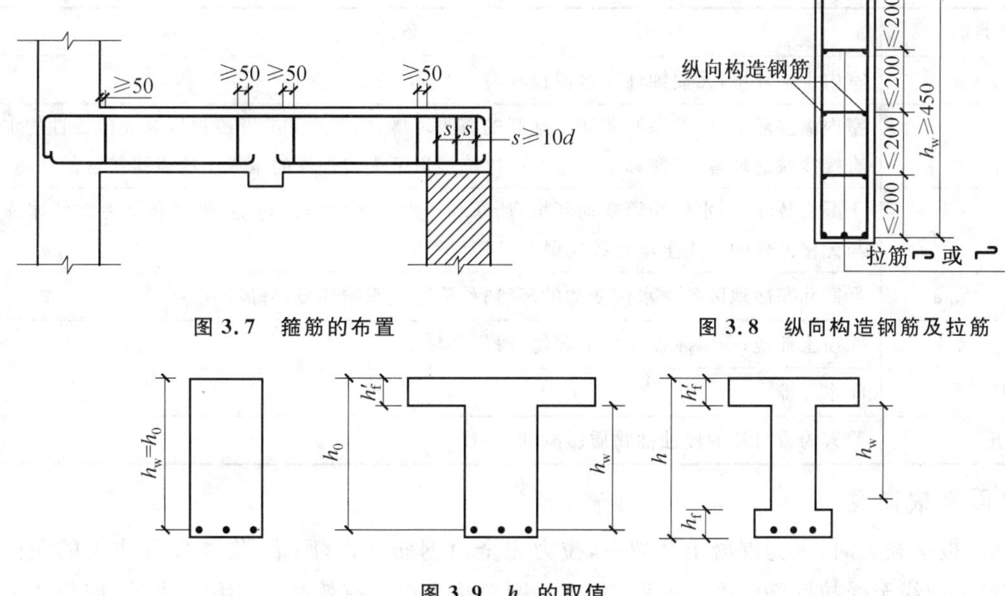

图 3.7 箍筋的布置

图 3.8 纵向构造钢筋及拉筋

图 3.9 h_w 的取值

(5)架立钢筋

架立钢筋设置在受压区外缘两侧,并平行于纵向受力钢筋。其作用:一是固定箍筋位置以形成梁的钢筋骨架;二是承受因温度变化和混凝土收缩而产生的拉应力,防止发生裂缝。受压区配置的纵向受压钢筋可兼作架立钢筋。架立筋的直径与梁的跨度有关:当跨度小于 4 m 时,不小于 8 mm;当跨度在 4~6 m 时,不小于 10 mm;当跨度大于 6 m 时,不小于 12 mm。

3.1.3 混凝土保护层厚度及截面有效高度

1.混凝土保护层厚度

钢筋外边缘至混凝土表面的距离称为钢筋的混凝土保护层厚度。其主要作用:一是保护钢筋不致锈蚀,保证结构的耐久性;二是保证钢筋与混凝土间的黏结;三是在火灾等情况下,避免钢筋过早软化。受力钢筋的混凝土保护层最小厚度应按表 3.4 采用,同时也不应小于受力钢筋的直径。混凝土结构的环境类别见表 3.5。

表 3.4 混凝土保护层的最小厚度 mm

环境类别		板、墙	梁、柱
一		15	20
二	a	20	25
	b	25	35
三	a	30	40
	b	40	50

注:①表中数据适用于设计使用年限为 50 年的混凝土结构。

②设计使用年限为 100 年的混凝土结构,一类环境中,最外层钢筋的保护层厚度不小于表中数值的 1.4 倍;二、三类环境中,应采取专门的有效措施。

③混凝土强度等级不大于 C25 时,表中保护层厚度数值应增加 5。

④基础底面钢筋的保护层厚度,有混凝土垫层时应从垫层顶面算起,且不应小于 40 mm。

表 3.5　混凝土结构的环境类别

环境类别		条件
一		室内干燥环境；无侵蚀性净水浸没环境
二	a	室内潮湿环境；非严寒和非寒冷地区的露天环境，非严寒和非寒冷地区与无侵蚀性的水或土壤直接接触的环境；严寒和寒冷地区的冰冻线以下无侵蚀性的水或土壤直接接触的环境
	b	干湿交替环境；水位频繁变动环境；严寒和寒冷地区的露天环境，严寒和寒冷地区冰冻线以上与无侵蚀性的水或土壤直接接触的环境
三	a	严寒和寒冷地区冬季水位变动的环境；受除冰盐影响环境；海风环境
	b	除渍土环境；受除冰盐作用的环境；海岸环境
四		海水环境
五		受人为或自然的侵蚀性物质影响的环境

2. 截面有效高度

计算梁、板承载力时，因为混凝土开裂后，拉力完全由钢筋承担，则梁、板能发挥作用的截面高度应从受压混凝土边缘至受拉钢筋合力点的距离，这一距离称为截面有效高度，用 h_0 表示，如图 3.10 所示。

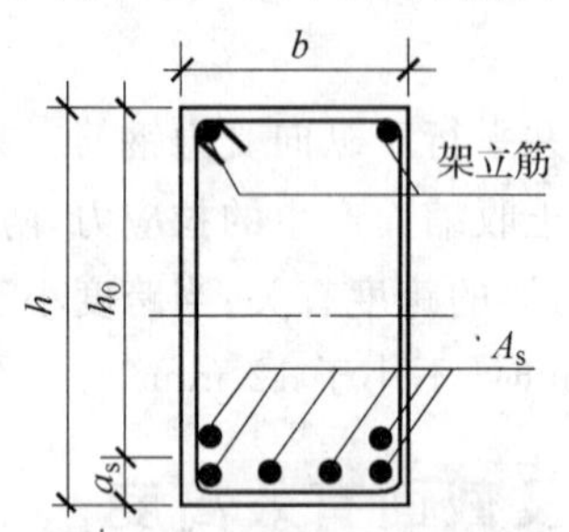

图 3.10　混凝土截面有效高度

$$h_0 = h - a_s \tag{3.1}$$

式中　h——受弯构件的截面高度；

a_s——纵向受拉钢筋合力点至截面近边的距离。

根据钢筋净距和混凝土保护层的最小厚度，并考虑到梁、板常用钢筋的平均直径（梁中 $d=20$ mm，板中 $d=10$ mm），在室内正常环境下，可按下述方法近似确定值：

对于梁中混凝土保护层厚度为 25 mm 时：

①受拉钢筋配置成一排时，$h_0 = h - 35$ mm；

②受拉钢筋配置成两排时，$h_0 = h - 60$ mm。

对于板中混凝土保护层厚度为 15 mm 时：$h_0 = h - 20$ mm。

3.2　受弯构件正截面承载力计算

钢筋混凝土受弯构件，在弯矩较大的区段可能发生垂直于构件纵轴截面（正截面）的受弯构件。为了保证受弯构件不发生正截面破坏，构件必须要有足够的截面尺寸，并通过正截面的计算在构件的受拉区配置一定数量的纵向受力钢筋。

3.2.1 受弯构件正截面的破坏形式

钢筋混凝土结构的计算理论是在试验的基础上建立的，通过试验了解破坏的形式和破坏过程，研究截面的应力分布，以便建立计算公式。

受弯构件以梁为试验研究对象。根据试验研究，梁的正截面的破坏形式主要与梁内纵向受拉钢筋含量的多少有关。梁内纵向受拉钢筋的含量用配筋率 ρ 表示，即

$$\rho=\frac{A_s}{bh_0} \tag{3.2}$$

式中　A_s——纵向受拉钢筋的截面面积；

bh_0——混凝土的有效截面面积。

技术点睛

根据《混凝土结构设计规范》(GB 50010—2010)，检验最小配筋率 ρ_{min} 时，构件截面采用全截面面积。

根据梁纵向钢筋配筋率的不同，钢筋混凝土梁可分为少筋梁、适筋梁和超筋梁 3 种类型，如图 3.11 所示。不同类型的梁具有不同的破坏特征。

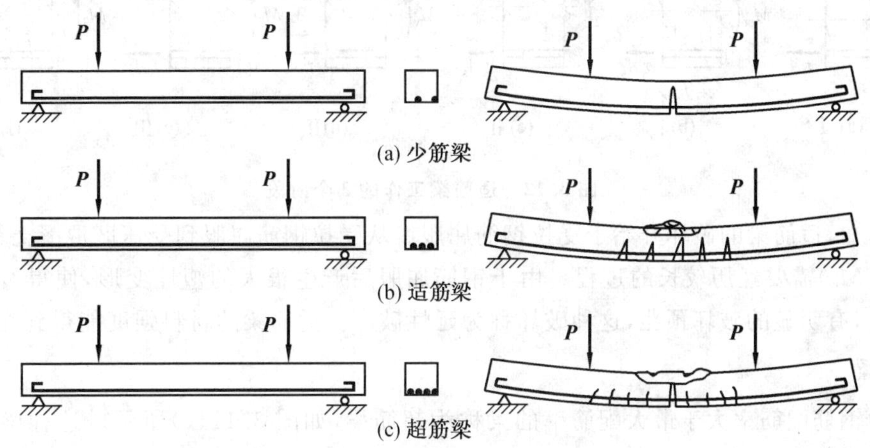

图 3.11　少筋梁、适筋梁和超筋梁的破坏形态

1. 少筋梁

配筋率小于最小配筋率的梁称为少筋梁，如图 3.11(a)所示。这种梁破坏时，裂缝往往集中出现一条，不但开展宽度大，而且沿梁高延伸较高。一旦出现裂缝，钢筋的应力就会迅速增大并超过屈服强度而进入强化阶段，甚至被拉断。在此过程中，裂缝迅速开展，构件向下挠曲，最后因裂缝过宽、变形过大而丧失承载力，甚至被折断。这种破坏是突然的，没有明显预兆，属于脆性破坏，实际工程中不应采用少筋梁。

2. 适筋梁

配置适量纵向受力钢筋的梁称为适筋梁，如图 3.11(b)所示。适筋梁从开始加载到完全破坏，其应力变化经历了 3 个阶段，如图 3.12 所示。

第Ⅰ阶段(弹性工作阶段)：荷载很小时，混凝土的压应力及拉应力都很小，应力和应变几乎呈直线关系，如图 3.12(a)所示。当弯矩增大时，受拉区混凝土表现出明显的塑性特征，应力和应变不再呈直线关系，应力分布呈曲线。当受拉边缘的混凝土达到极限拉应变时，截面处于将裂未裂的极限状态，即

第Ⅰ阶段末，用Ⅰ$_a$表示，此时截面所能承担的弯矩称抗裂弯矩 M_{cr}，如图 3.12(b)所示。Ⅰ$_a$阶段的应力状态是抗裂验算的依据。

第Ⅱ阶段(带裂缝工作阶段)：当弯矩继续增加时，受拉区混凝土的拉应变超过其极限拉应变，受拉区出现裂缝，截面即进入第Ⅱ阶段。裂缝出现后，在裂缝截面处，受拉区混凝土大部分退出工作，拉力几乎全部由受拉钢筋承担。随着弯矩的不断增加，裂缝逐渐向上扩展，中和轴逐渐上移，受压区混凝土呈现出一定的塑性特征，应力图形呈曲线形，如图 3.12(c)所示。第Ⅱ阶段的应力状态是裂缝宽度和变形验算的依据。

当弯矩继续增加，钢筋应力达到屈服强度 f_y，这时截面所能承担的弯矩称为屈服弯矩 M_y。它标志截面进入第Ⅱ阶段末，以Ⅱ$_a$表示，如图 3.12(d)所示。

第Ⅲ阶段(破坏阶段)：弯矩继续增加，受拉钢筋的应力保持屈服强度不变，钢筋的应变迅速增大，促使受拉区混凝土的裂缝迅速向上扩展，受压区混凝土的塑性特征表现得更加充分，压应力呈显著曲线分布(图 3.12(e))。到本阶段末(即Ⅲ阶段)，受压边缘混凝土压应变达到极限压应变，受压区混凝土产生近乎水平的裂缝，混凝土被压碎，甚至崩脱，截面破坏，此时截面所承担的弯矩即为破坏弯矩 M_u。Ⅲ$_a$阶段的应力状态作为构件承载力计算的依据(图 3.12(f))。

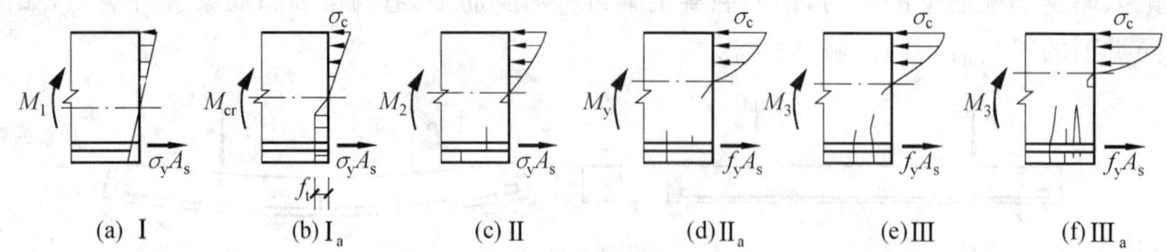

图 3.12　适筋梁工作的 3 个阶段

由上述可知，适筋梁的破坏开始于受拉钢筋屈服。从受拉钢筋屈服到受压区混凝土被压碎(即弯矩由 M_y 增大到 M_u)需要经历较长的过程。由于钢筋屈服后产生很大的塑性变形，使得裂缝急剧开展和挠度急剧增大，有明显的破坏预兆，这种破坏称为延性破坏。适筋梁的材料强度能得到充分发挥。

3. 超筋梁

纵向受力钢筋配筋率大于最大配筋率的梁称为超筋梁，如图 3.11(c)所示。这种梁由于纵向钢筋配置过多，受压区混凝土在钢筋屈服前即达到极限压应变被压碎而破坏。破坏时钢筋的应力还未达到屈服强度，因而裂缝宽度均较小，且不能形成一条开展宽度较大的主裂缝，梁的挠度也较小。这种单纯因混凝土被压碎而引起的破坏发生得非常突然，没有明显的预兆，属于脆性破坏。实际工程中不应采用超筋梁。

3.2.2　单筋矩形截面受弯构件正截面承载力计算

1. 一般规定

(1)等效矩形应力图形

如前所述，受弯构件正截面承载能力是以适筋梁Ⅲ$_a$阶段的应力状态及其图形作为依据的，为便于计算，规范在试验的基础上，进行了如下简化：

①不考虑受拉区混凝土参加工作，拉力完全由钢筋承担；

②受压区混凝土以等效的矩形应力图形代替实际应力图形(图 3.13)，即两应力图形面积相等且压应力合力 c 的作用点不变。

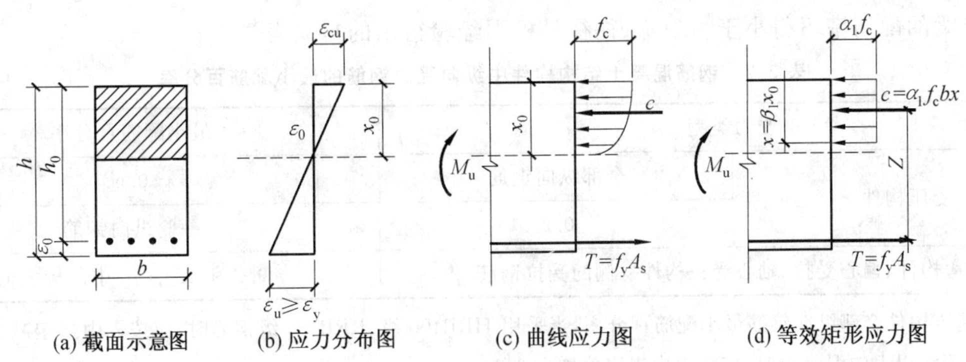

图 3.13　受弯构件正截面应力图形

按上述简化原则，等效矩形应力图形的混凝土受压区高度 $x=\beta_1 x_0$（x_0 为实际受压区高度），等效矩形应力图形的应力值为 $\alpha_1 f_c$（f_c 为混凝土轴心抗压强度设计值），系数 α_1、β_1 的取值规定如下：

①当混凝土强度等级不超过 C50 时，$\alpha_1=1.0$；当混凝土强度等级为 C80 时，$\alpha_1=0.94$；其间按线性内插法确定；

②当混凝土强度等级不超过 C50 时，$\beta_1=0.8$；当混凝土强度等级为 C80 时，$\beta_1=0.74$；其间按线性内插法确定。

(2)界限相对受压区高度 ξ_b 和最大配筋率 ρ_{max}

适筋梁和超筋梁的破坏特征在于：适筋梁是受拉钢筋先屈服，而后受压区混凝土被压碎；超筋梁是受压区混凝土被压碎，而受拉钢筋未屈服。当梁的配筋率达到最大配筋率 ρ_{max} 时，将发生受拉钢筋屈服的同时，受压区边缘混凝土达到极限压应变被压碎破坏，这种破坏成为界限破坏。

当受弯构件处于界限破坏时，等效矩形截面的界限受压区高度 x_b 与截面有效高度 h_0 之比称为界限相对受压区高度，用 ξ_b 表示。ξ_b 是用来衡量构件破坏时钢筋强度能否充分利用的一个特征值。若 $\xi>\xi_b$，构件破坏时受拉钢筋不能屈服，表明构件的破坏为超筋破坏；若 $\xi\leqslant\xi_b$，构件破坏时受拉钢筋已经达到屈服强度，表明发生的破坏为适筋破坏或少筋破坏。各种钢筋混凝土构件的 ξ_b 及 α_{smax} 值见表 3.6。

表 3.6　钢筋混凝土构件的 ξ_b 值

钢筋级别	屈服点强度/(N·mm^{-2})	ξ_b	
		≤C50	C80
HPB300	270	0.614	—
HRB335、HRBF335	300	0.55	0.493
HRB400、HRBF400、RRB400	360	0.518	0.463
HRB500、HRBF500	435	0.482	0.446

注：当混凝土强度等级介于 C50 和 C80 之间时，ξ_b 值可用线性内插法求得。

(3)最小配筋率 ρ_{min}

少筋破坏的特点是：一裂即坏。为了避免出现少筋情况，必须控制截面配筋率，使之不小于某一界限值，即最小配筋率 ρ_{min}。理论上讲，最小配筋率的确定原则是配筋率为 ρ_{min} 的钢筋混凝土受弯构件，按Ⅲ$_a$ 阶段计算的正截面受弯承载力应等于同截面素混凝土梁所能承受的弯矩 M_{cr}（M_{cr} 为按Ⅰ$_a$ 阶段计算的开裂弯矩），并考虑温度和收缩应力的影响而确定的。当构件按适筋梁计算所得的配筋率小于 ρ_{min} 时，理论上讲，梁可以不配受力钢筋，作用在梁上的弯矩仅素混凝土梁就足以承受，但考虑到混凝土强度的离散性，加之少筋破坏属于脆性破坏以及混凝土收缩等因素，《混凝土结构设计规范》(GB 50010—

2010)规定梁的配筋率不得小于$\rho_{\min}$($\rho_{\min}$往往是根据经验得出的),见表 3.7。

表 3.7 钢筋混凝土结构构件中纵向受力钢筋的最小配筋百分率 %

受力类型		最小配筋百分率
受压构件	全部纵向钢筋	0.6
	0.2	一侧纵向钢筋
受弯构件、偏心受拉、轴心受拉构件一侧的受拉钢筋		0.2 和 $45f_t/f_y$ 中的较大值

注:①受压构件全部纵向钢筋最小配筋百分率,当采用 HRB400 级、RRB400 级钢筋时,应按表中规定减少 0.1;当采用 C60 强度等级以上的混凝土时,应将表中规定值增大 0.1。

②板类受弯构件的受拉钢筋,当采用强度等级 400 MPa、500 MPa 的钢筋时,其最小配筋百分率应允许采用 0.15 和 $45f_t/f_y$ 中的较大值。

③偏心受拉构件中的受压钢筋,应按受压构件一侧考虑。

④受压构件的全部纵向钢筋和一侧纵向钢筋的配筋率以及轴心受拉构件和小偏心受拉构件一侧受拉钢筋的配筋率应按构件的全截面面积计算。

2. 单筋矩形截面正截面承载力的计算

(1) 基本公式及适用条件

受弯构件正截面承载力的计算,就是要求由荷载设计值在构件内产生的弯矩,小于或等于按材料强度设计值计算得出的构件受弯承载力设计值,即

$$M \leqslant M_u \tag{3.3}$$

式中 M——弯矩设计值;

M_u——构件正截面受弯承载力设计值。

图 3.14 为单筋矩形截面。由平衡条件可得出其承载力基本计算公式:

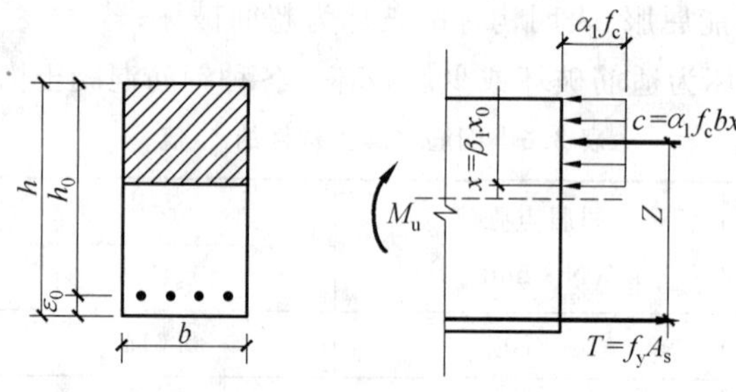

图 3.14 单筋矩形截面受弯构件计算图形

$$\alpha_1 f_c bx = f_y A_s \tag{3.4}$$

$$M \leqslant M_u = \alpha_1 f_c bx\left(h_0 - \frac{x}{2}\right) \tag{3.5}$$

或

$$M \leqslant M_u = f_y A_s\left(h_0 - \frac{x}{2}\right) \tag{3.6}$$

式中 M——弯矩设计值;

f_c——混凝土轴心抗压强度设计值;

f_y——钢筋抗拉强度设计值;

x——混凝土受压区高度;

A_s——受拉钢筋截面面积;

h_0——截面有效高度;

α_1——系数，当混凝土强度等级不超过C50时，$\alpha_1=1.0$；当混凝土强度等级为C80时，$\alpha_1=0.94$；其间按线性内插法确定。

为保证受弯构件为适筋破坏，不出现超筋破坏和少筋破坏，上述基本公式必须满足下列适用条件：

$$\left.\begin{array}{l}\xi\leqslant\xi_b\\ x\leqslant\xi_b h_0\\ \rho\leqslant\rho_{max}\end{array}\right\}\tag{3.7a}$$

或

公式(3.7a)中的各式意义相同，即为了防止配筋过多形成超筋梁，只要满足其中任何一个式子，其余的必定满足。如将 $x=\xi_b h_0$ 代入公式(3.5)，也可求得单筋矩形截面所能承受的最大弯矩承载力(极限弯矩)$M_{u,max}$，所以式(3.7a)可也写成：

$$M\leqslant M_{u,max}=\alpha_1 f_c b h_0^2\xi_b(1-0.5\xi_b)\tag{3.7b}$$

$$\left.\begin{array}{l}\rho\geqslant\rho_{min}\\ A_s\geqslant\rho_{min}bh\end{array}\right\}\tag{3.8}$$

或

公式(3.8)是为了防止钢筋配置过少而形成少筋梁。

(2) 基本公式的应用

在设计中一般不直接应用基本公式，因需要求解二元二次方程组，很不方便。规范将基本公式(3.5)、(3.6)按 $M=M_u$ 原则改写，并编制了实用计算表格，简化了计算。改写后的公式为

$$M=\alpha_s\alpha_1 f_c b h_0^2\tag{3.9}$$

$$M=f_y A_s\gamma_s h_0\tag{3.10}$$

公式(3.9)、(3.10)中的系数 α_s 和 γ_s 均为 ξ 的函数，所以可以把它们之间的数值关系用表格表示，见表3.8。表中与常用钢筋等级相对应的界限相对受压区高度 ξ 之值已用横线标出，因此，当根据混凝土等级C50计算出的 α_s 和系数 ξ 未超过横线时，即表明已满足第一个适用条件，但因表格中不能表示出最小配筋率，所以仍需验算第二个适用条件。

单筋矩形截面受弯构件正截面承载力的计算有两种情况，即截面设计与截面验算。

①截面设计。

已知弯矩设计值 M，混凝土强度 f_c，钢筋强度 f_y，构件截面尺寸 b、h，求：所需受拉钢筋截面面积 A_s。

计算步骤如下：

第一步：由公式(3.9)求出 α_s，即

$$\alpha_s=\frac{M}{\alpha_1 f_c b h_0^2}$$

第二步：根据 α_s 由表3.8查出 γ_s 或 ξ(如 α_s 值超出表中横线，则应加大截面，或提高混凝土强度等级，或改用双筋截面)。

表3.8 钢筋混凝土矩形截面受弯构件正截面受弯承载力计算系数表

ξ	γ_s	α_s	ξ	γ_s	α_s
0.01	0.995	0.01	0.32	0.84	0.269
0.02	0.99	0.02	0.33	0.835	0.275
0.03	0.985	0.03	0.34	0.83	0.282
0.04	0.98	0.039	0.35	0.825	0.289

续表 3.8

ξ	γ_s	α_s	ξ	γ_s	α_s
0.05	0.975	0.048	0.36	0.82	0.295
0.06	0.97	0.058	0.37	0.815	0.301
0.07	0.965	0.067	0.38	0.81	0.309
0.08	0.96	0.077	0.39	0.805	0.314
0.09	0.955	0.085	0.4	0.8	0.32
0.1	0.95	0.095	0.41	0.795	0.326
0.11	0.945	0.104	0.42	0.79	0.332
0.12	0.94	0.113	0.43	0.785	0.337
0.13	0.935	0.121	0.44	0.78	0.343
0.14	0.93	0.13	0.45	0.775	0.349
0.15	0.925	0.139	0.46	0.77	0.354
0.16	0.92	0.147	0.47	0.765	0.359
0.17	0.915	0.155	0.48	0.76	0.365
0.18	0.91	0.164	0.482	0.759	0.366
0.19	0.905	0.172	0.49	0.755	0.37
0.2	0.9	0.18	0.5	0.75	0.375
0.21	0.895	0.188	0.51	0.745	0.38
0.22	0.89	0.196	0.518	0.741	0.384
0.23	0.885	0.203	0.52	0.74	0.385
0.24	0.88	0.211	0.53	0.735	0.39
0.25	0.875	0.219	0.54	0.73	0.394
0.26	0.87	0.226	0.55	0.725	0.4
0.27	0.865	0.234	0.56	0.72	0.403
0.28	0.86	0.241	0.57	0.715	0.408
0.29	0.855	0.248	0.58	0.71	0.412
0.3	0.85	0.255	0.585	0.706	0.414
0.31	0.845	0.262			

注：①当混凝土强度等级为 C50 及以下时，表中系数 ξ_b = 0.585、0.55、0.518、0.482 分别为 HPB300、HRB335、HRB400、HRB500 钢筋的界限相对受压区高度。

②ξ 和 γ_s 也可按下列公式计算，$\xi=1-\sqrt{1-2\alpha_s}$，$\gamma_s=\frac{1+\sqrt{1-2\alpha_s}}{2}$。

第三步：计算钢筋截面面积 A_s，并判断是否属少筋梁，即

由公式(3.10)得：

$$A_s=\frac{M}{f_y\gamma_s h_0} \tag{3.11}$$

或由公式(3.4)得 $x=\dfrac{A_s f_y}{b\alpha_1 f_c}$,则

$$\xi=\frac{x}{h_0}=\frac{A_s}{bh_0}\cdot\frac{f_y}{\alpha_1 f_c}$$

因此 A_s 也可按下式求出:

$$A_s=\xi bh_0\frac{\alpha_1 f_c}{f_y} \tag{3.12}$$

求出 A_s 后,即可按表3.9、表3.10并根据构造要求选择钢筋。

第四步:检查截面实际配筋率是否低于最小配筋率,即

$$\rho\geqslant\rho_{\min}\text{或}A_s\geqslant\rho_{\min}bh \tag{3.13}$$

式中 A_s 采用实际选用的钢筋截面面积,$\rho_{\min}$ 见表3.7。

②复核已知截面的承载力。

已知构件截面尺寸 $b\times h$,钢筋截面面积 A_s,混凝土强度 f_c,钢筋强度 f_y,弯矩设计值 M,试复核截面是否安全。

计算步骤如下:

第一步:求 ξ

$$\xi=\frac{A_s f_y}{\alpha_1 f_c bh_0}$$

第二步:由表3.8,根据 ξ 查得 α_s。

第三步:求 M_u

$$M_u=\alpha_s\alpha_1 f_c bh_0^2 \tag{3.14}$$

此处应注意:如 ξ 之值在表中横线以下,即 $\xi\geqslant\xi_b$,此时正截面受弯承载力应按下式确定:

$$M_{u,\max}=\alpha_1 f_c bh_0^2\xi_b(1-0.5\xi_b) \tag{3.15}$$

第四步:验算最小配筋率条件 $\rho\geqslant\rho_{\min}$。如 $\rho<\rho_{\min}$,则原截面设计不合理,应修改设计。如为已建成的工程则应降低条件使用。

表3.9 钢筋的计算截面面积及理论质量表

公称直径/mm	不同根数钢筋的计算截面面积/mm²									单根钢筋理论质量/(kg·m⁻¹)
	1	2	3	4	5	6	7	8	9	
6	28.3	57	85	113	142	170	198	226	255	0.222
6.5	33.2	66	100	133	166	199	232	265	299	0.260
8	50.3	101	151	201	252	302	352	402	453	0.395
8.2	52.8	106	158	211	264	317	370	423	475	0.432
10	78.5	157	236	314	393	471	550	628	707	0.617
12	131.1	226	339	452	565	678	791	904	1 017	0.888
14	153.9	308	461	615	769	923	1 077	1 231	1 385	1.21
16	201.1	402	603	804	1 005	1 206	1 407	1 608	1 809	1.58

续表 3.9

公称直径/mm	不同根数钢筋的计算截面面积/mm²									单根钢筋理论质量/(kg·m⁻¹)
	1	2	3	4	5	6	7	8	9	
18	254.5	509	763	1 017	1 272	1 527	1 781	2 036	2 290	2.00
20	314.2	628	942	1 256	1 570	1 884	2 199	2 513	2 827	2.47
25	490.9	982	1 473	1 964	2 454	2 945	3 436	3 927	4 418	3.85
28	615.8	1 232	1 847	2 463	3 079	3 695	4 310	4 926	5 542	4.83
32	804.2	1 609	2 413	3 217	4 021	4 826	5 630	6 434	7 238	6.31
36	1 017.9	2 036	3 054	4 072	5 089	6 107	7 125	8 143	9 161	7.99
40	1 256.6	2 513	3 770	5 027	6 283	7 540	8 796	10 053	11 310	9.87
50	1 964	3 928	5 892	7 856	9 820	11 784	13 748	15 712	17 676	15.42

表 3.10 钢筋混凝土板每米宽的钢筋截面面积 mm²

钢筋间距/mm	3	4	5	6	6/8	8	8/10	10	10/12	12	12/14	14
70	101.0	180	280	404	561	719	920	1 121	1 369	1 616	1 907	2 199
75	94.2	168	262	377	524	671	859	1 047	1 277	1 508	1 780	2 052
80	88.4	157	245	354	491	629	805	981	1 198	1 414	1 669	1 924
85	83.2	148	231	333	462	592	758	924	1 127	1 331	1 571	1 811
90	78.5	140	218	314	437	559	716	872	1 064	1 257	1 438	1 710
95	74.5	132	207	298	414	529	678	826	1 008	1 190	1 405	1 620
100	70.6	126	196	283	393	503	644	785	958	1 131	1 335	1 539
110	64.2	114	178	257	357	457	585	714	871	1 028	1 214	1 399
120	58.9	105	163	236	327	419	537	654	798	942	1 113	1 283
125	56.5	101	157	226	314	402	515	628	766	905	1 068	1 231
130	54.4	96.6	151	218	302	387	495	604	737	870	1 027	1 184
140	50.5	89.8	140	202	281	359	460	561	684	808	954	1 099
150	47.1	83.8	131	189	262	335	429	523	639	754	890	1 026
160	44.1	78.5	123	177	246	314	403	491	599	707	834	962
170	41.1	73.9	115	166	231	296	379	462	564	665	785	905
180	39.2	69.8	109	157	218	279	358	436	532	628	742	855
190	37.2	66.1	103	149	207	265	339	413	504	595	703	810
200	35.3	62.8	98.2	141	196	251	322	393	479	565	668	770
220	32.1	57.1	89.2	129	179	229	293	357	436	514	607	700
240	29.4	52.4	81.8	118	164	210	268	327	399	471	556	641
250	28.3	50.3	78.5	113	157	201	258	314	383	542	534	616
260	27.2	48.3	75.5	109	151	193	248	302	369	435	513	592
280	25.2	44.9	70.1	101	140	180	230	280	342	404	477	510
300	23.6	41.9	65.5	94.2	131	168	215	262	319	377	445	513
320	22.1	39.3	61.4	88.4	123	157	201	245	299	353	417	481

注：表中钢筋直径中的 6/8，8/10，…表示两种直径的钢筋交替摆放。

【案例实解】

已知矩形梁截面尺寸 $b\times h=250$ mm×500 mm，由荷载产生的弯矩设计值 $M=150$ kN·m，混凝土强度等级为C20，钢筋采用HRB335级钢筋。求所需受拉钢筋截面面积 A_s。

解 (1)确定材料强度设计值

本题采用C20混凝土和HRB335级钢筋，查表得

$f_c=9.6\ \text{N/mm}^2$，$f_y=300\ \text{N/mm}^2$，$f_t=1.1\ \text{N/mm}^2$，$\alpha_1=1.0$，$\beta_1=0.8$，$\xi_b=0.55$

(2) 配筋计算

假设钢筋按一排布置，则

$$h_0=h-a_s=(500-35)\text{mm}=465\ \text{mm}$$

$$\alpha_s=\frac{M}{\alpha_1 f_c b h_0^2}=\frac{150\times10^6}{1.0\times9.6\times250\times465^2}=0.289$$

$$\xi=1-\sqrt{1-2\alpha_s}=0.35<\xi_b=0.55$$

$$\gamma_s=\frac{1+\sqrt{1-\alpha_s}}{2}=\frac{1+\sqrt{1-0.289}}{2}=0.922$$

$$A_s=\frac{M}{f_y\gamma_s h_0}=\frac{150\times10^6}{300\times0.922\times465}\text{mm}^2=1\,166\ \text{mm}^2$$

查表选用4Φ20。

(3)验算使用条件

$$\xi<\xi_b\text{（满足要求）}$$

$$\rho=\frac{A_s}{bh}=\frac{1\,256}{250\times500}=1.0\%>\rho_{\min}=0.2\%\text{（满足要求）}$$

（最小配筋率 $\rho_{\min}$ 取0.2%和 $0.45\dfrac{f_t}{f_y}=0.45\times\dfrac{1.1}{300}=0.165\%$ 中的较大值）

【案例实解】

某学校教室梁截面尺寸为200 mm×450 mm，弯矩设计值 $M=80$ kN·m，混凝土强度等级为C20，HRB335级钢筋4Φ16。验算此梁是否安全。

解 (1)确定材料强度设计值

本题采用C20混凝土和HRB335级钢筋，查表得

$f_c=9.6\ \text{N/mm}^2$，$f_y=300\ \text{N/mm}^2$，$f_t=1.1\ \text{N/mm}^2$，$\alpha_1=1.0$，$\beta_1=0.8$，$\xi_b=0.55$

钢筋截面面积为　　$A_s=804\ \text{mm}^2$

梁的截面有效高度为　　$h_0=h-a_s=(450-35)\text{mm}=415\ \text{mm}$

(2)求 ξ 值

$$\xi=\frac{A_s f_y}{b h_0 \alpha_1 f_c}=\frac{804\times360}{200\times415\times1.0\times11.9}=0.293$$

(3)求受弯承载力设计值 M_u

$$\begin{aligned}M_u&=\alpha_s\alpha_1 f_c b h_0^2=(0.25\times1.0\times11.9\times200\times415^2)\text{N}\cdot\text{mm}=102.5\times10^6\ \text{N}\cdot\text{mm}\\&=102.5\ \text{kN}\cdot\text{m}>M=100\ \text{kN}\cdot\text{m}\end{aligned}$$

(4)检查最小配筋率

$$\rho=\frac{A_s}{bh}=\frac{804}{200\times450}=0.89\%>\rho_{\min}=0.2\%\text{（安全）}$$

（最小配筋率取0.2%和 $0.45f_t/f_y=0.45\times1.1\div300=0.165\%$ 中的较大值）

3.2.3 双筋矩形截面和T形截面的受力概念

1. 双筋矩形截面梁的适用范围

双筋矩形截面受弯构件是指在截面的受拉区和受压区同时配置纵向受力钢筋的受弯构件。受压区的钢筋承受压力，称为受压钢筋，其截面面积用 A_s' 表示，双筋截面梁虽然可以提高承载力，但利用受压钢筋来帮助混凝土承受压力是不经济的，故应尽量少用双筋截面梁。通常双筋矩形截面梁主要应用在以下3种情况中：

①当弯矩设计值很大，超过了单筋矩形截面适筋梁所能负担的最大弯矩，但梁的截面尺寸及混凝土强度等级又都受到限制而不能增大，这时宜设计成双筋梁，否则将成为超筋梁而使受拉钢筋不能被充分利用。

②由于荷载有多种组合情况，构件在不同荷载的组合下，截面将承受变号弯矩作用，即在某一组合情况下截面承受正弯矩，另一种组合情况下承受负弯矩，这时也出现双筋截面。

③在抗震设计中为提高截面的延性或由于构造原因，要求框架梁必须配置一定比例的受压钢筋。

试验表明，只要满足适筋梁的条件，双筋矩形截面梁的破坏形式与单筋适筋梁基本相同，即受拉钢筋首先屈服，随后受压区边缘混凝土达到极限压应变压碎而破坏。两者不同之处在于T形双筋截面梁的受压区配有纵向受压钢筋。由平截面应变关系可以推出，当受压区边缘混凝土达到极限压应变 ε_{cu} 时，若 $x \geqslant 2\alpha_s'$，对于受压钢筋为HPB300、HRB335、HRB400及RRB400级时，受压钢筋应力均能达到其抗压强度设计值 f_y'（受压钢筋已屈服）；若 $x < 2\alpha_s'$，受压钢筋距中和轴太近，其应力达不到其抗压强度设计值 f_y'，使受压钢筋不能充分发挥作用。

为防止纵向受压钢筋在压力作用下发生压曲而侧向凸出，保证受压钢筋充分发挥其作用，《混凝土结构设计规范》(GB 50010—2010)规定，双筋梁必须采用封闭箍筋，且箍筋的间距 s 不应大于 $15d$（d 为纵向受压钢筋的最小直径），同时不应大于400 mm；当一层内的纵向受压钢筋多于5根且直径大于18 mm时，箍筋间距不应大于 $10d$；当梁的宽度大于400 mm且一层内的纵向受压钢筋多于3根时，或当梁的宽度不大于400 mm但一层内的纵向受压钢筋多于4根时，应设置复合箍筋。

2. T形截面

在矩形截面正截面承载力的计算中，由于在破坏阶段受拉区混凝土早已开裂，不能承受拉力，所以不能考虑中和轴以下的混凝土参加工作。由此可以设想把受拉区的混凝土减少一部分，这样既可节约材料，又减轻了自重，如图3.15(a)所示，就形成了T形截面的受弯构件。正截面承载力计算不考虑混凝土抗拉作用，所以将矩形截面受拉区的混凝土挖去一部分，并将受拉钢筋集中放置，形成T形截面，如图3.15(a)所示。其中伸出部分称为翼缘，中间部分称为梁肋或腹板，梁肋宽度为 b，受压翼缘宽度为 b_f'，翼缘厚度为 h_f'，全截面高度为 h。与矩形截面相比，其受弯承载力不会降低，而且还节省了被挖去的混凝土，减轻构件自重。工程结构中T形截面应用非常广泛，如整体式楼盖中的主、次梁，如图3.15(b)所示，T形吊车梁、槽形板和圆孔空心板等均可按T形截面计算，如图3.15(c)所示。

(1)T形截面受弯构件的翼缘计算宽度

T形截面梁受力后，翼缘受压时的压应力沿翼缘宽度方向的分布是不均匀的，离梁肋越远，压应力越小。因此，受压翼缘的计算宽度应有一定限制，在此宽度范围内的应力分布可以假设是均匀的，且能与梁肋很好地整体工作，经试验研究，《混凝土结构设计规范》(GB 50010—2010)规定，翼缘计算宽度 b_f' 按表3.11规定的最小值取用。

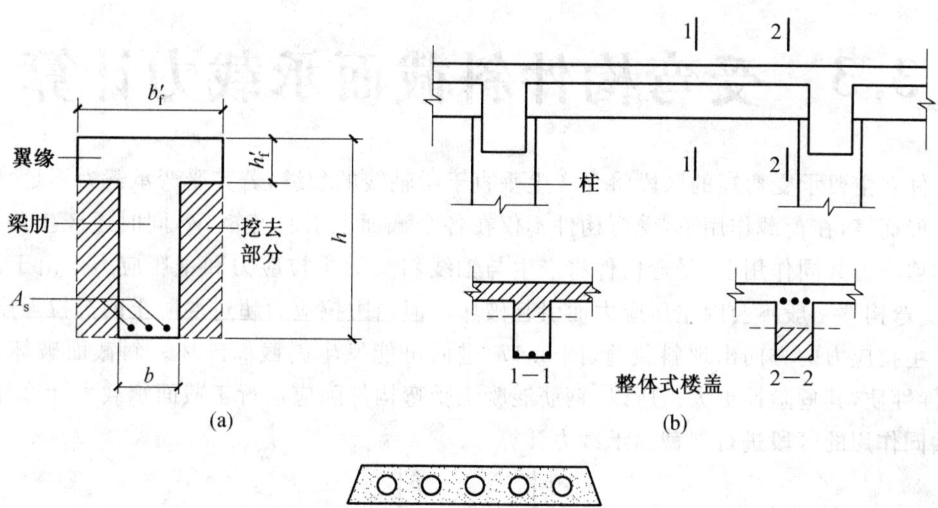

图 3.15　T 形截面

表 3.11　T 形、工字形及倒 L 形截面受弯构件翼缘计算宽度 b_f'

情况		T 形、工字形截面		倒 L 形截面
		肋形梁(肋)	独立梁	肋形梁(肋)
1	按计算跨度 l_0 考虑	$l_0/3$	$l_0/3$	$l_0/6$
2	按梁(肋)净距 s_n 考虑	$b+s_n$	—	$b+s_n/2$
3	按翼缘高度 h_f' 考虑	—	b	—
		$b+12h_f'$	$b+6h_f'$	$b+5h_f'$
		$b+12h_f'$	b	$b+5h_f'$

注：①表中 b 为腹板宽度。

②如肋形梁在梁跨内设有间距小于纵肋间距的横肋时，则不可遵守表列情况 3 的规定。

③对加腋的 T 形、工字形和倒 L 形截面，当受压区加腋的高度 $h_h' \geqslant h_f'$ 且加腋的宽度 $b_f' \leqslant 3h_h$ 时，其翼缘计算宽度可按表列情况 3 的规定分别增加 $2b_h$(T 形、工字形截面)和 b_h(倒 L 形截面)。

④独立梁受压区的翼缘板在荷载作用下经验算沿纵肋方向可能产生裂缝时，其计算宽度应取腹板宽度 b。

(2)T 形截面的分类

根据受力大小，T 形截面的中和轴可能通过翼缘，也可能通过肋部。中性轴通过翼缘者称为第一类 T 形截面，如图 3.16(a)所示。其受压区实际是矩形，所以可以把梁截面视为宽为 b_f'的矩形来计算；中和轴通过肋部者称为第二类 T 形截面，如图 3.16(b)所示。这一类 T 形截面的受压区为 T 形，不能按矩形截面积来计算。

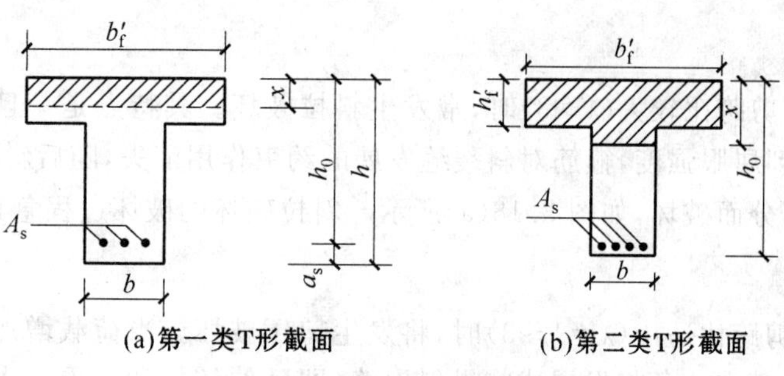

图 3.16　两类 T 形截面

3.3 受弯构件斜截面承载力计算

受弯构件在主要承受弯矩的区段将会产生垂直于梁轴线的裂缝，若其受弯承载力不足，则将沿正截面破坏。一般而言，在荷载作用下，受弯构件不仅在各个截面上引起弯矩 M，同时还产生剪力 V。在弯曲正应力和剪应力共同作用下，受弯构件将产生与轴线斜交的主拉应力和主压应力。由于混凝土抗压强度较高，受弯构件一般不会因主压应力而引起破坏。但当主拉应力超过混凝土的抗拉强度时，混凝土便沿垂直于主拉应力的方向出现斜裂缝(图 3.17)进而可能发生斜截面破坏。斜截面破坏通常较为突然，具有脆性性质，其危险性更大。所以，钢筋混凝土受弯构件除应进行正截面承载力计算外，还须对弯矩和剪力共同作用的区段进行斜截面承载力计算。

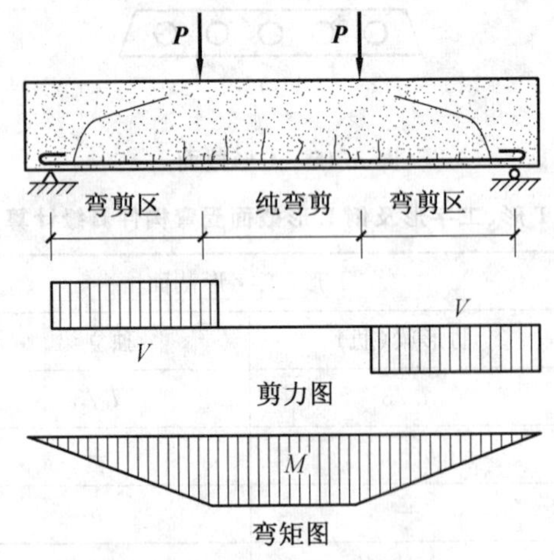

图 3.17 梁的垂直裂缝与斜裂缝

梁的斜截面承载能力包括斜截面受剪承载力和斜截面受弯承载力。在实际工程设计中，斜截面受剪承载力通过计算配置腹筋来保证，而斜截面受弯承载力则通过构造措施来保证。

一般来说，板的跨高比较大，具有足够的斜截面承载能力，故受弯构件斜截面承载力计算主要是对梁和厚板而言的。

3.3.1 受弯构件斜截面破坏

影响受弯构件斜截面承载力的因素有很多，除截面大小、混凝土的强度等级、荷载种类外，还有剪跨比和箍筋配筋率(也称配箍率)。集中荷载至支座的距离称为剪跨，剪跨 a 与梁有效高度 h_0 之比称为剪跨比，以 λ 表示，即 $\lambda=a/h_0$。随着箍筋数量和剪跨比的不同，受弯构件主要有以下 3 种斜截面受剪破坏形式，如图 3.18 所示。

1. 斜拉破坏

当箍筋配置过少，且剪跨比较大($\lambda>3$)时，常发生斜拉破坏。其特点是一旦出现斜裂缝，与斜裂缝相交的箍筋应力立即达到屈服强度，箍筋对斜裂缝发展的约束作用消失，随后斜裂缝迅速延伸到梁的受压区边缘，构件裂为两部分而破坏，如图 3.18(a)所示。斜拉破坏的破坏过程急骤，具有很明显的脆性。

2. 剪压破坏

构件的箍筋适量且剪跨比适中($\lambda=1\sim3$)时，将发生剪压破坏。当荷载增加到一定值时，首先在剪弯段受拉区出现斜裂缝，其中一条将发展成临界斜裂缝(即延伸较长和开展较大的斜裂缝)。荷载进一步增加，与临界斜裂缝相交的箍筋应力达到屈服强度。随后，斜裂缝不断扩展，斜截面末端剪压区不断缩小，最后剪压区混凝土在正应力和剪应力共同作用下达到极限状态而压碎，如图3.18(b)所示。剪压破坏没有明显预兆，属于脆性破坏。

3.斜压破坏

当梁的箍筋配置过多、过密或者梁的剪跨比较小($\lambda<1$)时，斜截面破坏形态将主要是斜压破坏。这种破坏是因梁的剪弯段腹部混凝土被一系列平行的斜裂缝分割成许多倾斜的受压柱体，在正应力和剪应力共同作用下混凝土被压碎而导致的，破坏时箍筋应力尚未达到屈服强度，如图3.18(c)所示。斜压破坏属于脆性破坏。

针对上述3种不同的破坏形态，规范采用不同的方法来保证斜截面的承载能力以防止破坏。由于斜压破坏时箍筋作用不能充分发挥，斜拉破坏又十分突然，所以这两种破坏在设计中应避免。斜压破坏可通过限制截面最小尺寸(实际也就是规定了最大配箍率)来防止，斜拉破坏则可用最小配箍率控制。剪压破坏相当于正截面的适筋破坏，设计中应把构件控制在这种破坏类型，通过斜截面受剪承载力的计算配置箍筋及弯起钢筋，防止剪压破坏的发生。

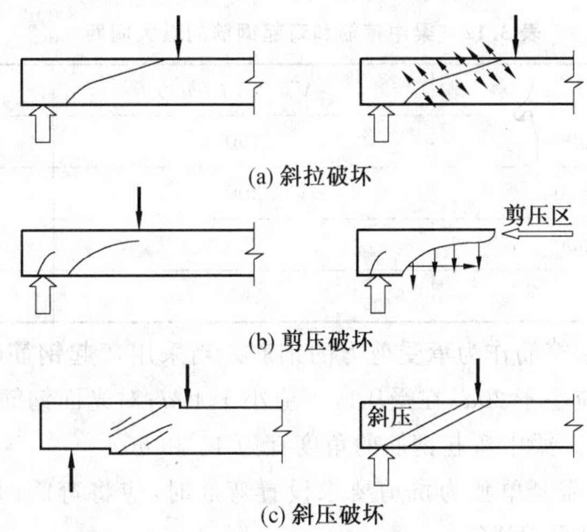

图3.18 梁的剪切破坏的3种形态

3.3.2 斜截面受剪承载力计算

1.影响斜截面受剪承载力的主要因素

(1)剪跨比

当$\lambda\leqslant 3$时，斜截面受剪承载力随λ的增大而减小。当$\lambda>3$时，其影响不明显。

(2)混凝土强度

混凝土强度对斜截面受剪承载力有着重要影响。试验表明，混凝土强度越高，受剪承载力越大。

(3)配箍率

$$\rho_{sv}=\frac{A_{sv}}{sb}=\frac{nA_{sv1}}{sb} \tag{3.16}$$

式中 ρ_{sv}——配箍率；

n——在同一截面内箍筋的肢数；

A_{sv1}——单肢箍筋的截面面积；

s——箍筋间距；

b——梁宽。

(4)纵向钢筋配筋率

纵向钢筋受剪产生销栓力,可以限制斜裂缝的开展。梁的斜截面受剪承载力随纵向钢筋配筋率的增大而提高。

除上述因素外,截面形状、荷载种类和作用方式等对斜截面受剪承载力都有影响。

2. 箍筋和弯起钢筋的构造规定

①箍筋除能提高梁的抗剪承载力和抑制斜裂缝的开展外,还承受温度应力和混凝土的收缩应力,增强纵向钢筋的锚固,以及加强梁的受压区和受拉区的联系等。因此,按计算不需要箍筋的梁:如梁高大于 300 mm,仍应按梁全长设置箍筋;如梁高为 150～200 mm,可仅在构件端部各 1/4 跨长范围内设置箍筋(当在构件中部 1/2 跨长范围内有集中荷载作用时,仍应沿梁全长设置箍筋),当梁高为 150 mm 以下时,可不设置箍筋。

②梁内箍筋和弯起钢筋的间距不能过大,以防止斜裂缝发生在箍筋或弯起钢筋之间,避免降低梁的受弯承载力,根据《混凝土结构设计规范》(GB 50010—2010),梁内箍筋和弯起钢筋间距 s 不得超过表 3.12的规定。

表 3.12　梁中箍筋和弯起钢筋的最大间距 s_{max}　　mm

项次	梁高 h	$V>0.7f_tbh_0$	$V\leqslant 0.7f_tbh_0$
1	$150<h\leqslant 300$	150	200
2	$300<h\leqslant 500$	200	300
3	$500<h\leqslant 800$	250	350
4	$h>800$	300	400

③在混凝土梁中,宜采用箍筋作为承受剪力的钢筋。当采用弯起钢筋时,弯起钢筋的弯起点,尚应留有锚固长度:在受拉区不应小于 $20d$;在受压区不应小于 $10d$;对光面钢筋在末端尚应设置弯钩。位于梁底面两侧的钢筋不应弯起。梁中弯起钢筋的角度宜为 45°和 60°。

④当不能将纵筋弯起而需要单独为抗剪要求设置弯筋时,应将弯筋两端锚固在受压区内(俗称鸭筋),如图 3.19 所示 ,并不得采用浮筋。

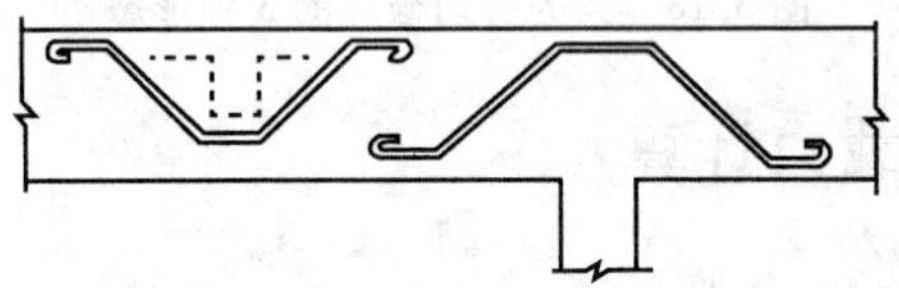

图 3.19　为抗剪要求单独设置的弯筋

3. 保证斜截面受弯承载力的构造措施

如前所述,为了斜截面具有足够的承载力,必须满足抗震和抗弯两个条件,其中,抗剪条件已由配置箍筋和弯起钢筋来满足,而抗弯条件则需由构造措施来保证,这些构造措施包括:纵向钢筋的弯起和截断、钢筋的锚固等。

(1)纵向钢筋的弯起和截断

梁内的纵向受力钢筋,是根据梁的最大弯矩确定的,如果纵向受力钢筋沿梁全长不变,则梁的每一截面抗弯承载力都有充分的保证。当然,这样的配筋是不经济的,因为在内力较小的截面上,纵向钢筋未被充分利用。一般应在满足正截面抗弯承载力的条件下,按规范的要求将部分纵向钢筋弯起或者截断。

要确定纵向钢筋的弯起和截断,一般是按先作荷载引起的弯矩图,再作抵抗弯矩图,抵抗弯矩图也称材料图,它是实际配置的钢筋在梁的各正截面所能承受的弯矩图。由抵抗弯矩图可确定纵向钢筋的实际弯起点和实际截断点，从而解决了纵向钢筋的弯起和截断。

应当指出，受拉钢筋截断后，由于钢筋截面的突然变化，易引起过宽的裂缝，因此规范规定纵向钢筋不宜在受拉区截断。如必须截断时，应延伸至正截面受弯承载力计算不需该钢筋的截面以外，其延伸的长度必须符合规范的规定。

(2)钢筋的锚固长度

钢筋混凝土构件中，当钢筋伸入支座时，必须保持一定的长度，通过这段长度上黏结应力的积累，使钢筋可靠地锚固在混凝土中充分发挥抗拉作用，这个长度称为锚固长度。

①受拉钢筋的锚固长度。受拉钢筋的锚固长度有抗震和非抗震之分，可按表 3.13、3.14、3.15 进行计算。

表 3.13　受拉钢筋的锚固长度 l_{ab}、l_{abE}

钢筋种类	抗震等级	混凝土强度等级								
		C20	C25	C30	C35	C40	C45	C50	C55	≥C60
HPB300	一、二级(l_{abE})	$45d$	$39d$	$35d$	$32d$	$29d$	$28d$	$26d$	$25d$	$24d$
	三级(l_{abE})	$41d$	$36d$	$32d$	$29d$	$26d$	$25d$	$24d$	$23d$	$22d$
	四级(l_{abE}) 非抗震(l_{ab})	$39d$	$34d$	$30d$	$28d$	$25d$	$24d$	$23d$	$22d$	$21d$
HRB335 HRBF335	一、二级(l_{abE})	$44d$	$38d$	$33d$	$31d$	$29d$	$26d$	$25d$	$24d$	$24d$
	三级(l_{abE})	$40d$	$35d$	$31d$	$28d$	$26d$	$24d$	$23d$	$22d$	$22d$
	四级(l_{abE}) 非抗震(l_{ab})	$38d$	$33d$	$29d$	$27d$	$25d$	$23d$	$22d$	$21d$	$21d$
HRB400 HRBF400 RRB400	一、二级(l_{abE})	—	$46d$	$40d$	$37d$	$33d$	$32d$	$31d$	$30d$	$29d$
	三级(l_{abE})	—	$42d$	$37d$	$34d$	$30d$	$29d$	$28d$	$27d$	$26d$
	四级(l_{abE}) 非抗震(l_{ab})	—	$40d$	$35d$	$32d$	$29d$	$28d$	$27d$	$26d$	$25d$
HRB500 HRBF500	三级(l_{abE})	—	$50d$	$45d$	$41d$	$38d$	$36d$	$34d$	$33d$	$32d$
	四级(l_{abE}) 非抗震(l_{ab})	—	$48d$	$43d$	$39d$	$36d$	$34d$	$32d$	$31d$	$30d$

表 3.14　受拉钢筋锚固长度 l_a、抗震锚固长度 l_{aE}

非抗震	抗震	注：
$l_a=\zeta_a l_{ab}$	$l_{aE}=\zeta_{aE} l_a$	1. l_a 不应小于 200； 2. 锚固长度修正系数 ζ_a 按表 3.13 取用，当多于一项时，可按连乘计算，但不应小于 0.6； 3. ζ_{aE} 为抗震锚固长度修正系数，对一、二级抗震等级取 1.15，对三级抗震等级取 1.05，对四级抗震等级取 1.00

注：①HPB300 级钢筋末端应做 180°弯钩，弯后平直段长度不应小于 $3d$，但作受压钢筋时可不做弯钩。

②当锚固钢筋的保护层厚度不大于 $5d$ 时，锚固钢筋长度范围内应设置横向构造钢筋，其直径不应小于 $d/4$（d 为锚固钢筋的最大直径）；对梁、柱等构件间距不应大于 $5d$，对板、墙等构件间距不应大于 $10d$，且均不应大于 100（d 为锚固钢筋的最小直径）。

表 3.15　受拉钢筋锚固长度修正系数 ζ_a

锚固条件		ζ_a	
带肋钢筋的公称直径大于 25		1.10	—
环氧树脂涂层带肋钢筋		1.25	
施工过程中易受到扰动的钢筋		1.10	
锚固区保护层厚度	$3d$	0.80	注：中间时按内插值，d 为锚固钢筋直径
	$5d$	0.70	

②受压钢筋的锚固长度。当计算中充分利用纵向钢筋的抗压强度时，其锚固长度不应小于受拉钢筋锚固长度的 0.7 倍。

3.4　受弯构件裂缝宽度和挠度的计算

在钢筋混凝土结构设计中，除需进行承载能力极限状态的计算外，尚应进行正常使用极限状态即裂缝宽度和挠度的验算，控制结构的裂缝宽度及挠度，以保证结构满足适用性和耐久性的功能要求。

受弯构件在使用期间，如果挠度过大，会影响结构的正常使用。如楼盖中梁板挠度过大会造成粉刷开裂、剥落；单层工业厂房中吊车梁的挠度过大，会影响吊车的正常运行；如果裂缝宽度过大会影响观瞻，引起使用者的不安全感；对处于侵蚀性液体和气体环境中的钢筋混凝土结构，易使钢筋发生锈蚀，严重影响结构的耐久性和使用要求。

和承载力极限状态相比，超过正常使用极限状态所造成的后果危害性和严重性往往要小一些、轻一些，因此，可以把出现这种极限状态的概率放宽一些。在进行正常使用极限状态计算中，荷载和材料均采用标准值而不是设计值。

3.4.1　受弯构件裂缝宽度的验算

1. 裂缝开展过程及主要影响因素

在钢筋混凝土受弯构件中，当截面的受拉边缘混凝土的应力达到其抗拉强度时，在构件受弯最薄弱的截面上将产生裂缝。由于混凝土质量的不均匀性，裂缝发生的部位是随机的。随着荷载的不断增加，裂缝宽度将不断加大，同时又会产生新的裂缝，直到构件进入荷载相对稳定的正常使用阶段，裂缝的出现才基本停止。

影响裂缝宽度的主要因素：

(1)纵筋配筋率

构件受拉区混凝土截面的纵筋配筋率越大，裂缝宽度就越小。

(2)纵筋直径

当构件内受拉纵筋截面相同时，钢筋直径越细、根数越多，则钢筋表面积越大，黏结作用就越大，裂缝宽度就越小。

(3)纵筋表面形状

表面有肋纹的钢筋比光面钢筋黏结作用大，裂缝宽度就小。

(4)保护层厚度

保护层越厚，裂缝宽度就越大。

2. 裂缝宽度的验算

在进行结构设计时，应根据不同的使用要求选用裂缝的控制等级，裂缝的控制等级分三级：

(1)一级

严格要求不出现裂缝的构件。

(2)二级

般要求不出现裂缝的构件。

(3)三级

允许出现裂缝的构件。

普通钢筋混凝土构件的裂缝控制等级均属于三级，对其裂缝宽度进行验算时，要求最大裂缝宽度不超过规范规定的限值，即

$$w_{\max}\leqslant w_{\lim} \tag{3.17}$$

式中 $W_{\max}$——按荷载标准组合并考虑长期影响计算的最大裂缝宽度；

$W_{\lim}$——最大裂缝宽度的限值，见表3.16。

表3.16 结构构件的裂缝控制等级及最大裂缝宽度限值

<table>
<tr><th rowspan="2" colspan="2">环境类别</th><th colspan="2">钢筋混凝土结构</th><th colspan="2">预应力混凝土结构</th></tr>
<tr><th>裂缝控制等级</th><th>$W_{\lim}$/mm</th><th>裂缝控制等级</th><th>$W_{\lim}$/mm</th></tr>
<tr><td colspan="2">一</td><td rowspan="5">三级</td><td>0.30(0.40)</td><td rowspan="2">三级</td><td>0.2</td></tr>
<tr><td rowspan="2">二</td><td>a</td><td rowspan="4">0.2</td><td>0.10</td></tr>
<tr><td>b</td><td>二级</td><td>—</td></tr>
<tr><td rowspan="2">三</td><td>a</td><td rowspan="2">一级</td><td rowspan="2">—</td></tr>
<tr><td>b</td></tr>
</table>

注：①表中的规定适用于采用热轧钢筋的钢筋混凝土构件和采用预应力钢丝、钢绞线及热处理钢筋的预应力混凝土构件；当采用其他类别的钢丝或钢筋时，其裂缝控制要求可按专门标准确定。

②对处于年平均相对湿度小于60%地区一类环境下的受弯构件，其最大裂缝宽度限值可采用括号内的数值。

③在一类环境下，对钢筋混凝土屋架、托梁及需作疲劳验算的吊车梁，其最大裂缝宽度限值应取为0.2 mm；对钢筋混凝土屋面梁和托梁，其最大裂缝宽度限值应取为0.3 mm。

④在一类环境下，对预应力混凝土屋面梁、托梁、屋架、托架、屋面板和楼板，应按二级裂缝控制等级进行验算；在一类和二类环境下的需作疲劳验算的预应力混凝土吊车梁，应按一级裂缝控制等级进行验算。

⑤表中规定的预应力混凝土构件的裂缝控制等级和最大裂缝宽度限值仅适用于正截面的验算；预应力混凝土构件的斜截面裂缝控制验算应符合本规范第8章的要求。

⑥对于烟筒、筒仓和处于液体压力下的结构构件，其裂缝控制要求应符合专门标准的有关规定。

⑦对于处于四、五类环境下的结构构件，其裂缝控制要求应符合专门标准的有关规定。

⑧混凝土保护层厚度较大的构件，可根据实践经验对表中最大裂缝宽度限值适当放宽。

3.4.2 受弯构件的挠度计算

在材料力学中，我们已经学习了均质弹性材料受弯构件变形的计算方法。如跨度为 l_0 的简支梁在均布荷载 q 作用下，其跨中挠度为

$$f_{\max}=\frac{5ql_0^4}{384EI}=\frac{5Ml_0^2}{48EI}=S\frac{Ml_0^2}{EI} \tag{3.18}$$

式中 EI——均质弹性材料梁的截面抗弯刚度，当截面尺寸、材料确定后 EI 是常数；

M——跨中最大弯矩，均布荷载简支梁；

S——与构件支承条件和所受荷载有关的挠度关系，均布荷载简支梁 $S=5/48$。

钢筋混凝土受弯构件是非匀质、非弹性的，而且在使用阶段一般都带裂缝工作，因此它不同于匀质弹性材料梁。试验还表明，钢筋混凝土受弯构件在长期荷载作用下，由于徐变的影响，其抗弯刚度还会随时间的增长而降低。为区别于均质弹性材料梁的抗弯刚度 EI，改用符号 B 表示钢筋混凝土受弯构件按荷载效应标准组合并考虑长期作用影响的刚度，并以 B_s 表示载荷在效应标准组合作用下受弯构件的短期刚度。

计算钢筋混凝土受弯构件的挠度，实质上就是计算它的抗弯刚度 B，一旦求出抗弯刚度 B 后，就可以用 B 代替 EI，然后按均质弹性材料梁的变形公式即可算出梁的挠度，所求得的挠度计算值不应超过规范规定的限值。即

$$f_{\max}=S\frac{M_{\max}}{B}\leqslant f_{\lim} \tag{3.19}$$

规范规定的受弯构件挠度限值，见表 3.17。

表 3.17　受弯构件的挠度限值

构件类型		挠度限值
吊车梁	手动吊车	$l_0/500$
	电动吊车	$l_0/600$
屋盖、楼盖及楼梯构件	当 $l_0<7$ m 时	$l_0/200(l_0/250)$
	当 7 m$<l<$9 m 时	$l_0/250(l_0/300)$
	当 $l_0>9$ m 时	$l_0/300(l_0/4000)$

注：①表中 l_0 为构架挠度计算跨度，计算悬臂构件的挠度限值时，计算跨度 l_0 按实际悬臂长度的 2 倍取用。

②表中括号内的数值适用于使用上对挠度有较高要求的构件。

③如果构件制作时预先起拱，且使用上也允许，则在验算挠度时，可将计算所得的挠度值减去起拱值；对预应力混凝土构件，尚可减去预加力所产生的反拱值。

④构件制作时的起拱值和预应力所产生的反拱值，不宜超过构件在相应荷载组合作用下的计算挠度值。

⑤当构件对使用功能和外观有较高要求时，设计可适当提高对挠度限值的要求。

3.5　梁平法施工图制图规则

3.5.1　梁平法施工图制图规则

梁平法施工图在平面布置图上采用平面注写方式或截面注写方式表达。

3.5.2　平面注写方式

平面注写方式是在梁平面布置图上，分别在不同编号的梁中各选一根梁，在其上注写截面尺寸和配筋具体数值的方式来表达梁平法施工图，如图 3.20 所示。平面注写包括集中标注与原位标注，集中标注表达梁的通用数值，原位标注表达梁的特殊数值。当集中标注中的某项数值不适用于梁的某部位时，则将该数值原位标注，施工时，原位标注取值优先。

1. 集中标注

梁集中标注的内容有以下 6 项内容：前 5 项为必注值，最后一项为选注值（集中标注可以从梁的任意一跨引出），具体规定如下：

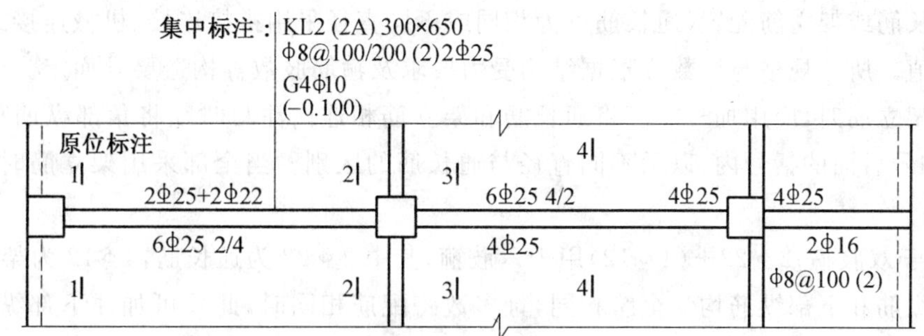

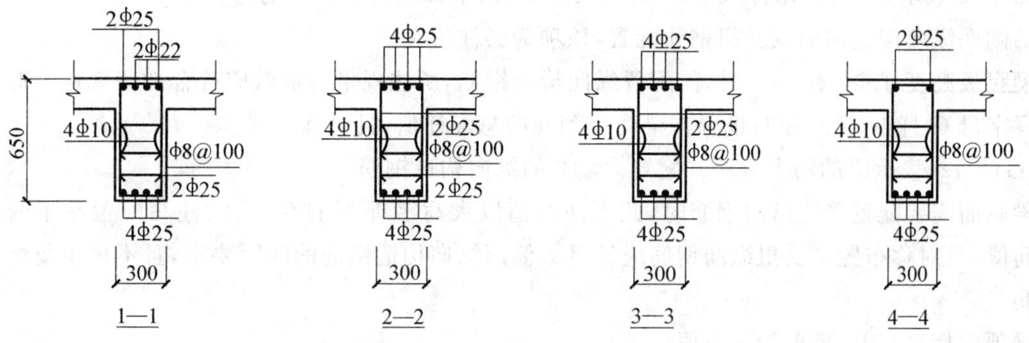

图3.20　梁平面注写方式示例

①梁编号，该项为必注值。

②梁截面尺寸，该项为必注值。当为等截面梁时，用 $b \times h$ 表示（b 为梁截面宽度，h 为梁截面高度）。

当为竖向加腋时，用 $b \times hGYc_1 \times c_2$ 表示，其中 c_1 为腋长，c_2 为腋高。

当为水平加腋梁时，一侧加腋时用 $b \times hPYc_1 \times c_2$ 表示，其中 c_1 为腋长，c_2 为腋宽。加腋部位应在平面图中绘制。

当有悬挑梁且根部和端部的高度不同时，用斜线分隔根部与端部的高度值，即为 $b \times h_1/h_2$（h_1 为悬挑梁根部的截面高度，h_2 为悬挑梁端部的截面高度）。

③梁箍筋，包括钢筋级别、直径、加密区与非加密区间距及肢数，该项为必注值。箍筋加密区与非加密区的不同间距及肢数需用斜线"/"分隔；当梁箍筋为同一种间距及肢数时，则不需用斜线；当加密区与非加密区的箍筋肢数相同时，则将肢数注写一次；箍筋肢数应写在括号内。加密区范围见相应抗震级别的标准构造详图。

例：ϕ10@100/200(4)，表示箍筋为HPB300级钢筋，直径为10 mm，加密区间距为100，非加密区间距为200，均为四肢箍。

ϕ8@100(4)/150(2)，表示箍筋为HPB300级钢筋，直径为8 mm，加密区间距为100，四肢箍；非加密区间距为150，双肢箍。

当抗震设计中的非框架梁、悬臂梁、井字梁及非抗震设计中的各类梁采用不同的箍筋间距及肢数时，也用斜线"/"将其分割开来。注写时，先注写梁支座端部的箍筋（包括箍筋的箍数、钢筋级别、直径、间距与肢数），在斜线后注写梁跨中部分的箍筋间距及肢数。

例：13ϕ10@150/200(4)，表示箍筋为HPB300级钢筋，直径为10 mm；梁的两端各有13根四肢箍，间距为150；梁跨中部分间距为200，四肢箍。

18ϕ12@150(4)/200(2)，表示箍筋为HPB300级钢筋，直径为12 mm；梁的两端各有18根四肢箍，间距为150；梁跨中部分间距为200，双肢箍。

④梁上部通长筋或架立筋配置(通长筋可为相同或不同直径采用搭接连接、机械连接或者焊接的钢筋),该项为必注值。所注规格与根数应根据结构受力要求及箍筋肢数等构造要求而定。当同排纵筋中既有通长筋又有架立筋时,应用加号"+"将通长筋和架立筋相连。注写时须将角部纵筋写在加号的前面,架立筋写在加号后面的括号内,以示不同直径与通长筋的区别。当全部采用架立筋时,则将其写入括号内。

例:2⌀22 用于双肢箍;2⌀22+(4⌀12)用于六肢箍,其中 2⌀22 为通长筋,4⌀12 为架立筋。

当梁的上部纵筋和下部纵筋均为全跨相同,且多数跨配筋相同时,此项可加注下部纵筋的配筋值,用分号";"将上部与下部纵筋的配筋值分隔开来。

例:3⌀22 表示梁的上部配置 3⌀22 的通长筋,梁的下部配置 3⌀22 的通长筋。

⑤梁侧面纵向构造钢筋或受扭钢筋配置,该项为必注值。

当梁腹板高度 $h_w \geqslant 450$ mm 时,需配置纵向构造钢筋,所注规格与根数应符合规范规定。此项注写值以大写字母 G 打头,接续注写设置在梁两个侧面的总配筋值,且对称配置。

例:G4⌀12,表示梁的两个侧面共配置 4⌀12 的纵向构造钢筋。

当梁侧面需要配置受扭纵向钢筋时,此项注写值以大写字母 N 打头,持续注写配置在梁两个侧面的总配筋值,且对称布置。受扭纵向钢筋应满足梁侧面纵向构造钢筋的间距要求,且不再重复配置纵向构造钢筋。

⑥梁顶面标高高差,该项为选注值。

梁顶面标高高差,系指相对于结构层楼面标高的高差值,对于位于结构夹层的梁,则指相对于结构夹层楼面标高的高差。有高差时,需要将其写在括号里,无高差时不注。

2.原位标注

主要是集中标注中的梁支座上部纵筋和梁下部纵筋数值不适用于梁的该部位时,则将该数值原位标注。梁支座上部纵筋,该部位含通长筋在内的所有纵筋,对其标注的规定如下:

①当上部纵筋多于一排时,用斜线"/"将各排纵筋自上而下分开。

例:梁支座上部纵筋注写为"6⌀25 4/2",则表示上一排纵筋为 4⌀25,下一排纵筋为 2⌀25。

②当同排纵筋有两种直径时,用加号"+"将两种直径的纵筋相连,注写时将角部纵筋写在前面。

例:梁支座上部有四根纵筋,2⌀25 放在角部,2⌀22 放在中部,在梁支座上部应注写为"2⌀25+2⌀22"。

③当梁中间支座两边的上部纵筋不同时,必须在支座两边分别标注;当梁中间支座两边的上部纵筋相同时,可仅在支座的一边标注配筋值,另一边省去不注。

梁下部纵筋:

①当下部纵筋多于一排时,用斜线"/"将各排纵筋自上而下分开。

例:梁支座下部纵筋注写为"6⌀25 2/4",则表示上一排纵筋为 2⌀25,下一排纵筋为 4⌀25。

②当同排纵筋有两种直径时,用加号"+"将两种直径的纵筋相连,注写时将角部纵筋写在前面。

例:梁支座上部有四根纵筋,2⌀25 放在角部,2⌀22 放在中部,在梁支座上部应注写"2⌀25+2⌀22"。

③当梁下部纵筋不全部伸入支座时,将梁支座下部纵筋减少的数量写在括号内。

④当梁的集中标注中已经分别注写了梁上部和下部均为通常的纵筋值时,则不需在梁下部重复做原位标注。

⑤当梁设置竖向加腋时,加腋部位下部斜纵筋应在支座下部以 Y 打头注写在括号内;当梁设置水平加腋时,水平加腋内上、下部斜纵筋应在加腋支座上部以 Y 打头注写在括号内,上、下部斜纵筋之间用"/"分隔。

对于附加箍筋或吊筋,将其直接画在平面图中的主梁上,用线引注总配筋值(附加箍筋的肢数注在括号内)，当多数附加箍筋或吊筋相同时，可在梁平法施工图上统一注明，少数与统一注明值不同时，再原位引注。如图 3.21 所示。

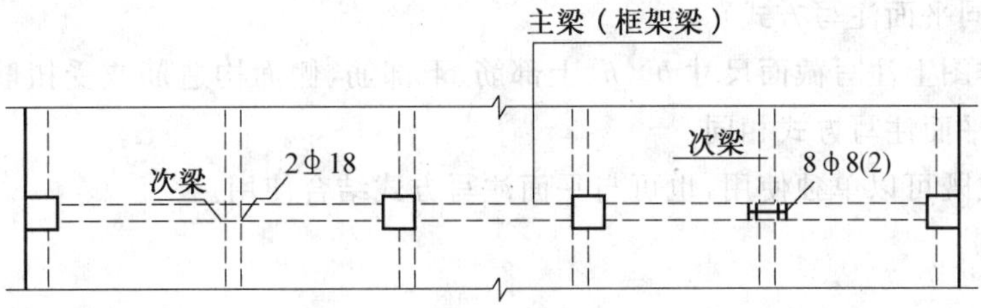

图 3.21　附加箍筋或吊筋的画法示例

3.5.3 截面注写方式

①截面注写方式，系在标准层绘制的梁平面布置图上，分别在不同编号的梁上选择一根梁用剖面号引出配筋图，并在其上注写截面尺寸和配筋具体数值的方式来表达梁平法施工图。

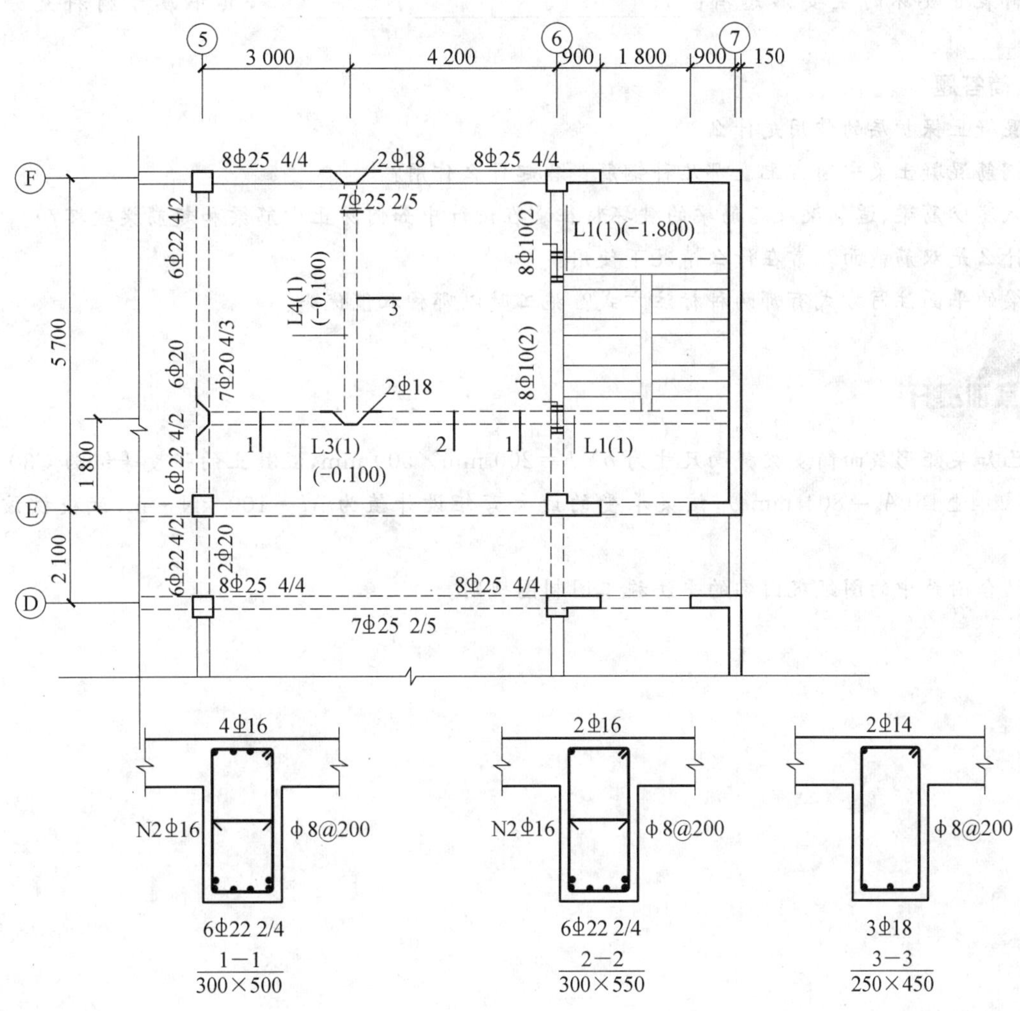

15.870～26.670 梁平法施工图（局部）

图 3.22　梁平法施工图截面注写方式示例

②对梁进行编号，从相同编号的梁中选择一根梁，先将"单边截面号"画在该梁上，再将截面配筋详图画在本图或其他图上。当某梁的顶面标高与结构层的楼面标高不同时，尚应在梁编号后注写梁顶面标高高差（注写规定同平面注写方式）。

③在截面配筋详图上注写截面尺寸 $b \times h$、上部筋、下部筋、侧面构造筋或受扭筋以及箍筋的具体数值时，其表达形式与平面注写方式相同。

④截面注写方式既可以单独使用，也可与平面注写方式结合使用。

基础同步

一、填空题

1. 简支梁中的钢筋主要有________、________、________、________、________5种。

2. 钢筋混凝土保护层的厚度与________、________有关。

3. 梁中下部钢筋的净距为________，上部钢筋的净距为________。

4. 板中分布筋的作用是________、________、________。

5. 斜裂缝破坏的主要形态有：________、________、________，其中属于材料充分利用的是________。

二、简答题

1. 混凝土保护层的作用是什么？

2. 钢筋混凝土梁中通常配置哪几种钢筋？各起什么作用？

3. 试述少筋梁、适筋梁及超筋梁的破坏特征。在设计中如何防止少筋梁和超筋梁破坏？

4. 什么是双筋截面？常在什么情况下使用？

5. 梁的平面注写方式有哪两种标注方式？施工时以哪种取值优先？

实训提升

1. 已知某矩形截面简支梁截面尺寸为 $b \times h = 200\ \text{mm} \times 500\ \text{mm}$，混凝土的强度等级为C30，钢筋用HRB40级4$\Phi$16（$A_s = 804\ \text{mm}^2$），该梁承受的最大弯矩设计值为 $M = 100\ \text{kN} \cdot \text{m}$，试校核该梁是否安全。

2. 结合附录中的图纸巩固梁的平法施工图制图规则。

项目4 钢筋混凝土受压、受扭构件

项目目标

【知识目标】

1. 熟悉受压、受扭构件的主要构造要求；
2. 熟悉大小偏心受压构件的概念；
3. 掌握柱的平法施工图制图规则。

【技能目标】

初步具备对建筑结构中常用受压构件的简单力学分析能力及识图能力。

【课时建议】

10 课时

4.1 受压构件

4.1.1 概述

钢筋混凝土受压构件(柱)按纵向力与构件截面形心相互位置不同,可分为轴心受压与偏心受压构件,轴心受压构件如图 4.1(a)所示。偏心受压构件可分为:单向偏心受力构件和双向偏心受力构件,如图 4.1(b)和 4.1(c)所示。

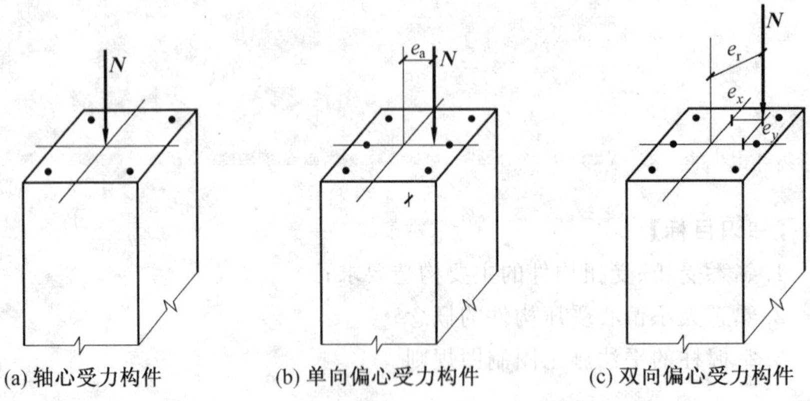

图 4.1 轴心受压与偏心受压构件

技术点睛

在实际工程中,如果遇到构件截面上同时存在 N 和 M 时,该受压构件属于偏心构件。

4.1.2 受压构件构造要求

1. 材料强度等级

受压构件正截面承载力受混凝土强度等级影响较大,为了充分利用混凝土承压、节约钢材、减小构件的截面尺寸,受压构件宜采用较高强度等级的混凝土。一般设计中常用的混凝土强度等级为 C20、C30 或强度等级更高的混凝土,以减少截面尺寸。对多层及高层建筑结构的下层柱必要时可采用更高(如 C50 以上)的高强混凝土。由于在受压构件中,钢筋与混凝土共同受压,在混凝土达到极限压应变时,钢筋的压应力最高只能达到 400 N/mm²,采用高强度钢材不能充分发挥其作用,因而,不宜选用高强度钢筋来试图提高受压构件的承载力。故一般设计中常采用 HRB335、HRB400 和 RRB400 级钢筋。

2. 截面形式和尺寸

钢筋混凝土受压构件的截面形式要考虑到受力合理和模板制作方便。轴心受压构件的截面形式一般做成正方形或边长接近的矩形,有特殊要求的情况下,亦可做成圆形或多边形;偏心受压构件的截面形式一般多采用矩形截面。为了节省混凝土及减轻结构自重,装配式受压构件也常采用工字形截面或双肢截面形式。钢筋混凝土受压构件截面尺寸一般不宜小于 250 mm×250 mm,以避免长细比过大,降低受压构件截面承载力。为了施工制作方便,在 800 mm 以内时,宜取 50 mm 为模数;800 mm 以上时,可取 100 mm 为模数。

钢筋混凝土受压构件的保护层厚度,应符合《混凝土结构设计规范》(GB 50010—2010)对混凝土最小保护层厚度的规定。

3. 纵向钢筋

钢筋混凝土受压构件中纵向受力钢筋的作用是与混凝土共同承担由外荷载引起的内力，防止构件突然脆性破坏，减小混凝土不均质性引起的影响；同时，纵向钢筋还可以承担构件失稳破坏时，凸出面出现的拉力以及由于荷载的初始偏心、混凝土收缩徐变、构件的温度变形等因素所引起的拉力等。

(1)直径

受压构件中，为了增加钢筋骨架的刚度，减小钢筋在施工时的纵向弯曲，减少箍筋用量宜采用较粗直径的钢筋，以便形成劲性较好的骨架。因此，纵向受力钢筋直径 d 不宜小于 12 mm，一般在 12～32 mm范围内选用。

(2)布置

矩形截面受压构件中纵向受力钢筋根数不得少于 4 根，以便与箍筋形成钢筋骨架。轴心受压构件中的纵向钢筋应沿构件截面周边均匀布置，偏心受压构件中的纵向钢筋应按计算要求布置在离偏心压力较近或较远一侧。圆形截面受压构件中纵向钢筋一般应沿周边均匀布置，根数不宜少于 8 根，且不应少于 6 根。

当矩形截面偏心受压构件的截面高度 $h \geqslant 600$ mm 时，应在截面两个侧面设置直径 d 为 10～16 mm 直径的纵向构造钢筋，以防止构件因温度和混凝土收缩应力而产生裂缝，并相应地设置复合箍筋或拉筋。纵向钢筋的净距不应小于 50 mm，对水平位置浇筑的预制受压构件，其纵向钢筋的净距要求与梁相同。偏心受压构件中在垂直于弯矩作用平面配置的纵向受力钢筋和轴心受压构件中各边的纵向钢筋的中距都不应大于 300 mm。

(3)配筋率

为使纵向受力钢筋起到提高受压构件截面承载力的作用，纵向钢筋应满足最小配筋率的要求。对于轴心受压构件全部受压钢筋的配筋率不应小于 0.6%，同时一侧钢筋的配筋率不应小于 0.2%。当温度、收缩等因素对结构产生较大影响时，构件的最小配筋率应适当增加。为了施工方便和经济要求，全部纵向钢筋配筋率不宜超过 5%。当混凝土强度等级为 C60 及以上时，受压构件全部纵向钢筋最小配筋率应不小于 0.7%。当采用 HRB400 和 RRB400 级钢筋时，全部纵向钢筋最小配筋率应取 0.5%。

4. 箍筋

钢筋混凝土受压构件中箍筋的作用是为了防止纵向钢筋受压时压曲，同时保证纵向钢筋的正确位置并与纵向钢筋组成整体骨架。

(1)形式

应做成封闭式的箍筋。

(2)直径

采用热轧钢筋时，箍筋直径不应小于 d 且不应小于 6 mm；采用冷拔低碳钢丝时，箍筋直径不应小于 d(d 为纵向钢筋最大直径)，且不应小于 5 mm。柱内纵向钢筋搭接长度范围内的箍筋直径不宜小于搭接钢筋直径的 0.25 倍。当柱中全部纵向受力钢筋的配筋率超过 3%时，箍筋直径不宜小于 8 mm。

(3)间距

任何情况下箍筋间距不应大于 400 mm 且不应大于构件截面的短边尺寸；同时在绑扎骨架中不应大于 $15d$(d 为纵向钢筋最小直径)，在焊接骨架中不应大于 $20d$。

柱内纵向钢筋当采用非焊接的搭接接头时，在规定的搭接长度的任一区段内和采用焊接接头时，在焊接接头处的 $35d$(d 为纵向钢筋最小直径)且不小于 500 mm 区段内，当搭接钢筋为受拉时，其间距不应大于 $5d$ 且不应大于100 mm；当搭接钢筋为受压时，其间距不应大于 $10d$ 且不应大于 200 mm。

当受压钢筋直径大于 25 mm 时，应在搭接接头两个端面处 50 mm 范围内，各设置两根与此构件相同直径的箍筋。

当柱中全部纵向受力钢筋的配筋率超过 3%时，其箍筋应焊成封闭式；箍筋末端应做成不小于 135°的弯钩，弯钩末端平直的长度不应小于 10 倍箍筋直径；间距不应大于 10 倍纵向钢筋的最小直径且不应大于 200 mm。

纵向钢筋至少每隔一根放置于箍筋转弯处。

当柱截面短边大于 400 mm 但截面各边纵向钢筋多于 3 根时，或当柱截面短边不大于 400 mm，但截面各边纵向钢筋多于 4 根时，应设置复合箍筋。复合箍筋的直径和间距均与此构件内设置的箍筋方法相同。图 4.2(a)用于纵筋每边不多于 3 根，图 4.2(b)用于纵筋每边不多于 4 根且 $b \leqslant 400$ mm，图 4.2(c)用于附加箍筋。

对于截面形状复杂的柱，不可采用具有内折角的箍筋，避免产生向外的拉力，致使折角处的混凝土破损，而应采用分离式箍筋，如图 4.3 所示。

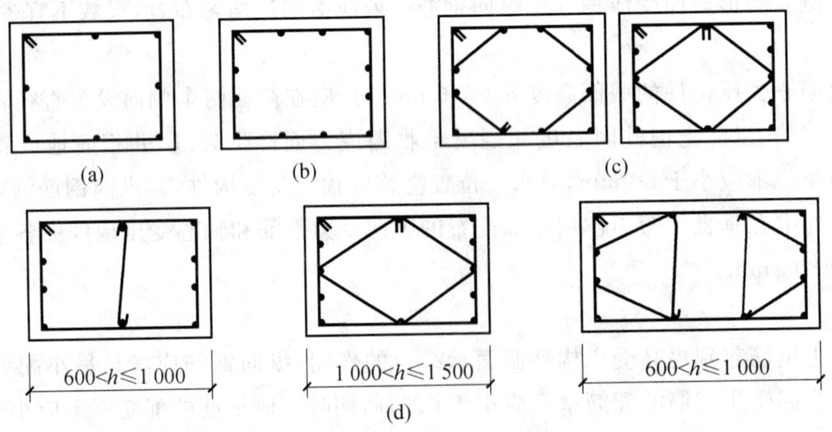

图 4.2　轴心受力与偏心受力

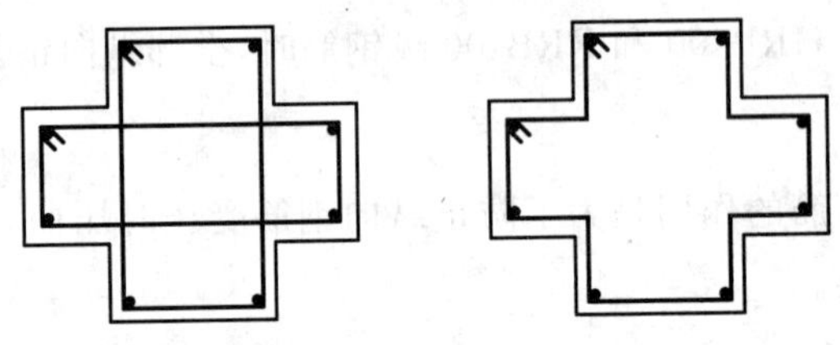

图 4.3　截面形状复杂的箍筋形式

技术点睛

箍筋直径不能太细，布置不能太稀，需做成封闭形，且不可采用具有内折角的箍筋。

4.1.3 轴心受压构件

轴心受压构件的承载力由混凝土和钢筋两部分的承载力组成。由于实际工程中多为细长的受压构件，破坏前将发生纵向弯曲，所以需要考虑纵向弯曲对构件截面承载力的影响，其计算公式如下：

$$N \leqslant 0.9\varphi(f_c A + f'_y A'_s) \tag{4.1}$$

式中　N——轴向压力设计值；

0.9——保持与偏心受压构件正截面承载力计算具有相近的可靠度而取的系数；

φ——钢筋混凝土构件的稳定系数，见表4.1；

f_c——混凝土的轴心抗压强度设计值；

f_y'——纵向钢筋的抗压强度设计值；

A——构件截面面积；

A_s'——全部纵向钢筋的截面面积。

当纵向钢筋配筋率大于3%时，式中A应改为A_n，$A_n=A-A_s'$。

表4.1　钢筋混凝土轴心受压构件稳定系数φ

l_0/b	l_0/d	l_0/i	φ	l_0/b	l_0/d	l_0/i	φ
8	7	28	1.00	30	26	104	0.52
10	8.5	35	0.98	32	28	111	0.48
12	10.5	42	0.95	34	29.5	118	0.44
14	12	48	0.92	36	31	125	0.4
16	14	55	0.87	38	33	132	0.36
18	15.5	62	0.81	40	34.5	139	0.32
20	17	69	0.75	42	36.5	146	0.29
22	19	76	0.7	44	38	153	0.26
24	21	83	0.65	46	40	160	0.23
26	22.5	90	0.6	48	41.5	167	0.21
28	24	97	0.56	50	43	174	0.19

注：l_0—构件计算长度；b—矩形截面短边尺寸；d—圆形截面的直径；i—截面最小回转半径。

构件的计算长度l_0与构件两端的支承情况有关，可按图4.4所示采用。

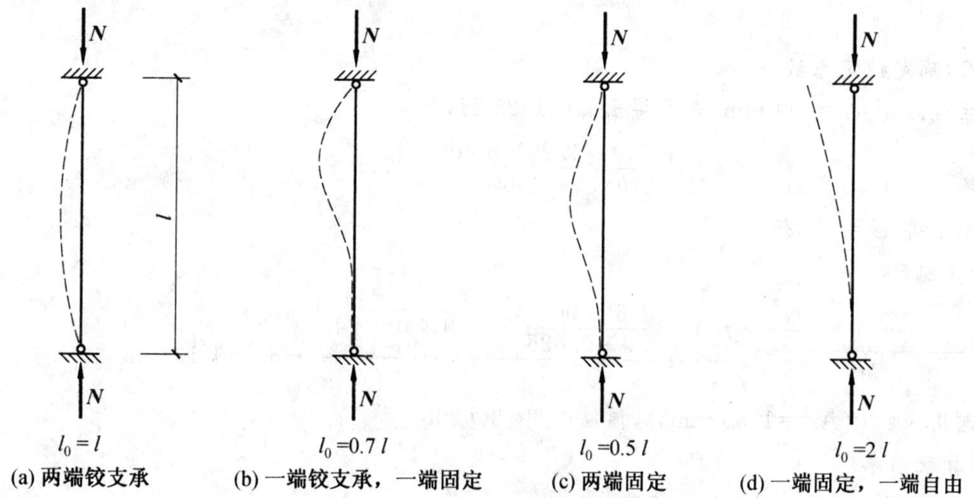

图4.4　轴心受压长柱的挠曲曲线及破坏状态

《混凝土结构设计规范》(GB 50010—2010)规定，轴心受压和偏心受压柱的计算长度可以按下列规定确定：

(1)刚性屋盖单层房屋排架柱、露天吊车柱和栈桥柱，其计算长度可按表4.2取用。

表 4.2 刚性屋盖单层房屋排架柱、露天吊车柱和栈桥柱的计算长度

柱的类型		排架方向	垂直排架方向	
			有柱间支撑	无柱间支撑
无吊车厂房柱	单跨	$1.5H$	$1.0H$	$1.2H$
	梁跨及多跨	$1.25H$	$1.0H$	$1.2H$
有吊车厂房柱	上柱	$2.0H_u$	$1.25H_u$	$1.5H_u$
	下柱	$1.0H_l$	$0.8H_l$	$1.0H_l$
露天吊车和栈桥柱		$2.0H_l$	$1.0H_l$	—

注：①表中 H 为从基础顶面算起的柱子全高；H_l 为从基础顶面至装配式吊车梁底面或现浇式吊车梁顶面的柱子下部高度；H_u 为从装配式吊车梁底面或从现浇式吊车梁顶面算起的柱子上部高度。

②表中有吊车厂房排架柱的计算长度，当计算中不考虑吊车荷载时，可按无吊车厂房的计算长度采用，但上柱的计算长度仍按有吊车厂房采用。

③表中有吊车厂房排架柱的上柱在排架方向的计算长度，仅适用于 $H_u/H \geqslant 0.3$ 的情况；当 $H_u/H < 0.3$，计算长度宜采用 $2.5H_u$。

(2)一般多层房屋中梁柱为刚接的框架结构，各层柱的计算长度可按表 4.3 取用。

表 4.3 框架各结构层柱的计算长度

楼盖类型	柱的类别	l_0
现浇楼盖	底层柱	$1.0H$
	其余各层柱	$1.25H$
装配式楼盖	底层柱	$1.25H$
	其余各层柱	$1.5H$

【案例实解】

某多层现浇框架柱标准层中柱(楼层高 $H=5.6$ m)，承受设计轴向力 $N=1\ 680$ kN，混凝土强度等级为 C25($f_c=11.9$ N/mm^2)，钢筋采用 HRB335 级($f_y'=300$ N/mm^2)，试确定该柱截面尺寸及纵向钢筋。

解 (1)确定稳定系数 φ

采用柱截面 $b=h=400$ mm，查表得出 $l_0=1.25\ H$，则

$$\frac{l_0}{b}=\frac{1.25\times5\ 600}{400}=17.5$$

查表 4.1 得，$\varphi=0.825$。

(2)计算配筋

$$A'_s=\frac{\dfrac{N}{0.9\varphi}-f_cA}{f'_y}=\frac{\dfrac{1\ 680\ 000}{0.9\times0.825}-11.9\times400\times400}{300}\text{mm}^2=1\ 195\ \text{mm}^2$$

纵筋选用 4Φ20($A_s'=1256$ mm^2)，箍筋选用φ8@200。

(3)验算配筋率

$$\rho=\frac{A'_s}{bh}=\frac{1\ 256}{400\times400}=0.875\%>\rho_{min}=0.6\%<\rho_{max}=5\%$$

满足配筋要求。

【案例实解】

某轴心受压构件柱截面尺寸 $b\times h=300\ \text{mm}\times 300\ \text{mm}$，配有HRB400级4Φ20钢筋（$f_y'=360\ \text{N/mm}^2$，$A_s'=1\ 256\ \text{mm}^2$），计算长度 $l_0=4\ \text{m}$，采用C25混凝土（$f_c=11.9\ \text{N/mm}^2$），求该柱所能承受的最大轴向压力设计值。

解　(1)确定稳定系数 φ

长细比为

$$l_0/b=40\ 000/300=13.3$$

查表4.1得稳定系数 $\varphi=0.931$。

(2) 计算该柱能承受的最大压力设计值

$$\rho'=\frac{A_s'}{bh}=\frac{1\ 256}{300\times 300}=1.4\%>\rho'_{\min}=0.5\%<3\%$$

$$N_u=0.9\varphi(f_cA+f'_yA'_s)=0.9\times 0.931\times(11.9\times 300\times 300+360\times 1\ 256)\text{N}=1\ 276\ \text{kN}$$

4.1.4 偏心受压构件

偏心受压构件在工程中应用得非常广泛，例如常用的多层框架柱、单层钢架柱、单层排架柱，大量的实体剪力墙以及联肢剪力墙中的相当一部分墙肢，屋架和托架的上弦杆和某些受压腹杆以及水塔、烟囱的筒壁等都属于偏心受压构件。

在这类构件的截面中，一般在轴力、弯矩作用的同时还作用有横向剪力。当横向剪力值较大时，偏心受力构件也应和受弯构件一样，除进行正截面承载力计算外还要进行斜截面承载力计算。

根据已经做过的大量偏心受压构件的试验，可以把偏心受压构件按其破坏特征划分为以下两类：

第一类——受拉破坏，习惯上常称为"大偏心受压破坏"。

第二类——受压破坏，习惯上常称为"小偏心受压破坏"。

1. 大偏心受压破坏（受拉破坏）

当纵向力相对偏心距过大，且距纵向力较远的一侧钢筋配置得不太多时，截面一部分受压，一部分受拉。随着荷载的增加，首先在受拉区发生横向裂缝，荷载不断增加，混凝土裂缝不断地开展。破坏时受拉钢筋首先达到屈服强度，混凝土受压区高度迅速减少，最后受压区混凝土达到极限压应变而被压碎，此时受压钢筋也达到屈服强度。其破坏过程类似适筋梁，这种破坏叫受拉破坏，如图4.5(a)所示，这类构件称为大偏心受压构件。

2. 小偏心受压破坏（受压破坏）

当纵向力相对偏心距较小，构件截面大部或全部受压；或者偏心距较大，但距纵向力较远的一侧配筋较多时，这两种情况的破坏都是由于受压区混凝土被压碎，距纵向力较近一侧的钢筋受压屈服所致。这时，构件另一侧的混凝土和钢筋的应力均较小，如图4.5(b)、4.5(c)所示。这种破坏叫受压破坏，这种构件称为小偏心受压构件。

3. 界限破坏

在"受拉破坏"和"受压破坏"之间存在着一种界限状态，称为"界限破坏"。它不仅有横向主裂缝，而且比较明显。它在受拉钢筋应力达到屈服的同时，受压混凝土出现纵向裂缝并被压碎。在界限破坏时，混凝土压碎区段的大小比"受拉破坏"情况时的大，比"受压破坏"情况时的要小。

界限破坏时截面受压区高度 x_b 与截面有效高度 h_0 的比值（x_b/h_0）称为界限相对受压区高度，用 ξ_b 表示，ξ_b 之值扔按表3.6确定。

当 $\xi\leqslant\xi_b$ 时，称为大偏心受压构件；

当 $\xi>\xi_b$ 时，称为小偏心受压构件。

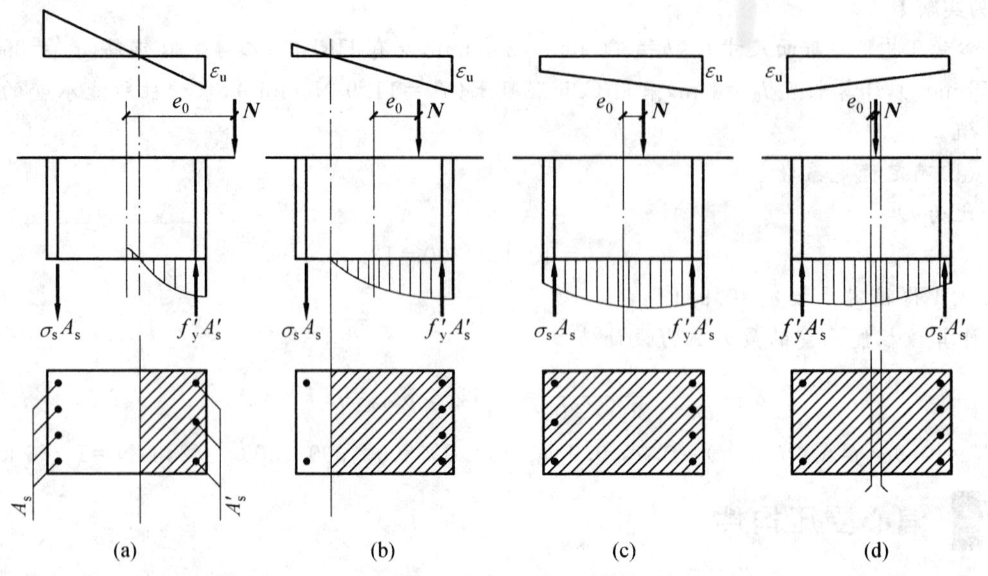

图 4.5　大、小偏心受压构件

4.2 受扭构件

4.2.1 受扭构件的类型及配筋方式

扭转是结构构件基本受力形态之一。在钢筋混凝土结构中，构件受纯扭的情况较少，通常都是在弯矩、剪力和扭矩共同作用下的受力状态。例如，钢筋混凝土雨篷梁、框架边梁、曲梁、吊车梁、螺旋形楼梯等，均属于受弯剪扭构件，如图 4.6 所示。

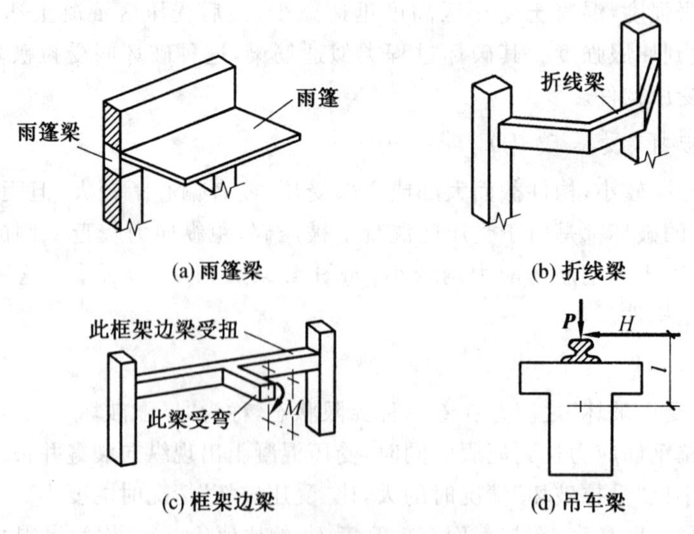

图 4.6　钢筋混凝土受扭构件

图 4.7 为一纯受扭的构件，通过试验可知，当扭矩增加时，将首先在一个面上出现斜裂缝，其方向与构件纵轴线约成 45°夹角。之后裂缝向两相邻面按 45°螺旋方向延伸，同时又出现更多条螺旋裂缝。扭矩继续增加，则其中的一条裂缝所穿越的纵向钢筋及箍筋将达到屈服强度，使该裂缝急剧开展，并在第四个面上形成一个减压面，在剪力和压力的共同作用下构件破坏。

根据上述破坏形态，抗扭钢筋如按与纵轴成 45°(与斜裂缝垂直)的螺旋形放置比较理想，但实际上这种形式的钢筋不便施工，特别是当一个构件承受正负两种方向的扭矩时，正负扭矩交界处的构造更是难以处理，因此在工程上不采用螺旋式配筋，而是采用抗扭箍筋和抗扭纵筋共同来抵抗扭矩产生的斜拉力，如图 4.8 所示。对于受弯受剪同时受扭的构件，则应按计算另行配置负担弯矩的纵向受力钢筋和负担剪力的箍筋，最后将这两类钢筋加以综合。

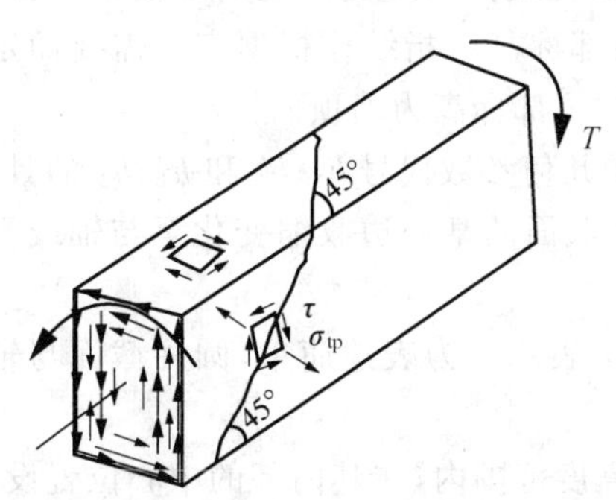

图 4.7　受扭构件的破坏图

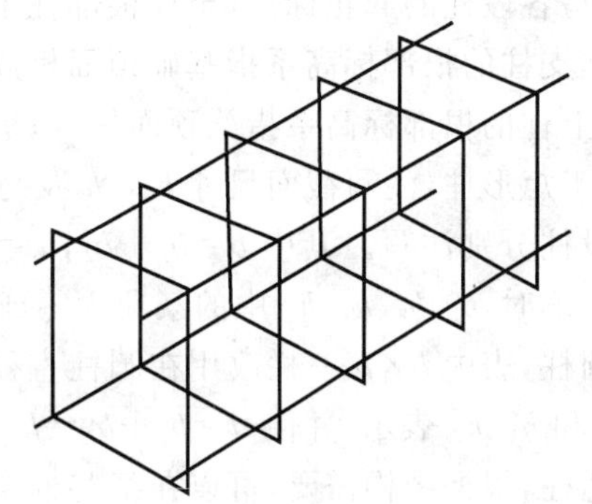
图 4.8　受扭构件的配筋

4.2.2　受扭构件配筋的构造要求

1. 抗扭钢筋

抗扭纵筋应沿构件截面周边均匀对称布置。矩形截面的四角以及 T 形和工字形截面各分块矩形的四角，均必须设置抗扭纵筋。抗扭纵筋的间距不用大于 200 mm，也不应大于梁截面短边宽度。受扭纵向钢筋应按受拉钢筋锚固在支座内。

受剪扭构件纵向钢筋的配筋率，不应小于受弯构件纵向受力钢筋的最小配筋率与受扭构件纵向受力钢筋的最小配筋率之和。受弯构件纵向受力钢筋最小配筋率可按表 3.7 取用；受扭构件纵向受力钢筋的最小配筋率为

$$\rho_{tl,\min}=0.6\sqrt{\frac{T}{Vb}}\frac{f_t}{f_y} \tag{4.2}$$

式中　T——构件截面所承受的扭矩设计值；

V——构件截面所承受的剪力设计值；

b——矩形截面宽度。

当$\frac{T}{Vb}>2$时，取$\frac{T}{Vb}=2$。

2. 抗扭箍筋

抗扭箍筋必须为封闭式，受扭所需箍筋的末端做成 135°弯钩，弯钩端头平直段长度不应小于 $10d$(d为箍筋直径)。当采用复合箍筋时，位于截面内部的箍筋不计入受扭所需的箍筋面积。

4.3　柱平法施工图制图规则

柱平法施工图的绘制是在柱平面布置图上采用列表注写方式或截面注写方式表达。它们的优点是

省去了柱的竖、横剖面详图；缺点是增加了读图的难度。

4.3.1 列表注写方式

列表注写方式系在注平面布置图上，分别在同一个编号的注中选择一个截面标注几何参数代号；在柱列表中注写柱编号、柱段起止标高、几何尺寸与配筋具体数值，并配以各种柱截面形状及箍筋类型图的方式，来表达柱平法施工图，如图4.9所示。

柱表注写内容规定如下：

(1)注写柱编号，编号由代号和序号组成。

(2)注写各段柱的起止标高，至柱根部往上以变截面位置或截面未变但配筋改变处为界分段注写。框架柱和框支柱的根部标高系指基础顶面标高；芯柱的根部标高系指结构根据实际需要而定的起始位置标高；梁上柱的根部标高系指梁顶面标高；剪力墙上柱的根部标高为墙顶面标高。

(3)对于矩形柱，注写截面尺寸 $b\times h$ 及与轴线关系的几何参数代号 b_1、b_2 和 h_1、h_2 的具体数值，需对应于各段柱分别注写。其中 $b=b_1+b_2$，$h=h_1+h_2$。当截面的某一边收缩变化至与轴线重合或偏到轴线的另一侧时，b_1、b_2、h_1、h_2 中的某项为零或为负值。

对于圆柱，表中 $b\times h$ 一栏改用在圆柱直径数字前加 d 表示。为表达简单，圆柱截面与轴线的关系也用 b_1、b_2 和 h_1、h_2 表示，并使 $d=b_1+b_2=h_1+h_2$。

对于芯柱，根据结构需要，可以在某些框架柱的一定高度范围内，在其内部的中心位置设置(分别标注其柱编号)。芯柱截面尺寸按构造确定。

(4)注写柱纵筋：当纵筋直径相同、各边根数相同时(包括矩形柱、圆柱和芯柱)，将纵筋注写在“全部纵筋”一栏中；除此之外，柱纵筋分角筋、截面 b 边中部筋和 h 边中部筋三项分别注写(对于采用对称配筋的矩形截面柱，可仅注写一侧中部筋，对称边省略不注)。

(5)注写箍筋类型号及箍筋肢数。

(6)注写柱箍筋，包括钢筋级别、直径与间距。当为抗震设计时，用斜线“/”区分柱端箍筋加密区与柱身非加密区长度范围内箍筋的不同间距。施工人员需根据标准构造详图的规定，在规定的几种长度值中取最大者作为加密区长度。当框架节点核芯区内箍筋与柱端箍筋设置不同时，应在括号中注明核芯区箍筋直径与间距。

例如：ϕ10@100/250，表示箍筋为Ⅰ级钢筋，直径10 mm，加密区间距为100 mm，非加密区间距为250 mm。

当箍筋沿柱全高为一种间距时，则不使用斜线“/”。

当圆柱采用螺旋箍筋时，需在箍筋前加“L”。

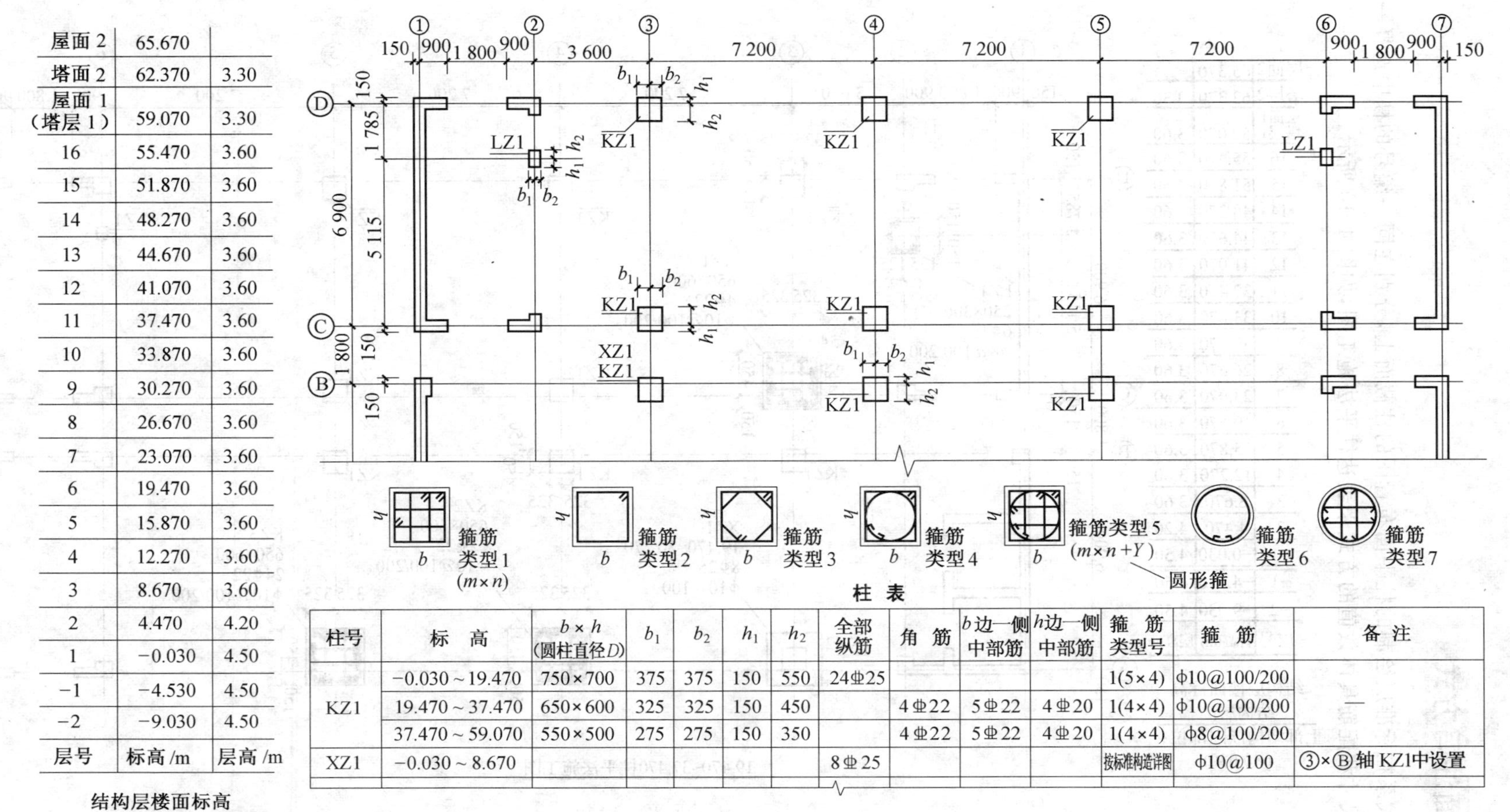

层号	标高/m	层高/m
屋面2	65.670	
塔面2	62.370	3.30
屋面1（塔层1）	59.070	3.30
16	55.470	3.60
15	51.870	3.60
14	48.270	3.60
13	44.670	3.60
12	41.070	3.60
11	37.470	3.60
10	33.870	3.60
9	30.270	3.60
8	26.670	3.60
7	23.070	3.60
6	19.470	3.60
5	15.870	3.60
4	12.270	3.60
3	8.670	3.60
2	4.470	4.20
1	−0.030	4.50
−1	−4.530	4.50
−2	−9.030	4.50

结构层楼面标高
结构层高

柱表

柱号	标高	$b×h$（圆柱直径D）	b_1	b_2	h_1	h_2	全部纵筋	角筋	b边一侧中部筋	h边一侧中部筋	箍筋类型号	箍筋	备注
KZ1	−0.030～19.470	750×700	375	375	150	550	24⏀25				1(5×4)	ϕ10@100/200	—
	19.470～37.470	650×600	325	325	150	450		4⏀22	5⏀22	4⏀20	1(4×4)	ϕ10@100/200	
	37.470～59.070	550×500	275	275	150	350		4⏀22	5⏀22	4⏀20	1(4×4)	ϕ8@100/200	
XZ1	−0.030～8.670						8⏀25				按标准构造详图	ϕ10@100	③×Ⓑ轴KZ1中设置

图4.9　柱平法施工图列表注写方式示例

4.3.2 截面注写方式

截面注写方式系在标准层绘制的柱平面布置图的柱截面上，分别在同一编号的柱中选择一个截面，以直接注写截面尺寸和配筋具体数值的方式来表达柱平法施工图，如图 4.10 所示。

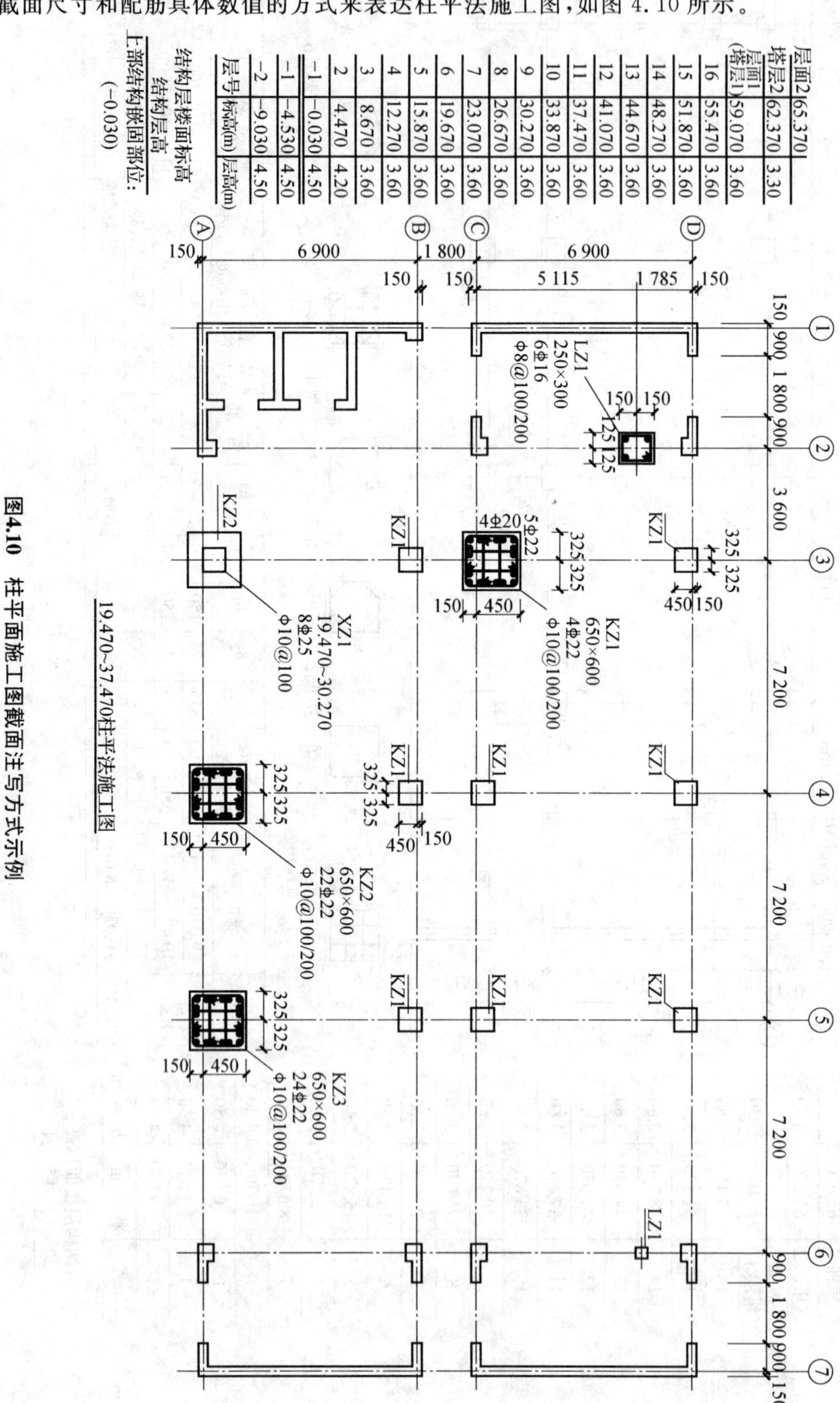

层号	标高(m)	层高(m)
层面2	65.370	
塔层2	62.370	3.30
层面1 (塔层1)	59.070	3.60
16	55.470	3.60
15	51.870	3.60
14	48.270	3.60
13	44.670	3.60
12	41.070	3.60
11	37.470	3.60
10	33.870	3.60
9	30.270	3.60
8	26.670	3.60
7	23.070	3.60
6	19.670	3.60
5	15.870	3.60
4	12.270	3.60
3	8.670	3.60
2	4.470	4.20
−1	−0.030	4.50
−1	−4.530	4.50
−2	−9.030	4.50

结构层楼面标高
结构层高
上部结构嵌固部位：
(−0.030)

图4.10 柱平面施工图截面注写方式示例

一、填空题

1.钢筋混凝土受压构件(柱)按纵向力与构件截面形心相互位置不同,可分为________与________。

2.柱中纵向受力钢筋直径不宜小于________,根数不少于________根。

3.柱中及其他受压构件中的箍筋应为________。

4.偏心受压构件的破坏特征与纵向力的偏心距和配筋情况有关,可分为________与________。

5.截面上作用有扭矩的构件为________。

二、简答题

1.简述钢筋混凝土柱中的纵向受力钢筋和箍筋的主要要求。

2.写出轴心受压构件的计算公式,公式中的稳定系数怎么确定?

3.何谓大偏心受压和小偏心受压?

4.建筑工程中,哪些构件属于受扭构件?

5.试述抗扭纵筋与抗扭箍筋的构造性质。

1.轴心受压构件柱截面300 mm×300 mm,计算长度为$l_0=4$ m,配有HRB335级钢筋4Φ25,混凝土强度等级为C25。求该柱所承受的轴向力设计值,并确定该柱箍筋的直径及间距。

2.结合附录中的图纸巩固柱的平法施工图制图规则。

项目5 预应力混凝土结构

【知识目标】

1. 了解预应力混凝土的概念、熟悉预应力混凝土构件的构造要求；
2. 了解先张法和后张法的施工工艺，掌握预应力混凝土和预应力钢筋的选用；
3. 了解张拉控制应力的概念及减少预应力损失的措施。

【技能目标】

1. 具有预应力混凝土构件施工图识读的能力；
2. 能正确选用先张法、后张法制作构件所需的锚具及其设备；
3. 能够按照预应力混凝土构件的构造要求处理施工现场技术问题。

【课时建议】

6 课时

5.1　预应力混凝土结构的原理

预应力混凝土是最近几十年发展起来的一项新技术，现在世界各国都在普遍应用，其推广使用的范围和数量已成为衡量一个国家建筑技术水平的重要标志之一。

目前，预应力混凝土不仅较广泛地应用于工业与民用建筑的屋架、吊车梁、空心楼板、大型屋面板等，交通运输方面的桥梁、轨枕以及电杆、桩等方面，而且已应用到矿井支架、海港码头和造船等方面，如60 m拱形屋架、12 m跨度200 t吊车梁、5 000 t水压机架、大跨度薄壳结构、144 m悬臂拼装公路桥和11万t容量的煤气罐等都已应用成功。

由于混凝土的抗拉性能很差，使钢筋混凝土存在两个无法解决的问题：一是在荷载作用下，混凝土受拉、受弯构件通常是带裂缝工作的；二是从保证结构耐久性出发，必须限制裂缝宽度。为了要满足变形和裂缝控制的要求，则需增大构件的截面尺寸和用钢量，这将导致自重过大，使钢筋混凝土结构用于大跨度或承受动力荷载的结构成为不可能或很不经济。

理论上讲，提高材料强度可以提高构件的承载力，从而达到节省材料和减轻构件自重的目的。但在普通钢筋混凝土构件中，提高钢筋强度却难以收到预期的效果。这是因为，对配置高强度钢筋的钢筋混凝土构件而言，承载力可能已不是控制条件，起控制作用的因素可能是裂缝宽度或构件的挠度。当钢筋应力达到500～1 000 N/mm^{2}时，裂缝宽度将很大，无法满足使用要求。因而，普通钢筋混凝土结构中采用高强度钢筋是不能充分发挥其作用的，而提高混凝土强度等级对提高构件的抗裂性能和控制裂缝宽度的作用也极其有限。

5.1.1　预应力混凝土的基本原理

为了充分利用高强度钢材，可在混凝土构件的受拉区预先施加压力，使构件产生预压应力，造成一种人为的应力状态。这样，当构件在荷载作用下其受拉区产生拉应力时，首先要抵消预压应力，随着荷载的增加，混凝土才受拉，再增加荷载才出现裂缝。这就推迟了裂缝的开展，减小了裂缝的宽度。这种在构件受荷载以前，预先施加压力使之产生预压应力的结构，就称为“预应力混凝土结构”。

在生活中，预应力原理的应用也是常见的。例如，盛水用的木桶是由一块块木片用竹箍或铁箍箍成的，它盛水后之所以不漏水，就是因为用力把木桶箍紧时，使木片和木片之间产生了预压应力。木桶盛水后，水压使木桶产生了环向拉力，只抵消了木片之间的一部分预压应力，而木片与木片之间还能保持受压的紧密状态。

预应力混凝土构件实际上也就是预先储存了压应力的混凝土构件。对混凝土施工压力要靠钢筋来实现，所以钢筋(预应力筋)既是加力工具，又是构件的受力钢筋。由于混凝土的应变、收缩以及其他一些原因，会产生较大的预应力损失，因此预应力混凝土构件应采用高强度钢筋，同时应采用强度等级较高的混凝土。如图5.1所示。

预应力混凝土结构的主要优缺点是：

①能充分利用高强度钢筋、高强度混凝土，减少了钢筋用量，截面小，减轻了构件自重，增大了跨越能力，适用于大跨度结构。

②在正常使用条件下，预应力混凝土一般不产生裂缝或裂缝极小，结构的耐久性好。

③预应力梁使用前有向上的预拱，因此在荷载作用下其挠度将大大减小，所以预应力结构的刚度大。

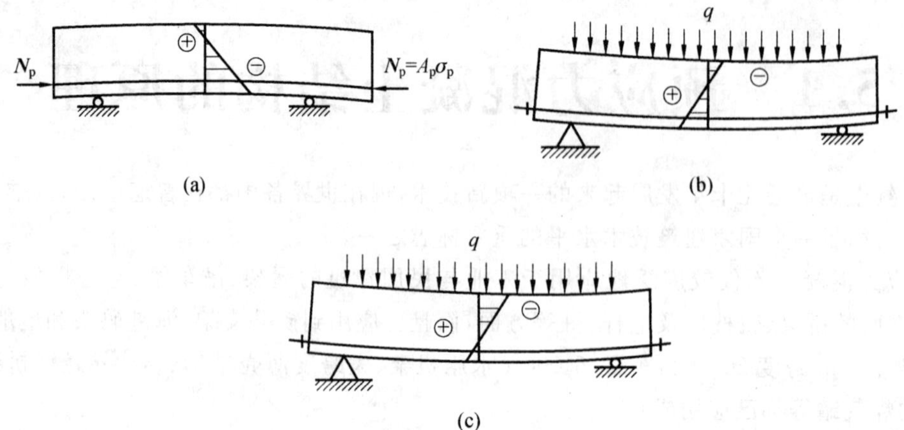

图 5.1 预应力钢筋混凝土结构

5.1.2 预加应力的方法和锚具

1. 预加应力的方法

(1)先张法(浇灌混凝土前在台座上或钢模内张拉钢筋)

如图 5.2 所示,先张法是先在台座上或钢模内张拉预应力钢筋,并作临时锚固,然后浇灌混凝土,混凝土达到规定强度后切断预应力钢筋,预应力钢筋回缩时挤压混凝土,使混凝土获得预压力。先张法构件的预应力是靠预应力钢筋与混凝土之间的黏结力来传递的。

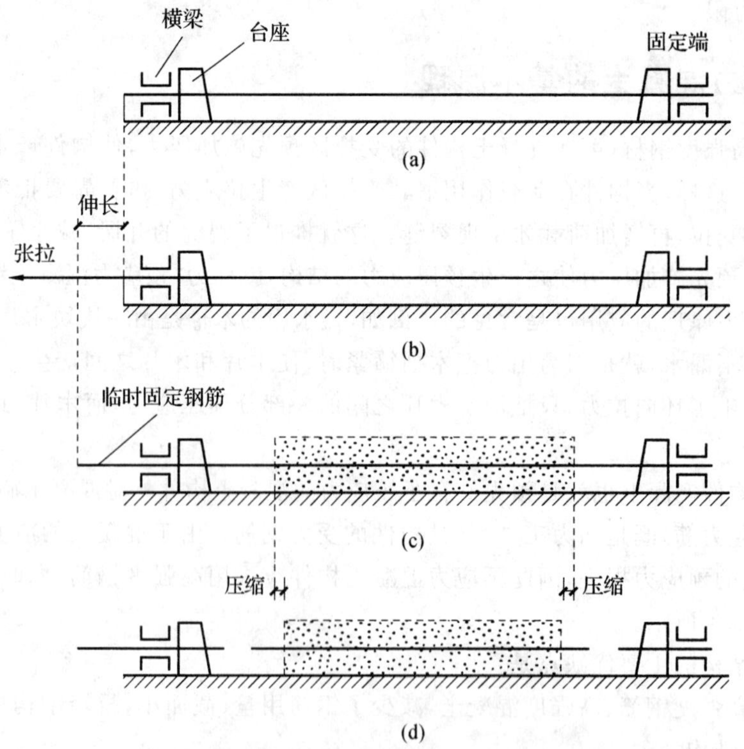

图 5.2 先张法主要工序示意图

(2)后张法(混凝土结硬后在构件上张拉钢筋)

如图5.3所示,先浇筑混凝土构件,在构件中预留孔道,待混凝土达到规定强度后,在孔道中穿预应力钢筋。然后利用构件本身作为加力台座,张拉预应力钢筋,则在张拉的同时混凝土受到挤压。张拉完毕,在张拉端用锚具锚住预应力钢筋,并在孔道内实行压力灌浆使预应力钢筋与构件形成整体。后张法是靠构件两端的锚具来保持预应力的。

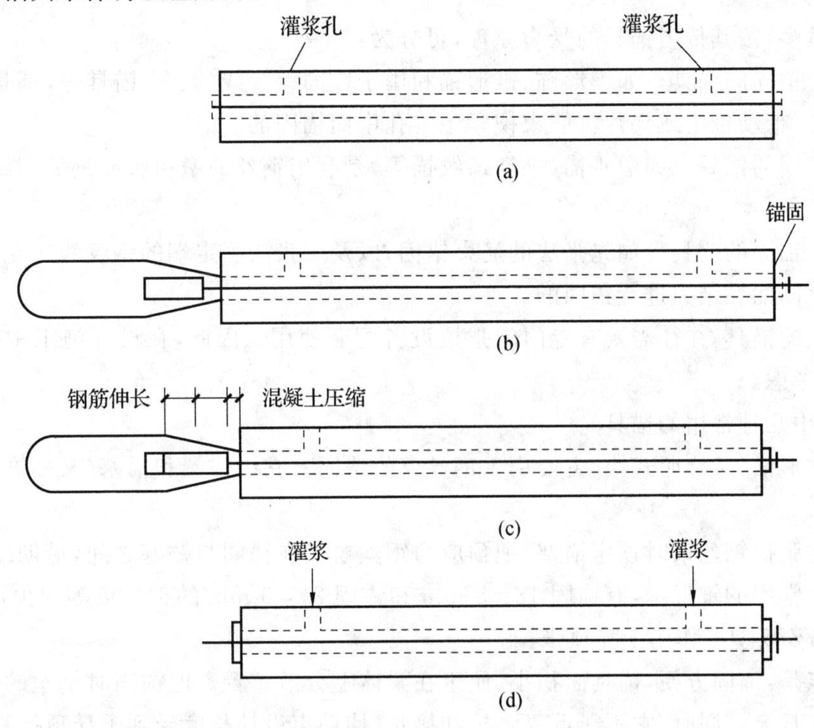

图5.3 后张法主要工序示意图

先张法构件采用工厂化的生产方式,当前采用较多的是在台座上张拉,台座越长,一次生产的构件就越多。先张法的工序少、工艺简单、质量容易保证,但它只适于生产中小型构件,如楼板、屋面板等。

后张法的施工程序及工艺比较复杂,需要专用的张拉设备,需大量特制锚具,用钢量较大,但它不需要固定的张拉台座,可在现场施工,应用灵活。后张法适用于不便运输的大型构件。

近年来,预应力混凝土结构的施工工艺有了很大发展,目前常见的有无黏结预应力混凝土结构。无黏结预应力混凝土是后张法施工的一种,其做法是在预应力筋表面涂抹防腐蚀油脂并包以塑料套管后,如同普通钢筋一样先铺设在支好的模板内,进行浇筑混凝土。待混凝土达到强度后,利用无黏结预应力筋在结构内可做纵向滑动的特性,进行张拉、锚固,通过两端的锚具,达到使结构产生预应力的作用。这种工艺的优点是施工时不需预留孔洞、穿筋、灌浆等繁杂费力的过程,施工简单,预应力筋易弯成多跨曲线形状等。但预应力钢筋强度不能充分发挥,锚具要求也较高。无黏结预应力结构适用于跨度大于6 m的楼板及大跨度梁,宜用于具有上述板梁的办公楼、商场、旅馆、车库和仓库等建筑物。

技术点睛

先张法和后张法构件获得预应力的方法不同,其产生预应力损失的原因也不同。

2.锚具

夹具和锚具是在制作预应力构件时用来锚固预应力筋的工具,一般在构件制成后能够重复使用的称为夹具;永久锚在构件上,与构件联成一个整体共同受力,不再取下的称为锚具。为了简化起见,有时也将夹具和锚具统称为锚具。

(1)对锚具的要求

无论是先张法所用的临时锚具，还是后张法所用的永久性工作锚具，都是保证预应力混凝土施工安全、结构可靠的技术关键设备。因此，在设计、制造或选择锚具时，应注意满足下列要求：受力安全可靠；预应力损失要小；构造简单、紧凑、制作方便，用钢量少；张拉锚固方便、迅速，设备简单。

(2)锚具的分类

锚具的形式繁多，按其传力锚具的受力原理，可分为：

①依靠摩阻力锚固的锚具。如楔形锚、锥形锚和用于锚固钢绞线的JM锚具等，都是借张拉筋束的回缩或千斤顶顶压，带动锥销或夹片将筋束楔紧于锥孔中而锚固的。

②依靠承压锚固的锚具。如墩头锚、钢筋螺纹锚等，是利用钢丝的镦粗头或钢筋螺纹承受压力进行锚固的。

③依靠黏结力锚固的锚具。如先张法的筋束锚固，以及后张法固定端的钢绞线压花锚具等，都是利用筋束与混凝土之间的黏结力进行锚固的。

对于不同形式的锚具，往往需要有专门的张拉设备配套使用。因此，在设计施工中，锚具与张拉设备的选择，应同时考虑。

(3)目前工程中几种常用的锚具

①锥形锚。锥形锚(又称弗式锚)主要用于钢丝束的锚固。它由锚圈和锚塞(又称锥销)两个部分组成，如图5.4所示。

锥形锚是通过张拉钢丝束时顶压锚塞，把预应力钢丝楔紧在锚圈与锚塞之间，借助摩阻力锚固的。

目前在桥梁中常用的锥形锚，有锚固18ϕ5 mm和锚固24ϕ5 mm的钢丝束等两种，并配用600 kN双作用千斤顶或YZ85型三作用千斤顶张拉。

锥形锚的优点是：锚固方便，锚具面积小，便于在梁体上分散布置。但锚固时钢丝的回缩量较大，预应力损失较其他锚具大。同时，它不能重复张拉和接长，使筋束设计长度受到千斤顶行程的限制。为防止受振松动，必须及时给预留孔道压浆。

②墩头锚。镦头锚主要用于锚固钢丝束，也可锚固直径在14 mm以下的钢筋束。钢丝的根数和锚具尺寸，依设计张拉力的大小选定。国内镦头锚首先是由同济大学桥梁研究室研制成功的，目前有锚固12～133根ϕ5 mm和12～84根ϕ7 mm两种锚具系列，配套的墩头机有LD－10型和LD－20型两种形式。如图5.5所示。

镦头锚适用于锚固直线式配筋束，对于较缓和的曲线筋束也可采用。目前斜拉桥中锚固斜拉索的高振幅锚具——HiAm式冷铸镦头锚，因锚杯内填入了环氧树脂、锌粉和钢球的混合料，使之具有较好的抗疲劳性能。

图5.4　锥形锚

图5.5　墩头锚

③钢筋螺纹锚具。当采用高强粗钢筋作为预应力筋束时，可采用螺纹锚具固定。即利用粗钢筋两端的螺纹，在钢筋张拉后直接拧上螺帽进行锚固，钢筋的回缩力由螺帽经支承垫板承压传给梁体而获得预应力。

螺纹锚具，受力明确，锚固可靠；构造简单，施工方便；预应力损失小，在短构件中也可使用，并可重复张拉、放松或拆卸；还可简便地采用套筒接长。如图5.6所示。

④夹片锚具。夹片锚具体系主要作为锚固钢绞线筋束之用。由于钢绞线与周围接触的面积小，且强度高，硬度大，故对其锚具性能要求很高。JM锚是我国20世纪60年代研制出来的钢绞线夹片锚具。后来又先后研制出了XM锚具、QM锚具、YM锚具及OVM锚具系列等。这些锚具体系都经过严格检测、鉴定后定型，锚固性能均达到国际预应力混凝土协会(FIP)标准，并已广泛地应用于桥梁、水利、房屋等各种土建结构工程中，如图5.7所示。

图5.6　钢筋螺纹锚具

图5.7　夹片锚具

5.1.3　预应力混凝土的材料

预应力混凝土结构应尽量采用高强材料，这是与普通钢筋混凝土结构的不同点之一。

1.钢材

用于预应力混凝土结构中的钢材有钢筋、钢丝、钢绞线3大类。工程上对于预应力钢材有下列要求：

①在混凝土预应力结构中的预应力取决于预应力钢筋张拉应力的大小。张拉应力越大，构件的抗裂性能就越好。但为了防止张拉钢筋时所建立的应力因预应力损失而丧失殆尽，对预应力钢材要求有很高的强度。

②在先张法中预应力钢筋与混凝土之间必须有较高的黏结自锚强度，以防止钢筋在混凝土中滑移。

③预应力钢材要有足够的塑性和良好的加工性能。所谓良好的加工性能是指焊接性能良好及采用镦头锚具时钢筋头部经过镦粗后不影响原有的力学性能。

④应力松弛损失要低。钢的应力随时间的增长而降低的现象称为松弛(也叫徐舒)。由于预应力混凝土结构中预应力筋张拉完成后长度基本保持不变，应力松弛是对预应力筋性能的一个主要影响因素。应力松弛值的大小因钢的种类而异，并随着应力的增加和作用(荷载)持续时间的增长而增加。为满足此要求，可对钢筋进行超张拉，或采用低松弛钢丝、钢绞线。

目前，常用的预应力钢筋有下列几种：

(1)精轧螺纹钢筋

专用于中、小型构件或竖、横向预应力钢筋。其级别有JL540、JL785、JL930三种；直径一般为18 mm、25 mm、32 mm、40 mm。要求10 h松弛率不大于1.5%。

(2)钢丝

用于预应力混凝土构件中的钢丝有消除应力的三面刻痕钢丝、螺旋肋钢丝和光面钢丝三种。

(3)钢绞线

钢绞线是把多根平行的高强钢丝围绕一根中心芯丝用绞盘绞捻成束而形成的。常用的钢绞线有7φ4和7φ5两种。

2. 混凝土

为了充分发挥高强钢筋的抗拉性能,预应力混凝土结构也要相应地采用强度等级高的混凝土。因此,在《混凝土结构设计规范》(GB 50010—2010)中规定混凝土强度等级不宜低于C40,且不应低于C30。

用于预应力混凝土结构中的混凝土,不仅要求高强度,而且要求有很高的早期强度,以使能早日施加预应力,从而提高构件的生产效率和设备的利用率。此外,为了减少预应力损失,还要求混凝土具有较小的收缩值和徐变值。工程实践证明,采用干硬性混凝土、施工中注意水泥品种选择、适当选用早强剂和加强养护是配制高等级和低收缩率混凝土的必要措施。

5.1.4 张拉控制应力与预应力损失

1. 张拉控制应力

张拉控制应力是指张拉预应力钢筋时所达到的规定的应力数值,以 σ_{con} 表示。从充分发挥预应力特点的角度出发,张拉控制应力应定得高一些,以使混凝土获得较高的预压应力,从而提高构件的抗裂度,减小挠度。但若将张拉控制应力定得过高,将使构件的开裂弯矩和极限弯矩接近,构件破坏时变形小,延性差,没有明显的预兆;另外在施工阶段会引起构件某些部位受到过大的预拉应力以致开裂;再者,若太高,因钢筋质量不一定每根相同,个别钢筋可能超过其屈服强度而产生塑性变形,使混凝土的预压力反而减小。因此,对预应力钢筋的张拉应力的大小与钢种和施工方法有关,规范规定,预应力钢筋的张拉控制应力不宜超过表5.1规定的数值,且不应小于0.4(为预应力钢筋强度标准值)。

表5.1 张拉控制应力限值 N/mm²

钢筋种类	张拉方法	
	先张法	后张法
消除应力钢丝、钢绞线	$0.75f_{ptk}$	$0.75f_{ptk}$
热处理钢筋	$0.7f_{ptk}$	$0.65f_{ptk}$

注:下列情况表5.1中的张拉控制应力限值可提高0.05。

①要求提高构件在施工阶段的抗裂性能而在使用阶段受压区内设置预应力钢筋;

②要求部分抵消由于应力松弛、摩擦、钢筋分批张拉以及预应力钢筋与张拉台座之间的温差等因素产生的预应力损失。

2. 预应力损失

预应力损失是指预应力钢筋张拉后,由于材料特性、张拉工艺等原因,使预应力值从张拉开始直到安装使用各个过程中不断产生的降低。故而,正确地认识预应力损失,是预应力混凝土结构设计、施工成败的重要影响因素。

产生预应力损失的原因如下:

(1)张拉端锚具变形和钢筋内缩引起的损失 σ_{l1}

预应力钢筋经张拉后,便锚固在台座或构件上,由于锚具、垫板和构件之间的缝隙被压紧,以及预应力钢筋在锚具中滑动产生回缩,从而造成预应力钢筋拉应变减小,造成张拉端锚具变形和钢筋内缩引起的预应力损失。锚具变形越大,预应力损失亦越大。

(2)摩擦损失 σ_{l2}

采用后张法张拉预应力钢筋时,由于钢筋与孔道壁之间产生摩擦力,因此预应力值将随距张拉端距离的增加而减小,造成预应力钢筋与孔道壁之间的摩擦引起的预应力损失。

(3)温差损失 σ_{l3}

对于采用先张法施工的预应力混凝土构件,当进行蒸汽养护时,因台座与地面相连,温度较低,而张拉后的预应力钢筋则受热膨胀,在混凝土结硬前,造成混凝土加热养护时,预应力钢筋与台座之间温差引起的预应力损失。

(4)应力松弛损失 σ_{l4}

钢筋在持续高应力作用下其塑性变形具有随时间而增长的性质,由于钢筋的松弛,在钢筋长度保持不变的条件下则钢筋的应力会随时间的增长而逐渐降低,从而引起预应力减小,这种现象称为钢筋的应力松弛。这种现象犹如胡琴的弦拉紧后时间长了就会自己松弛一样。这项损失,在软钢中可达张拉应力的5%;在硬钢中,可达张拉应力的7%。

(5)收缩和徐变损失 σ_{l5}

混凝土在一般温度条件下硬结时会发生体积收缩,而在预应力长期作用下混凝土会产生徐变,二者均使得构件长度缩短,因而预应力钢筋也会随之缩短一些,引起预应力钢筋的应力减少。这是一项数值较大并占很大比重的预应力损失,须认真对待。

收缩与徐变是两种性质不同的现象,但二者的影响因素、变化规律较为相似,故《混凝土结构设计规范》(GB 50010—2010)将这两项预应力损失合并考虑,其中包括混凝土收缩、徐变引起受拉区纵向预应力钢筋的预应力损失、受压区纵向预应力钢筋的预应力损失。

(6)环形配筋损失 σ_{l6}

采用螺旋式预应力钢筋作为配筋的环形构件,由于预应力钢筋对混凝土的挤压,使环形构件的直径有所减小,预应力钢筋中的拉应力就会降低,从而引起预应力钢筋的损失。例如,直径不大于3 m的圆筒形结构(如水管等)采用环形配筋时,因钢筋在圆筒上做螺旋式张拉时,由于混凝土受到局部挤压而产生压陷,就会引起钢筋的预应力损失。

以上6种因素造成的预应力损失,有的只发生在先张法构件中,有的则发生于后张法构件中,有的两种构件均有,而且是分批产生的。为便于分析和计算,需要进行组合。

其组合方式为:①混凝土预压前发生的损失称第一批损失;②混凝土预压后发生的损失称第二批损失,见表5.2。

表5.2 各阶段预应力损失值的组合

预应力损失值的组合	先张法构件	后张法构件
混凝土预压前的损失(第一批)	$\sigma_{l1}+\sigma_{l2}+\sigma_{l3}+\sigma_{l4}$	$\sigma_{l1}+\sigma_{l2}$
混凝土预压后的损失(第二批)	σ_{l5}	$\sigma_{l4}+\sigma_{l5}+\sigma_{l6}$

技术点睛

考虑到各项预应力的离散性,实际的损失值可能高于按表中计算的数值,因此《混凝土结构设计规范》(GB 50010—2010)中规定:当求得的预应力总损失量小于下列数值时,则按下列数值取用:先张法构件100 N/mm²;后张法构件80 N/mm²。

5.2 预应力混凝土结构的构造要求

5.2.1 一般构造要求

1.截面形式和尺寸

对于预应力轴心受拉构件，通常采用正方形或矩形截面；对于预应力受弯构件，可采用T形、工字形、箱形等截面。

因预应力对构件刚度和抗裂能力有提高作用，故构件截面尺寸可选得小一些。一般预应力混凝土受弯构件其截面高度 h 可取为(1/20～1/14)l，l 为构件跨度，翼缘宽度一般可取(1/3～1/2)h，翼缘厚度可取(1/10～1/6)h，腹板宽度尽可能小一些，可取(1/15～1/8)h。

2.预应力纵向钢筋的布置

①直线布置：适用于荷载和跨度不大时，施工时用先张法和后张法均可；

②曲线布置：适用于荷载和跨度较大时，施工时一般用后张法；

③折线布置：适用于荷载和跨度较大时，施工时一般用先张法。

3.非预应力纵向钢筋的布置

(1)配置非预应力纵向钢筋的作用：

①防止施工阶段因混凝土收缩和温差引起预拉区裂缝；

②施加预应力过程中产生的拉应力；

③防止构件在制作、堆放、运输、吊装时出现裂缝或减小裂缝宽度。

(2)非预应力纵向钢筋的强度等级宜低于预应力钢筋。在预应力钢筋弯折处，应加密箍筋或沿弯折处内侧布置非预应力钢筋网片，以加强在钢筋弯折区段的混凝土。

4.构件端部的构造钢筋

如在构件端部的预应力钢筋不能均匀布置而需集中布置在端部截面的下部或集中布置在上部和下部时，应在构件端部 0.2 h 范围设置竖向附加的焊接钢筋网、封闭式箍筋或其他形式的构造钢筋。

对槽形板类构件，宜在构件端部 100 m 范围内，沿构件板面设置附加的横向钢筋，以防板面端部产生纵向裂缝。

5.预应力钢筋的接头

①轴心受拉构件必须采用焊接接头，受弯构件宜优先采用焊接接头，Ⅵ级钢筋必须采用闪光对焊；

②轴心受拉构件的受力钢筋不得采用非焊接的搭接接头；

③直接承受中、重级工作制吊车的构件，其纵向受拉钢筋不得采用绑扎搭接接头，且不得在钢筋上焊有任何附件，也不宜采用焊接接头；

④在一个截面内有焊接接头的受拉钢筋截面面积占受拉钢筋总截面面积的百分率≤25%，此外有焊接接头的截面之间的距离应≥45d。

5.2.2 先张法构件的构造要求

1.钢丝(筋)间距

应根据浇注混凝土、施加预应力及钢筋锚固等要求确定。

预应力钢筋的净距不应小于其直径，且不小于 25 mm，预应力钢丝的净距不宜小于 15 mm。

2. 钢筋的黏结和锚固

宜采用变形钢筋、刻痕钢丝、钢绞线等。

3. 钢筋的保护层

为了保证钢筋与外围混凝土的黏结锚固，防止放松预应力钢筋时在构件端部沿预应力钢筋周围出现裂缝，必须有一定的混凝土保护层厚度，其取值同普通钢筋混凝土构件。

4. 端部附加钢筋

为防止放松预应力钢筋时，端部产生裂缝，可在端部设置螺旋筋、钢筋网或在端部加密横向钢筋。

5.2.3 后张法构件的构造要求

1. 预留孔道

①预留孔道之间的净距不应小于 25 mm；孔道至构件边缘的净距不应小于 25 mm，且不宜小于孔道直径的一半；

②孔道的直径应比预应力钢筋束外径、钢筋对焊接头处外径或需穿过孔道的锚具外径大 10～15 mm；

③在构件两端及跨中应设置灌浆孔或排气孔，其孔距不宜大于 12 mm；

④凡制作时需要预先起拱的构件，预留孔道宜随构件同时起拱；

⑤孔道灌浆要求密实，水泥强度等级不应低于 M20，其水灰比宜为 0.4～0.45；为减少收缩，宜掺入 0.01%水泥浆用量的铝粉。

2. 曲线预应力钢筋的曲率半径

①钢丝束、钢绞线束以及钢筋直径 $d \leqslant 12$ mm 的钢筋束，不宜小于 4 m；

②12 mm$<d\leqslant$25 mm 的钢筋，不宜小于 12 m；

③$d>25$ mm 的钢筋，不宜小于 15 m。

对折线配筋的构件，在折线预应力钢筋弯折处的曲率半径可适当减小。

3. 端部混凝土的局部加强

构件端部尺寸，应考虑锚具的布置、张拉设备的尺寸和局部受压的要求，在必要时应适当加大。在预应力钢筋锚具下及张拉设备的支承处，应采用预埋钢垫板及附加横向钢筋网片或螺旋式钢筋等局部加强措施。

4. 对采用块体拼装构件的要求

采用块体拼装的构件，其接缝平面应垂直于构件的纵向轴线。当接头承受内力时，缝隙间应灌注不低于块体强度等级的细石混凝土或水泥砂浆，并根据需要在接头处及其附近区段内用加大截面或增设焊接网等方式进行局部加强，必要时可设置钢板焊接接头，当接头不承受内力时，缝隙间应灌注不低于 C15 的细石混凝土或 M15 的水泥砂浆。

一、填空题

1. 在预应力混凝土结构中，预加应力的方法有________和________两种。

2. 用于预应力混凝土结构中的钢材有________、________和________3大类。

3. 在预应力混凝土结构中，混凝土强度等级不宜低于________，且不应低于________。

4. 轴心受拉构件的受力钢筋不得采用非焊接的________接头。

5. 先张法预应力构件，为防止放松预应力钢筋时，端部产生裂缝，可在端部设置________、________或在端部加密横向钢筋。

二、简答题

1. 为什么在普通钢筋混凝土结构中一般不采用高强度钢筋？

2. 什么叫预应力结构？试举出日常生活中利用预应力原理的例子。预应力混凝土结构的优点是什么？

3. 什么是先张法和后张法？试比较它们的优缺点。

4. 预应力混凝土结构对钢材和混凝土有哪些要求？

5. 什么是张拉控制应力？为什么取值不能过高或过低？

1. 预应力损失有哪些？它们是如何产生的？

2. 试述先张法和后张法构件构造要求的要点。

项目6 钢筋混凝土楼盖

项目目标

【知识目标】

1. 掌握钢筋混凝土单向板、双向板肋形楼盖配筋计算方法及构造要求；
2. 了解现浇钢筋混凝土楼梯与雨篷的结构形式；
3. 了解板式楼梯和梁式楼梯的构造。

【技能目标】

1. 掌握单向板肋形楼盖、楼梯的构造要求及简单计算；
2. 能正确识读结构构件中的配筋。

【课时建议】

8 课时

6.1 钢筋混凝土现浇单向板肋形楼盖

钢筋混凝土楼盖按施工方法分为现浇整体式、装配式和装配整体式3种形式。

现浇整体式楼盖是指在现场整体浇筑的楼盖。它的优点是整体性好，刚度大，抗震性能强，防水性能好；缺点是耗费模板多，工期长，受施工季节影响大。随着施工技术的进步和抗震对楼盖整体性要求的提高，现浇整体式楼盖被广泛应用。

装配式楼盖采用预制构件，便于工业化生产，具有节省模板，工期短，受施工季节影响小等优点；缺点是整体性差，抗震性差，防水性差，不便开设洞口。

装配整体式楼盖优缺点介于上述两种楼盖之间，但这种楼盖需进行混凝土的二次浇灌，有时还增加焊接工作量。此种楼盖仅适用于荷载较大的多层工业厂房、高层民用建筑及有抗震设防要求的建筑。

现浇整体式楼盖按其组成情况分为单向板肋梁(形)楼盖、双向板肋梁楼盖和无梁楼盖3种，如图6.1所示。

(a) 单向板肋梁（形）楼盖

(b) 双向板肋梁（形）楼盖

(c) 无梁楼盖

图6.1 现浇楼盖的3种类型

板按其受弯情况可分为单向板(图6.2)和双向板(图6.3)。

两对边支承的板应按单向板计算。

当长边与短边长度之比不小于3.0时，宜按沿短边方向受力的单向板计算，并应沿长边方向布置构造钢筋。

当长边与短边长度之比不大于2.0时，应按双向板计算。

当长边与短边长度之比大于2.0，但小于3.0时，宜按双向板计算。

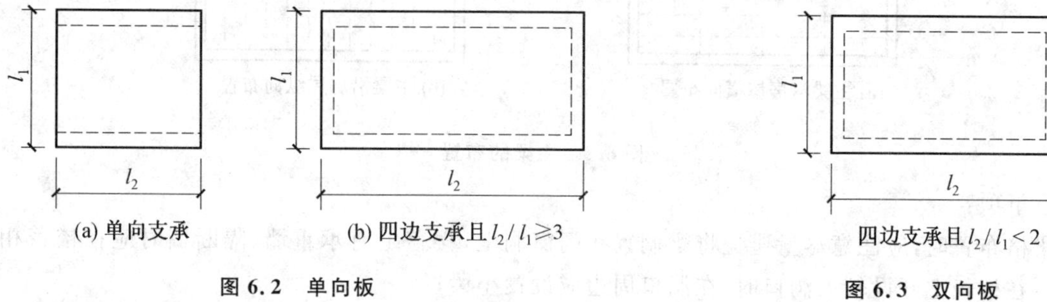

图6.2 单向板

图6.3 双向板

6.1.1 单向板肋形楼盖结构布置

钢筋混凝土单向板肋梁楼盖的结构布置主要是主梁和次梁的布置，如图6.4所示。一般在建筑设计中已经确定了建筑物的柱网尺寸或承重墙的布置，柱网和承重墙的间距决定了主梁的跨度，主梁的间距决定了次梁的跨度，次梁的间距又决定了板跨度。因此进行结构平面布置时，应综合考虑建筑功能、造价及施工条件等因素，合理地进行主、次梁的布置，对楼盖设计和它的适用性、经济效果都有十分重要的意义。

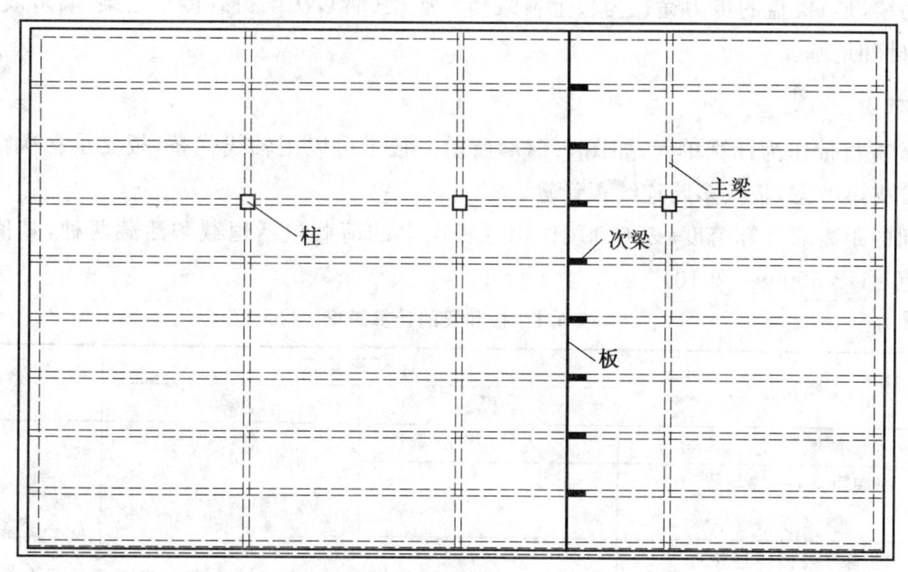

图6.4 单向板肋形楼盖

主梁的布置方案有两种情况：一种沿房屋横向布置；另一种沿房屋纵向布置。

(1)当主梁沿横向布置，而次梁沿纵向布置时，如图6.5(a)所示，主梁与柱形成横向框架受力体系。各榀横向框架通过纵向次梁联系，形成整体，房屋的横向刚度较大。由于主梁与外纵墙垂直，外纵墙的窗洞高度可较大，有利于室内采光。

(2)当横向柱距大于纵向柱距较多或房屋有集中通风的要求时，显然沿纵向布置主梁比较有利，如图6.5(b)所示，由于主梁截面高度减小，可使房屋层高得以降低。但房屋横向刚度较差，而且常由于次梁支承在窗过梁上，而限制了窗洞高度。

(3)对于中间为走道，两侧为房间的建筑物，其楼盖布置可利用内外纵墙承重，此种情况可仅布置次梁而不设主梁，例如病房楼、招待所、集体宿舍等建筑物楼盖可采用此种结构布置。

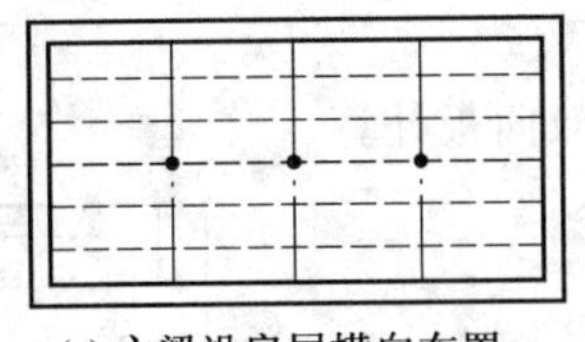

(a) 主梁沿房屋横向布置

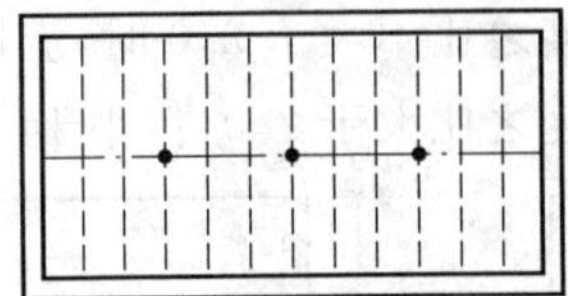

(b) 主梁沿房屋纵向布置

图 6.5 主梁的布置

注意事项：

①梁格布置时，应注意尽量避免将梁搁置在门窗洞上，楼盖上有承重墙、隔断墙时应在楼盖相应位置设梁。在楼板上开设较大洞口时，在洞口周边应设置小梁；

②梁格布置应尽可能布置得规整、统一，荷载传递直接。减少梁板跨度的变化，尽量统一梁、板截面尺寸，以简化设计、方便施工、获得好的经济效果和建筑效果；

③楼盖中板的混凝土用量占整个楼盖混凝土用量的 50%～70%，因此板厚宜取较小值，根据工程实践，板的跨度一般为 1.7～2.7 m，不宜超过 3.0 m，荷载较大时宜取较小值；次梁跨度一般为 4.0～6.0 m；主梁的跨度一般为 5.0～8.0 m。

6.1.2 单向板肋形楼盖内力计算

单向板肋梁(形)楼盖的传力途径为板上荷载传至次梁(墙)，次梁荷载传至主梁(墙)，最后总荷载由墙、柱传至基础和地基。

1. 板的计算简图

板取 1 m 宽板带作为计算单元，如图 6.6(a)所示。板带可以用轴线代替，板支承在次梁或墙上，其支座按不动铰支座考虑，板按多跨连续板计算。

支座之间的距离取计算跨度(表 6.1)，作用在板面上的荷载包括恒载和活载两种，其值可查《建筑结构荷载规范》(GB 50009—2010)。

表 6.1 板和梁的计算跨度

跨数	支座情形		计算跨度 l_0		符号意义
			板	梁	
单跨	两端简支		$l_0=l_n+h$	$l_0=l_n+a\leqslant 1.05l_n$	l_n—支座净距；l_c—支座中心间的距离；h—板的厚度；a—支座宽度；a'—中间支座宽度
	一端简支，一端与梁整体连接		$l_0=l_n+0.5h$		
	两端与梁整体连接		$l_0=l_n$		
多跨	两端简支		当 $a\leqslant 0.1l_c$，$l_0=l_n$	当 $a\leqslant 0.005l_c$ 时，$l_0=l_n$	
			当 $a>0.1l_c$ 时，$l_0=1.1l_n$	当 $a>0.005l_c$ 时，$l_0=1.05l_n$	
	一端嵌入墙内，另一端与梁整体连接	按塑性计算	$l_0=l_n+0.5h$	$l_0=l_n+0.5a\leqslant 1.025l_n$	
		按弹性计算	$l_0=l_n+0.5(h+a)$	$l_0=l_n\leqslant 1.025l_0+0.5a$	
	两端与梁整体连接	按塑性计算	$l_0=l_n$	$l_0=l_n$	
		按弹性计算	$l_0=l_n$	$l_0=l_c$	

对于跨数多于五跨的等截面连续板、梁，当其各跨度上的荷载相同且跨度差不超过 10%时，可按五跨等跨连续梁计算，小于五跨的按实际跨数计算。板的计算简图如图 6.6(b)所示。

2. 次梁的计算简图

次梁支承在主梁或墙上，其支座按不动铰支座考虑，次梁按多跨连续梁计算。次梁所受荷载为板传来的荷载和自重，也是均布荷载。计算板传来的荷载时，取次梁左右相邻跨度一半作为次梁的受荷宽度 l_1。次梁的计算简图如图 6.6(c)所示。

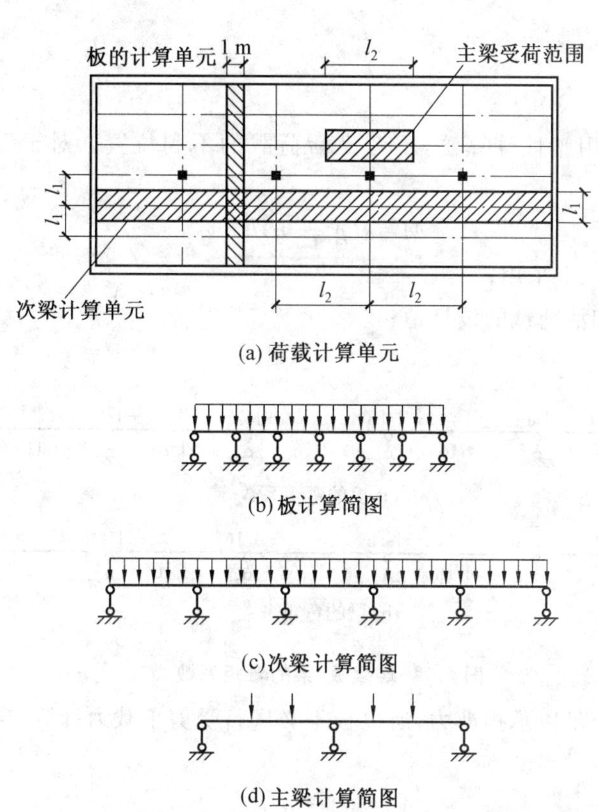

(a) 荷载计算单元

(b) 板计算简图

(c) 次梁计算简图

(d) 主梁计算简图

图 6.6 单向板楼盖板、梁的计算简图

3. 主梁的计算简图

当主梁支承在砖柱(墙)上时，其支座按铰支座考虑；当主梁与钢筋混凝土柱整体现浇时，若梁柱的线刚度比大于 5，则主梁支座也可视为不动铰支座(否则简化为框架)，主梁按连续梁计算。

主梁承受次梁传下的荷载以及主梁自重。次梁传下的荷载是集中荷载，取主梁相邻跨度一半作为主梁的受荷宽度 l_2，主梁的自重可简化为集中荷载计算。主梁的计算简图如图 6.6(d)所示。

4. 梁板内力计算

梁、板的内力计算有弹性计算法(力矩分配法)和塑性计算法(弯矩调幅法)两种。

弹性计算方法是将钢筋混凝土梁、板视为理想弹性体，以结构力学的一般方法(力矩分配法)来进行结构的内力计算。对于等跨连续梁、板且荷载规则的情况，其内力可通过查表计算；对于不等跨连续梁，可选用结构计算软件由计算机计算。

塑性计算法是在弹性理论计算方法的基础上，考虑了混凝土的开裂、受拉钢筋屈服、内力重分布的影响，进行内力调幅，降低和调整了按弹性理论计算的某些截面的最大弯矩。在设计混凝土连续次梁、板时尽量采用这种方法；对重要构件及使用中一般不允许出现裂缝的构件，如主梁及其他处于有腐蚀性、湿度大等环境中的构件，不宜采用塑性计算法，应采用弹性计算法。

塑性计算法是在弹性理论计算方法的基础上，考虑了混凝土的开裂、受拉钢筋屈服、内力重分布的影响，进行内力调幅，降低和调整了按弹性理论计算的某些截面的最大弯矩。在设计混凝土连续次梁、板时尽量采用这种方法；对重要构件及使用中一般不允许出现裂缝的构件，如主梁及其他处于有腐蚀性、湿度大等环境中的构件，不宜采用塑性计算法，应采用弹性计算法。

6.1.3 弯矩调幅

1. 板和次梁的计算

板和次梁的内力一般采用塑性计算法，不考虑活荷载的不利位置。对于等跨连续板、梁，其弯矩值为

$$M=\alpha(g+q)l_0^2 \tag{6.1}$$

式中 α——弯矩系数，按图6.7采用；

g、q——均布恒荷载和活荷载的设计值；

l_0——计算跨度。

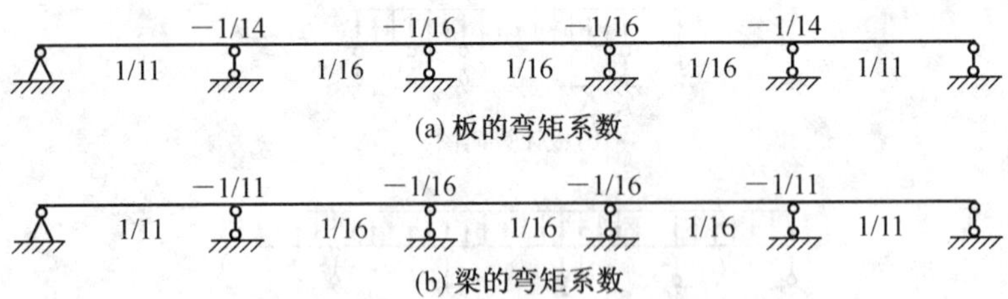

图6.7 连续板、梁的弯矩系数

板所受剪力很小，混凝土足以承担剪力，所以板不必进行受剪承载力计算，也不必配置腹筋。

次梁的剪力按下式计算：

$$V=\beta(g+q)l_n \tag{6.2}$$

式中 β——剪力系数，按图6.8采用；

g、q——均布恒荷载和活荷载的设计值；

l_n——净跨度。

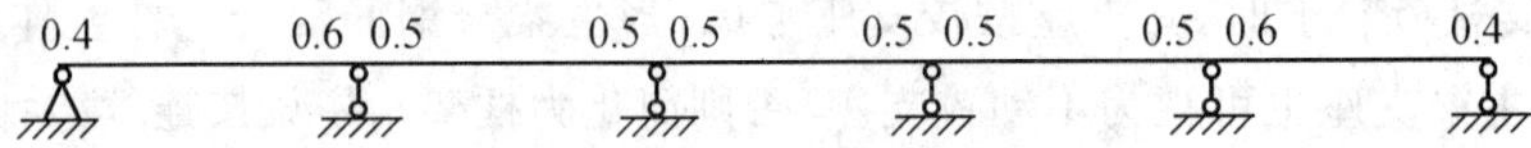

图6.8 次梁的剪力系数

2. 主梁的内力计算

主梁的内力采用弹性计算法，即按结构力学方法计算内力，此时要考虑活荷载的不利组合。

6.1.4 截面设计与构造要求

1. 配筋计算原则

(1)板的计算

只需按钢筋混凝土正截面强度计算，不需进行斜截面受剪承载力计算。

(2)次梁的计算

次梁应根据所求的内力进行正截面和斜截面承载力的配筋计算。正截面承载力计算中，跨中截面

按T形截面考虑，支座截面按矩形截面考虑；在斜截面承载力计算中，当荷载、跨度较小时，一般仅配置箍筋。否则，还需设置弯起钢筋。

(3)主梁的计算

主梁应根据所求的内力进行正截面和斜截面承载力的配筋计算。正截面承载力计算中，跨中截面按T形截面考虑，支座截面按矩形截面考虑。

2. 构造要求

(1)板的构造要求

①钢筋的级别、直径、间距。受力钢筋宜采用HPB300级钢筋，常用直径为6～12 mm。为了施工方便，宜选用较粗钢筋做负弯矩钢筋。受力钢筋的间距一般不小于70 mm，也不大于200 mm。当板厚h>150 mm时，间距不大于1.5 h，且不大于250 mm。

②配置形式。连续板中受力钢筋的配置可采用弯起式和分离式两种，如图6.9所示。

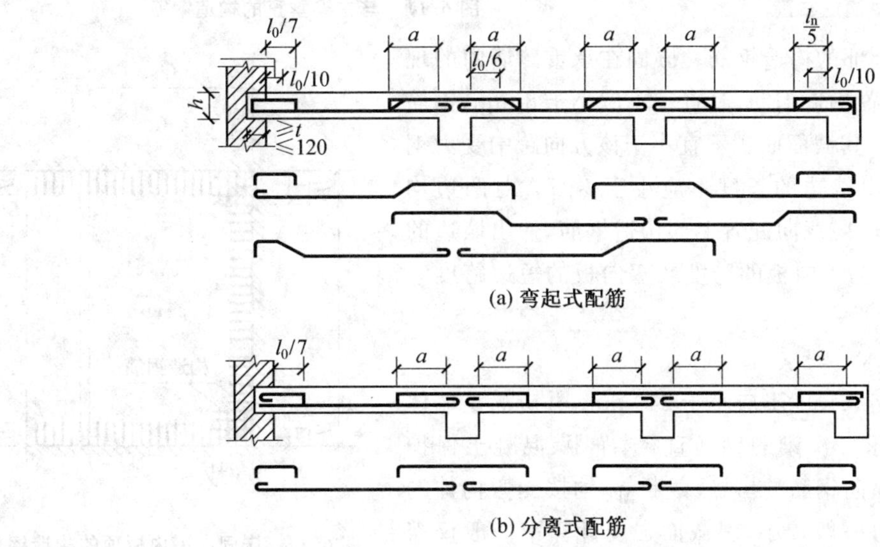

图6.9 连续板中受力筋的布置方式

弯起式配筋是将跨中的一部分正弯矩钢筋在支座附近适当位置向上弯起，作为支座负弯矩筋，若数量不足则再另加直筋。一般采用“隔一弯一”或“隔一弯二”。弯起式配筋具有锚固和整体性好，节约钢筋等优点，但施工复杂，实际工程中应用较少，一般用于板厚h≥120 mm及经常承受动荷载的板。

分离式配筋是指板支座和跨中截面的钢筋全部各自独立配置。分离式配筋具有设计施工简便的优点，但钢筋锚固差且用钢量大。适用于不受震动和较薄的板中，实际工程中应用较多。

③板中分布钢筋。分布钢筋置于受力钢筋内侧，与受力钢筋垂直放置并互相绑扎(或焊接)，如图6.10所示。分布钢筋的间距不宜大于250 mm，直径不宜小于6 mm，单位长度上分布钢筋的截面面积不宜小于单位宽度上受力钢筋截面面积的15%，且不宜小于该方向板截面面积的15%。

④板中垂直于主梁的构造钢筋。在主梁附近的板，由于受主梁的约束，将产生一定的负弯矩，所以，应在跨越主梁的板上部配置与主梁垂直的构造钢筋，其数量应不少于板中受力钢筋截面面积的1/3。且直径不应小于8 mm，间距不应大于200 mm，伸出主梁边缘的长度不应小于板计算跨度l_0的1/4，如图6.11所示。

图 6.10　板中钢筋布置

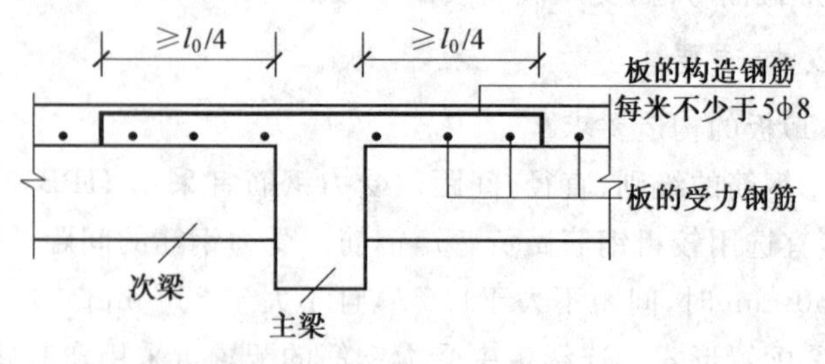

图 6.11　与主梁垂直的构造钢筋

⑤嵌固在墙内板上部的构造钢筋。嵌固在承重砖墙内的现浇板，在板的上部应配置构造钢筋，其直径不应小于 8 mm，钢筋间距不应大于 200 mm，其截面面积不宜小于该方向跨中受力钢筋截面面积的 1/3，伸出墙边的长度不应小于 $l_1/7$。对两边均嵌固在墙内的板角部分，应双向配置上部构造钢筋，伸出墙边的长度不应小于 $l_1/4$（l_1 为单向板的跨度或双向板的短边跨度），如图 6.12 所示。

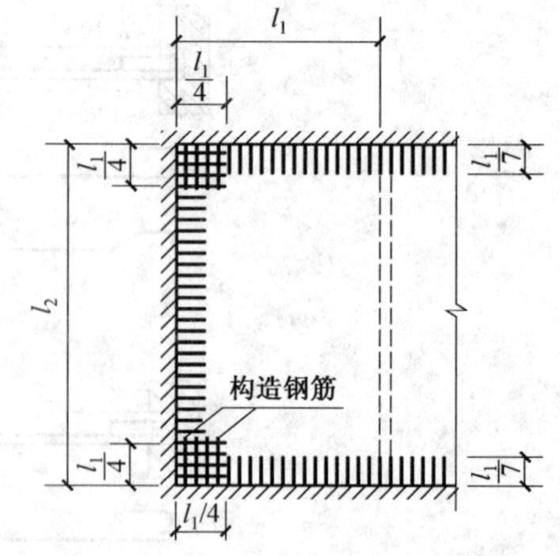

图 6.12　嵌固在墙内板顶的构造钢筋

(2)次梁的构造要求

次梁在砖墙上的支承长度不应小于 240 mm，并应满足墙体局部受压承载力的要求。次梁的钢筋直径、净距、混凝土保护层、钢筋锚固、弯起及纵向钢筋的搭接、截断等，均按受弯构件的有关规定。次梁的剪力一般较小，斜截面强度计算中一般仅需设置箍筋即可。

次梁的纵筋配置时，要求跨中纵筋伸入支座的长度不小于规定的受压钢筋的锚固长度 l_{as}，所有伸入支座的纵向钢筋均可在同一截面上搭接。对于承受均布荷载的次梁，当 $q/g \leqslant 3$ 且跨度差不大于 20%时，支座负弯矩钢筋切断位置与一次切断数量按图 6.13 所示的构造要求确定。

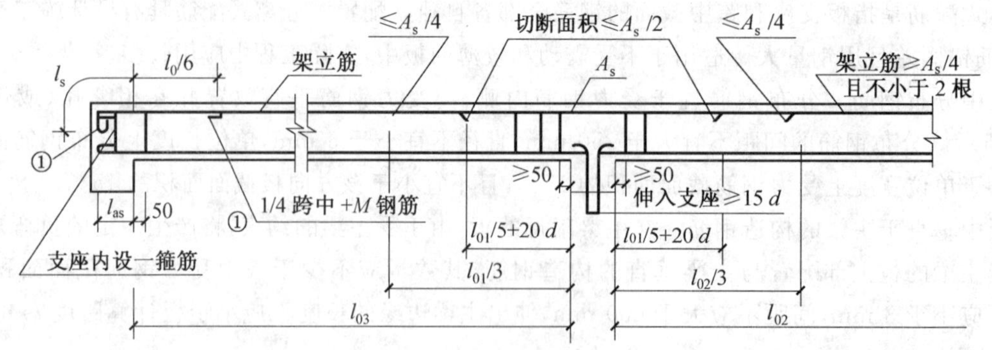

图 6.13　次梁支座负弯矩钢筋截断位置与一次切断数量

(3)主梁的构造要求

主梁纵向受力钢筋的截断应根据相应弯矩和规范规定进行截断,如图 6.14 所示。

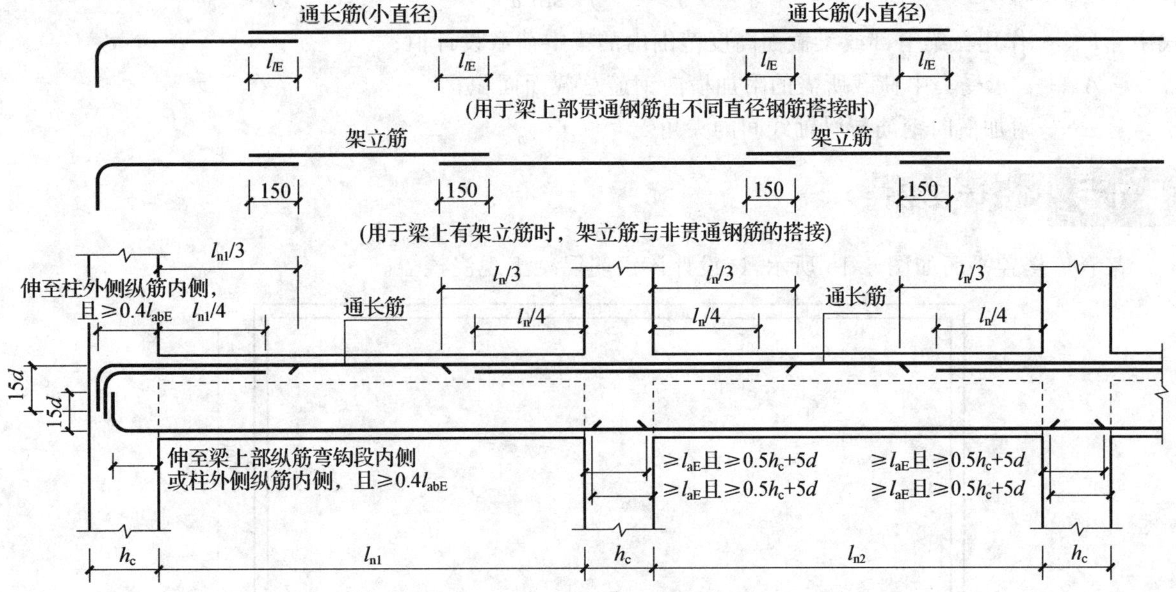

图 6.14 主梁纵向钢筋构造

主梁支承在砌体上的长度不应小于 370 mm,并应满足砌体局部受压承载力的要求。

在次梁和主梁相交处,次梁的集中荷载传至主梁的腹部,有可能引起斜裂缝,如图 6.15(a)所示。为防止斜裂缝的发生引起局部破坏,应在梁支承处的主梁内设置附加横向钢筋,形式有箍筋和吊筋两种如图 6.15(b)所示,一般宜优先采用箍筋。

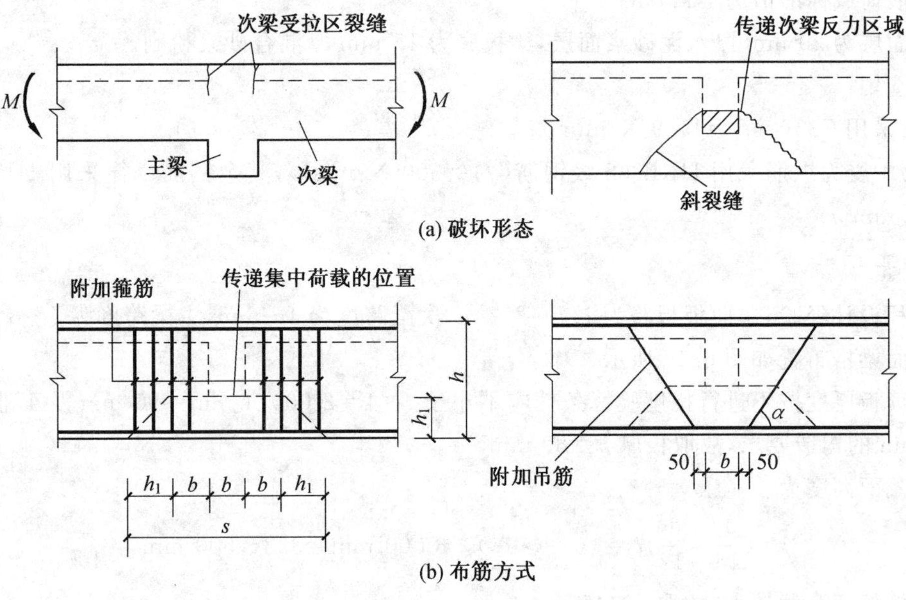

图 6.15 附加横向钢筋的布置

附加横向钢筋所需的总截面面积，应按下式计算：

$$A_{sv} \geqslant \frac{F}{f_{yv} \sin \alpha} \tag{6.3}$$

式中　F——作用在梁下部或梁截面高度范围内的集中荷载设计值；

A_{sv}——承受集中荷载所需的附加横向钢筋总截面面积；

α——附加横向钢筋与梁轴线间的夹角。

6.1.5 设计实例

某仓库楼盖平面如图 6.16 所示，试设计该钢筋混凝土现浇楼盖。

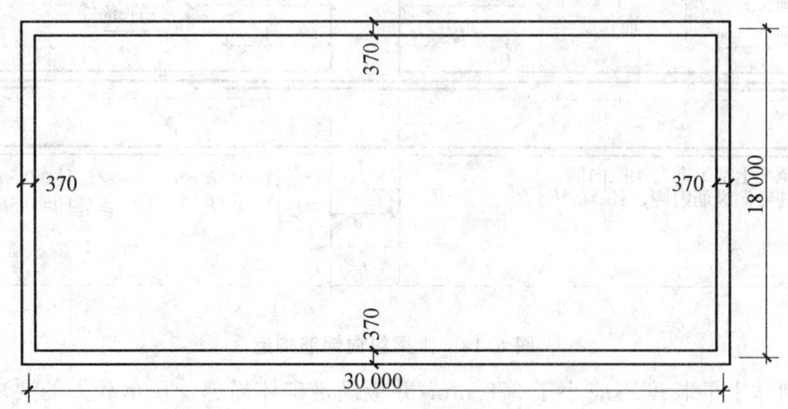

图 6.16　某仓库楼盖平面图

1. 设计资料

①楼面活荷载标准值为 7 kN/m²。

②楼面面层为 20 mm 厚水泥砂浆面层，梁板底为 15 mm 厚混合砂浆粉刷。

③材料选用

混凝土：采用 C25（$\alpha_1 f_c = 11.9 \text{ N/mm}^2$）；

钢筋：梁中受力纵筋采用 HRB335 级钢筋（$f_y = 300 \text{ N/mm}^2$），其余钢筋一律采用 HPB300 级钢筋（$f_y = 270 \text{ N/mm}^2$）。

2. 结构平面布置

根据工程设计经验，单向板板跨为 1.7～2.7 m，次梁跨度为 4～6 m，主梁跨度为 5～8 m 较为合理。故此仓库楼面梁格布置如图 6.17 所示。

多跨连续板厚度按不进行挠度验算条件应不小于 $l_0/4 = 2\,000/4 \text{ mm} = 50 \text{ mm}$ 及工业房屋楼板最小厚度 80 mm 的构造要求，故取板厚 $h = 80$ mm。

次梁的截面高度为

$$\left(\frac{1}{18} \sim \frac{1}{12}\right) l_0 = \left(\frac{1}{18} \sim \frac{1}{12}\right) \times 6\,000 \text{ mm} = 333 \sim 500 \text{ mm}$$

考虑本例楼面荷载较大，故取 $h = 450$ mm。

次梁的截面宽度为

$$b = \left(\frac{1}{3} \sim \frac{1}{2}\right) l_0 = \left(\frac{1}{3} \sim \frac{1}{2}\right) \times 450 \text{ mm} = 150 \sim 225 \text{ mm}$$

取 $b = 200$ mm。

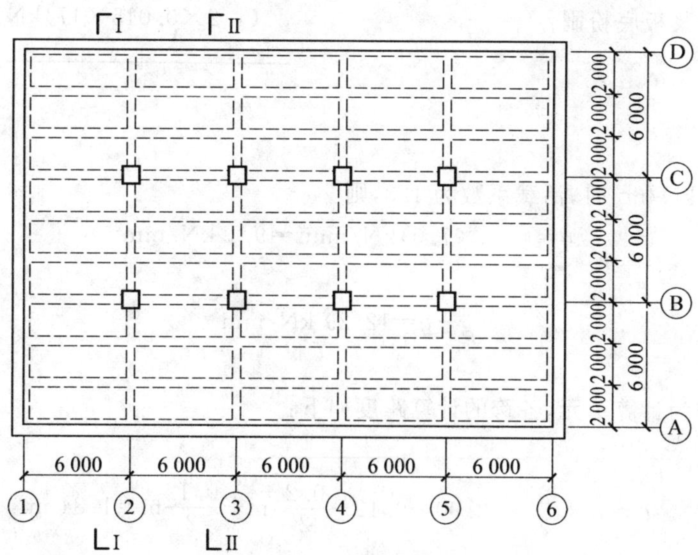

图 6.17 结构平面布置图

主梁的截面高度为

$$\left(\frac{1}{14}\sim\frac{1}{8}\right)l_0=\left(\frac{1}{14}\sim\frac{1}{8}\right)\times 6\ 000\ \text{mm}=429\sim750\ \text{mm，取}\ 650\ \text{mm}$$

主梁的截面宽度为

$$b=\left(\frac{1}{3}\sim\frac{1}{2}\right)h=\left(\frac{1}{3}\sim\frac{1}{2}\right)\times 650\ \text{mm}=217\sim325\ \text{mm，取}\ b=250\ \text{mm}$$

主次梁截面尺寸如图 6.18 所示。

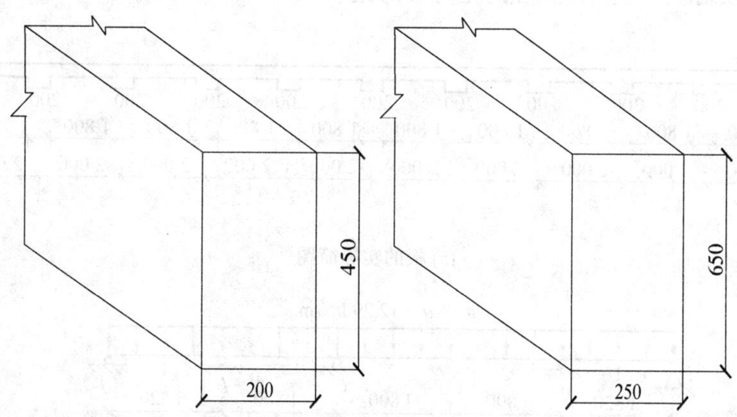

图 6.18 次梁、主梁截面尺寸

3. 板的设计

楼面上无振动荷载，对裂缝开展宽度也无较高要求，故可按塑性理论计算。

(1)荷载计算

荷载设计值计算如下：

①恒载

20 mm 厚水泥砂浆面层： $(1.2\times0.02\times20)\text{kN/mm}^2=0.48\ \text{kN/mm}^2$

80 mm 厚钢筋混凝土板： $(1.2\times0.08\times25)\text{kN/mm}^2=2.40\ \text{kN/mm}^2$

15 mm 厚混合砂浆板底粉刷：　　　　　　　　$(1.2\times0.015\times17)\text{kN/mm}^2=0.31\ \text{kN/mm}^2$

恒载小计：　　　　　　　　　　　　　　　　$g=3.19\ \text{kN/mm}^2$

②活载

标准值不小于 4 kN/m² 时，活载系数为 1.3，则

$$q=(1.3\times7.0)\text{kN/mm}^2=9.1\ \text{kN/mm}^2$$

③总荷载

$$g+q=12.29\ \text{kN/mm}^2$$

(2)计算简图

取 1 m 宽板带作为计算单元，各跨的计算跨度如下：

①边跨

$$l_0=l_n+\frac{a}{2}=(2.00-0.12-\frac{0.2}{2})\text{m}+\frac{0.12}{2}\text{m}=1.84\ \text{m}$$

$$l_0=l_n+\frac{h}{2}=(2.00-0.12-\frac{0.2}{2})\text{m}+\frac{0.08}{2}\text{m}=1.82\ \text{m}$$

取较小者 $l_0=1.82$ m。

②中跨

$$l_0=l_n=(2.00-0.20)\text{m}=1.80\ \text{m}$$

边跨与中间跨的计算跨度差为

$$(1.82-1.80)/1.80=1.1\%<10\%$$

故可近似按等跨连续板计算板的内力。

计算跨数：板的实际跨数为十跨，可简化为五跨连续板计算，如图 6.19 所示。

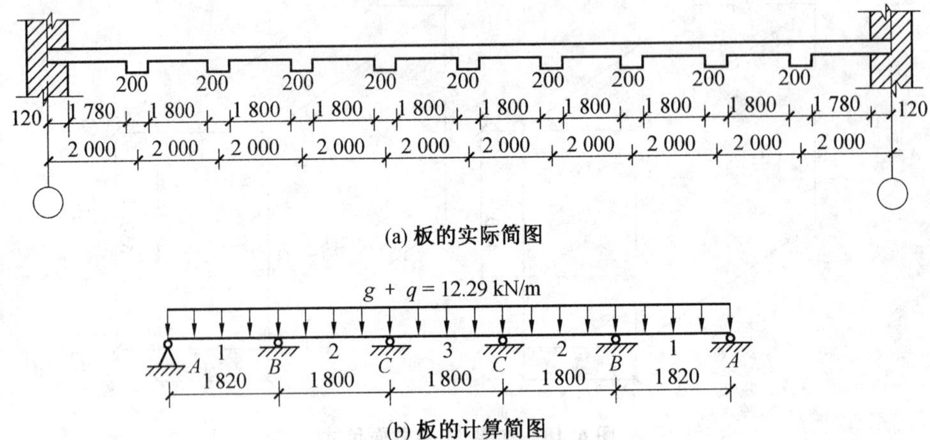

图 6.19　板的计算简图

(3)弯矩计算

各截面的弯矩设计值列于表 6.2。

表 6.2 板的弯矩设计值

截面	边跨中	第一内支座	中跨中	中间支座
弯矩系数 α	$+\frac{1}{11}$	$-\frac{1}{11}$	$+\frac{1}{16}$	$-\frac{1}{14}$
$M=\alpha(g+q)l_0^2$ /(kN·m)	$\frac{1}{11}\times12.29\times1.82^2$ $=3.70$	$-\frac{1}{11}\times12.29\times1.82^2$ $=-3.70$	$\frac{1}{16}\times12.29\times1.80^2$ $=2.49$	$-\frac{1}{14}\times12.29\times1.80^2$ $=-2.84$

注:支座计算跨度取相邻跨较大者。

(4)正截面承载力计算

混凝土强度等级 C25,$f_c=11.9\ \text{N/mm}^2$,HPB300 级钢筋,$f_y=270\ \text{N/mm}^2$

板厚 $h=80$ mm,有效高度为

$$h_0=(80-20)\text{mm}=60\ \text{mm}$$

各截面配筋计算详见表 6.3。

表 6.3 板正截面承载力计算

截面	边跨中	第一内支座	中跨中	中间支座
弯矩值/(kN·m)	3.70	−3.70	2.49	−2.84
$a_0=M/(\alpha_1 f_c b h_0{}^2)$	$3.7\times10^6/(11.9\times1\ 000\times60^2)=0.086\ 4$	$3.7\times10^6/(11.9\times1\ 000\times60^2)=0.086\ 4$	$2.49\times10^6/(11.9\times1\ 000\times60^2)=0.058\ 1$	$2.84\times10^6/(11.9\times1\ 000\times60^2)=0.066\ 3$
ξ	0.090 5	0.090 5	0.059 8	0.068 6
$A_0=\xi\alpha_1 f_c b h_0/f_y$	308	308	203	233
选配钢筋	⌀8@150	⌀8@150	⌀6@125	⌀6@125
实配钢筋面积 /mm²	335	335	226	226

(5)考虑构造要求,绘制施工图

①受力钢筋

楼面无较大振动荷载,为使设计和施工简便,采用分离式配筋方式。

支座顶面负弯矩钢筋的截断点位置:

由于本例 $q/g=9.1/3.19=2.8<3$,故可取 $a=l_n/4=1\ 800\ \text{mm}/4=450\ \text{mm}$。如图 6.20 所示。

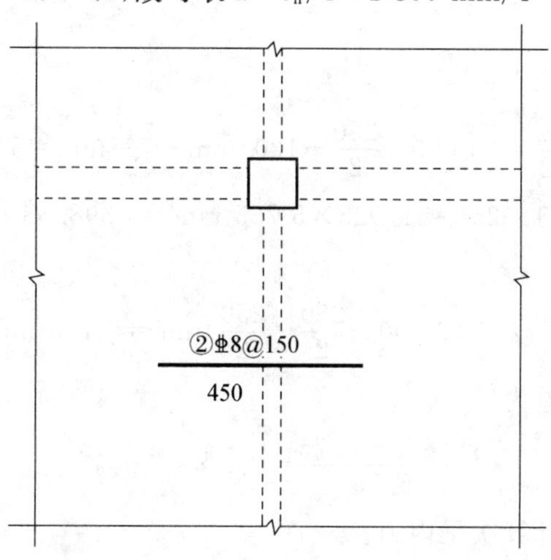

图 6.20 板支座顶面负弯矩钢筋

②构造钢筋

分布钢筋:沿受力钢筋直线段按ϕ 6@250 与受力筋垂直配置。满足截面面积大于 10%受力钢筋的截面面积,间距不大于 250 mm 的构造要求。

墙边附加钢筋:为简化起见,沿纵墙或横墙,均设置ϕ 8@200 的短直筋,无论墙边或墙角,构造负筋均伸出墙边为

$$\frac{l_n}{4}=\frac{1\ 780}{4}\ \text{mm}=445\ \text{mm},\text{取 } 450\ \text{mm}$$

主梁顶部的附加构造钢筋:在板与主梁连接处的顶面,设置ϕ 8@200 的构造钢筋,每边伸出梁肋边长度为

$$\frac{l_n}{4}=\frac{1\ 780}{4}=445\ \text{mm},\text{取 } 450\ \text{mm}$$

楼面结构布置及板的施工详图如图 6.21 所示。

4. 次梁设计

一般楼盖次梁,可按塑性理论计算。

(1)荷载计算

荷载设计值计算如下:

①恒载

板传来的恒载: $(3.19\times2.0)\text{kN/m}=6.38\ \text{kN/m}$

次梁自重: $[1.2\times25\times0.2\times(0.45-0.08)]\text{kN/m}=2.22\ \text{kN/m}$

次梁侧面粉刷(梁底粉刷,已计入板的荷载中):

$[1.2\times17\times(0.45-0.08)\times2\times0.015]\text{kN/m}=0.23\ \text{kN/m}$

恒载小计: $g=8.83\ \text{kN/m}$

②活载

楼面使用活载

$$q=(1.3\times7.0\times2.0)\text{kN/m}=18.20\ \text{kN/m}$$

③总荷载

$$g+q=27.03\ \text{kN/m}$$

(2)计算简图

计算跨度:

①边跨 $l_0=l_n+\frac{a}{2}=(6\ 000-\frac{250}{2}-120)\text{mm}+\frac{240}{2}\text{mm}=5\ 875\ \text{mm}$

$$l_0=1.025l_n=1.025\times5\ 755\ \text{mm}=5\ 898.88\ \text{mm}$$

取 $l_0=5\ 875$ mm。

②中跨 $l_0=l_n=(6\ 000-\frac{250}{2}-\frac{250}{2})\text{mm}=5\ 750\ \text{mm}$

边跨和中间跨的计算跨度差为

$$\frac{5.875-5.75}{5.75}=2.2\%<10\%$$

故可近似按等跨连续次梁计算次梁内力。

跨数:次梁的实际跨数未超过五跨,故按实际跨数计算。计算简图如图 6.21 所示。

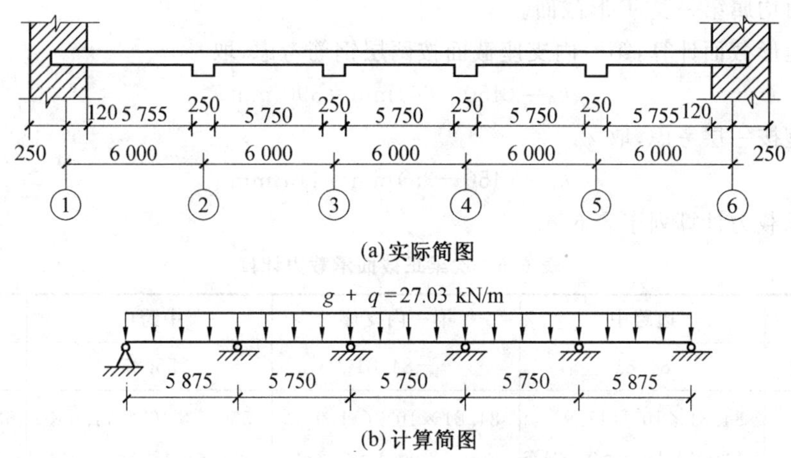

图 6.21 次梁的计算简图

(3)内力计算

次梁的内力计算列于表6.4、表6.5。

表 6.4 次梁的弯矩设计值

截面	边跨中	第一内支座	中跨中	中间支座
弯矩系数 α	+1/11	−1/11	+1/16	−1/14
$M=\alpha(g+q)l_0^2$ /(kN·m)	$\frac{1}{11}\times27.03\times5.875^2$ =84.81	−84.81	$\frac{1}{16}\times27.03\times5.75^2$ =55.85	−63.83

表 6.5 次梁的剪力设计值

截面	边支座	第一内支座左	第一内支座右	中间支座
剪力系数 β	0.45	0.6	0.55	0.55
$V=\beta(g+q)l_n$ /kN	0.45×27.03× 5.775=70.24	0.6×27.03× 5.775=93.66	0.55×27.03× 5.75=85.48	85.48

(4)正截面承载力计算

混凝土强度等级为C25，$\alpha_1 f_c=11.9\ \text{N/mm}^2$，HRB400级钢筋，$f_y=330\ \text{N/mm}^2$。

次梁的跨中截面按T形截面计算，其翼缘的计算宽度按下列各项的最小值取用。

①$b_f'=\frac{l_0}{3}=\frac{5.75}{3}\text{m}\approx1.92\ \text{m}$；

②$b_f'=b+s_n=(0.2+1.80)\text{m}=2.0\ \text{m}$；

③$h_f'/h_0=80/415\approx0.193>0.1$(翼缘宽度 b_f' 不受此项限制)。

比较上述三项，取较小者，即 $b_f'=1.92\ \text{m}$。

判别各跨中截面属于哪一类T形截面，取 $h_0=(450-35)\text{mm}=415\ \text{mm}$，则

$$\alpha_1 f_c b_f' h_f'\left(h_0-\frac{h_f'}{2}\right)=11.9\times1\,920\times80\times(415-80/2)\text{N}\cdot\text{mm}$$

$$=685\times10^6\ \text{N}\cdot\text{mm}$$

$$=685\ \text{kN}\cdot\text{m}>84.81\ \text{kN}\cdot\text{m}$$

故各跨中截面均属第一类 T 形截面。

支座截面按矩形截面计算，第一内支座截面按两层钢筋考虑，取

$$h_0=(450-60)\text{mm}=390\ \text{mm}$$

其他中间支座按一层考虑，取

$$h_0=(450-35)\text{mm}=415\ \text{mm}$$

次梁正截面承载力计算列于表 6.6。

表 6.6　次梁正截面承载力计算

截面	边跨中	第一内支座	中跨中	中间支座
弯矩值/(kN·m)	84.81	−84.81	55.85	−63.83
$a_0=M/(\alpha_1 f_c bh_0^2)$	$84.81\times10^6/(11.9\times$ $1\,920\times4\,15^2)=0.021\,6$	$84.81\times10^6/(11.9\times$ $200\times3\,90^2)=0.234$	$55.85\times10^6/(11.9\times$ $1\,920\times4\,15^2)=0.014\,2$	$63.83\times10^6/(11.9\times$ $200\times4\,15^2)=0.014\,2$
ξ	$0.021\,8<\xi_b=0.550$	$0.270\,6<0.35$	$0.014\,3<0.55$	$0.170\,5<0.35$
$A_0=\xi\alpha_1 f_c bh_0/f_y$	689	837	452	561
选配钢筋	2⌀18+1⌀16	2⌀16+2⌀18	2⌀18	3⌀16
实配钢筋面积 /mm²	710	911	509	603

(5)次梁斜截面抗剪承载力计算

次梁斜截面抗剪承载力计算列于表 6.7。

表 6.7　次梁斜截面抗剪承载力计算

截面	边支座	第一内支座(左)	第一内支座(右)	中支座
V/kN	70.24	93.66	85.48	85.48
$0.25f_c bh_0$ /N	$0.25\times11.9\times200\times415$ $=246\,925>V$	$0.25\times11.9\times200\times390$ $=232\,050>V$	$232\,050>V$	$246\,925>V$
$0.7f_t bh_0$ /N	$0.7\times1.27\times200\times415$ $=73\,787>V$	$0.7\times1.27\times200\times390$ $=69\,342<V$	$69\,342<V$	$73\,787<V$
箍筋肢数直径	2ϕ6	2ϕ6	2ϕ6	2ϕ6
$S=1.25f_{yv}A_{sv}h_0$ $/(V-0.7\ f_c bh_0)$	按构造要求	$1.25\times270\times56.6\times390/$ $(93\,660-69\,342)=306$	$1.25\times270\times56.6\times390/$ $(85\,480-69\,342)=461$	$1.25\times270\times56.6\times390/$ $(85\,480-73\,787)=637$
实配箍筋间距	200	200	200	200

注：验算箍筋配筋率。

(6)考虑构造要求，绘制施工图

采用分离式配筋方式，支座负筋在离支座边 $l_n/5+20d$ 处截断不多于 $A_s/2$，其余不少于 2 根钢筋直通(兼作架立筋和构造负筋)。次梁施工图如图 6.23 所示。

5. 主梁的设计

(略)

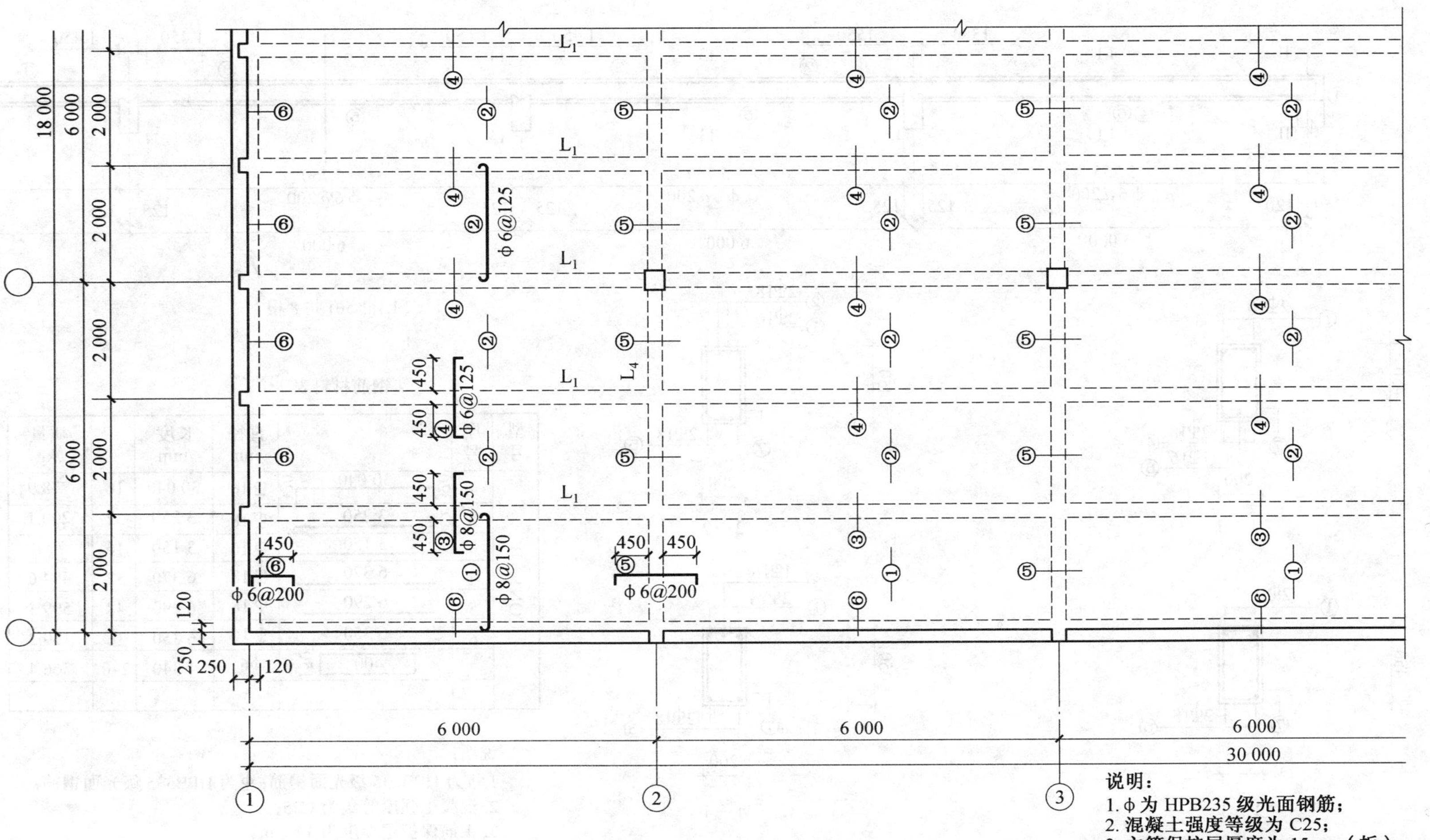

图6.22　楼面结构布置和板配筋图

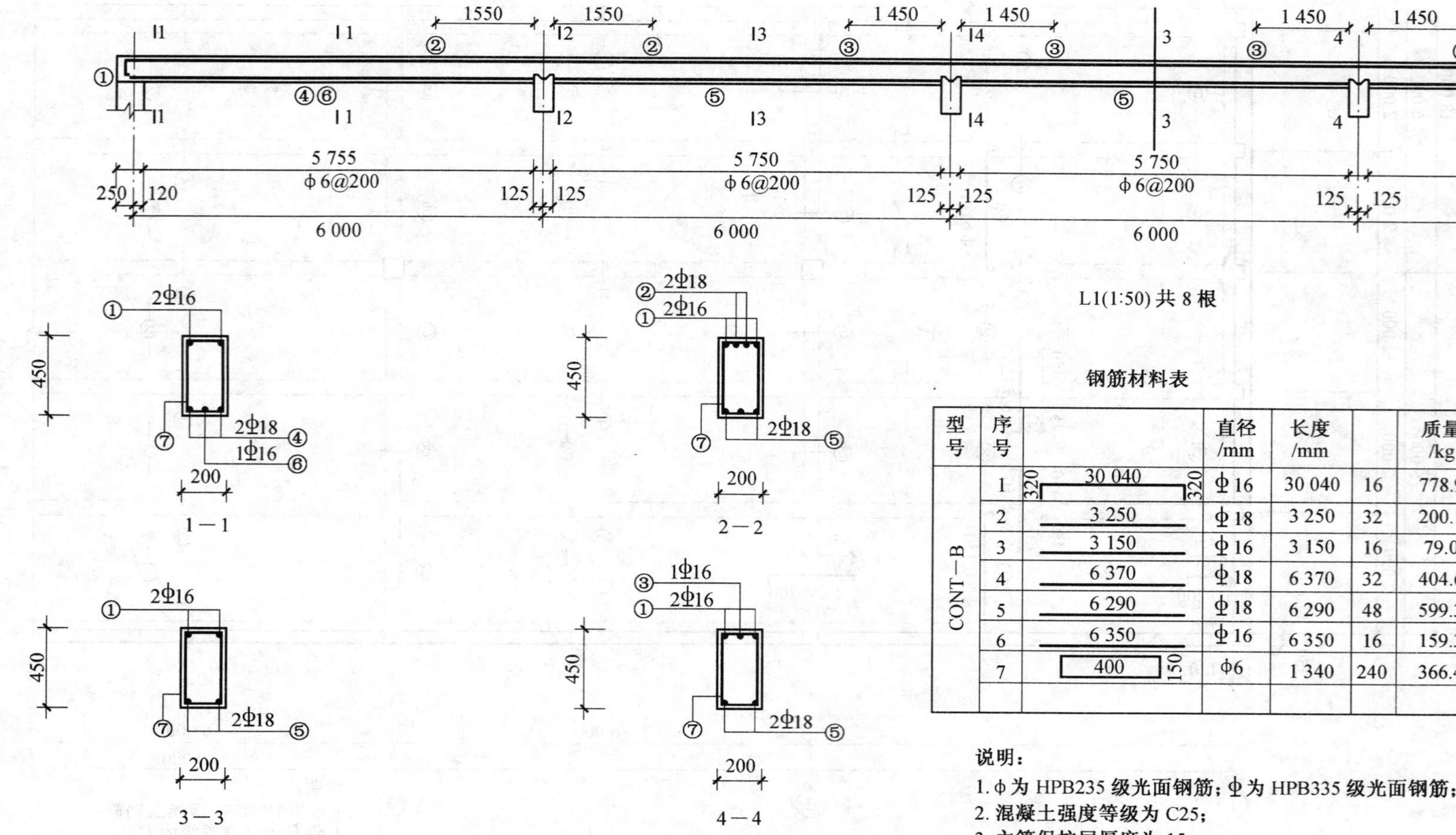

钢筋材料表

型号	序号		直径/mm	长度/mm		质量/kg
CONT—B	1	320 30 040 320	Φ16	30 040	16	778.9
	2	3 250	Φ18	3 250	32	200.1
	3	3 150	Φ16	3 150	16	79.0
	4	6 370	Φ18	6 370	32	404.6
	5	6 290	Φ18	6 290	48	599.3
	6	6 350	Φ16	6 350	16	159.3
	7	400 150	φ6	1 340	240	366.4

说明：

1. φ为 HPB235 级光面钢筋；Φ为 HPB335 级光面钢筋；
2. 混凝土强度等级为 C25；
3. 主筋保护层厚度为 15 mm。

图6.23　次梁施工图

6.2　钢筋混凝土现浇双向板肋形楼盖

双向板肋梁楼盖的梁格可以布置成正方形或接近正方形，外观整齐美观，常用于民用房屋的较大房间及门厅处；当楼盖为5 m左右方形区格且使用荷载较大时，双向板楼盖比单向板楼盖经济，所以也常用于工业房屋的楼盖。

6.2.1　双向板的受力特点

双向板的受力特点是两个方向传递荷载，如图6.24所示。板中因有扭矩存在，使板的四角有翘起的趋势，受到墙的约束后，使板的跨中弯矩减少，刚度增大，双向板的跨度可达5 m，而单向板的常用跨度一般在2.5 m以内。因此，双向板的受力性能比单向板优越。双向板的工作特点是两个方向共同受力，所以两个方向均须配置受力钢筋。

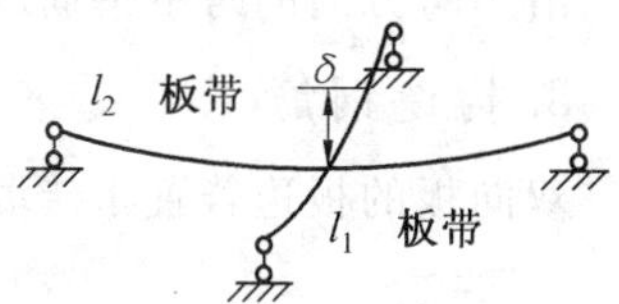

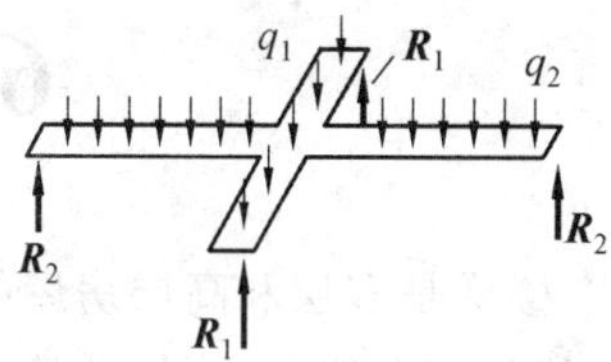

图6.24　双向板带的受力

1.结构平面布置

整体式双向板肋梁楼盖的结构平面布置如图6.25所示。当面积不大且接近正方形时（如门厅），可不设中柱，双向板的支承梁支承在边墙（或柱）上，形成井式梁（图6.25(a)）；当空间较大时，宜设中柱，双向板的纵、横梁分别为支承在中柱和边墙（或柱）上的连续梁（图6.25(b)）；当柱距较大时，还可在柱网格中再设井式梁（图6.25(c)）。

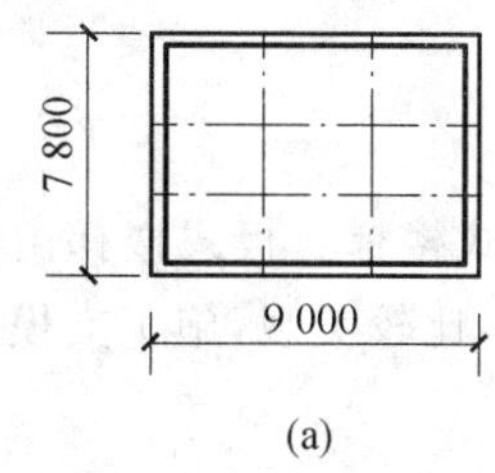

(a)

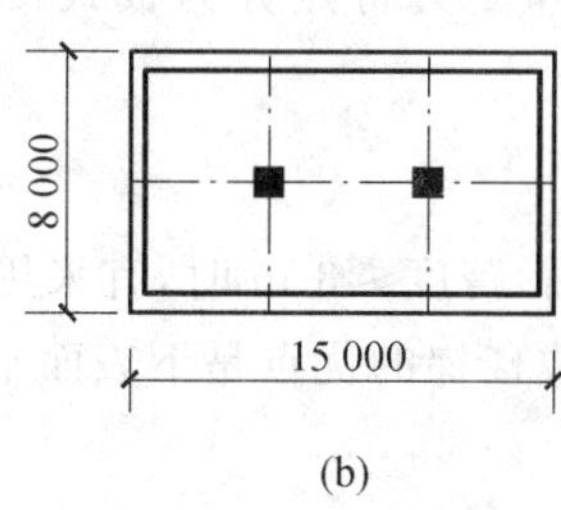

(b)

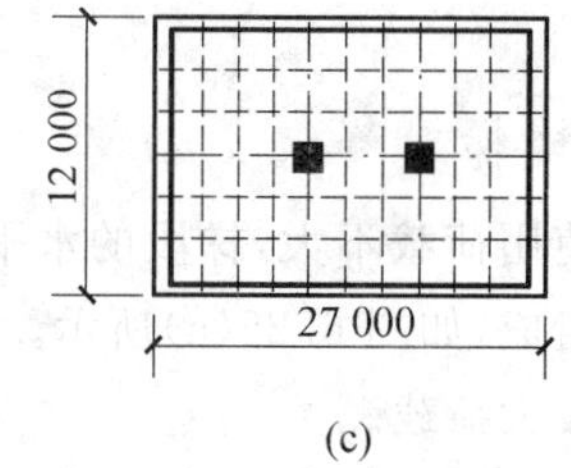

(c)

图6.25　双向板肋形楼盖结构布置

2.结构内力计算

整体式双向板肋梁楼盖的内力计算的顺序是先板后梁。内力计算的方法有弹性计算方法和塑性计算方法。因塑性计算方法存在局限性，在工程中极少采用，一般用弹性计算方法。

(1)板的计算

无论是单块双向板还是连续双向板都有简单实用的计算方法，具体计算略。

(2)梁的计算

板的荷载就近传给支承梁。因此，可从板角作45°角平分线来分块。传给长梁的是梯形荷载，传给短梁的是三角形荷载。梁的自重为均布荷载。

等跨连续梁承受梯形或三角形荷载的内力，可采用等效均布荷载计算。

中间有柱时，纵、横梁一般可按连续梁计算；当梁、柱线刚度比≤5时，宜按框架计算；中间无柱的井字梁，可查设计手册。

6.2.2 双向板的配筋与构造

对于四边与梁整体连接的板，应考虑周边支承梁对板产生水平推力的有利影响，将计算所得的弯矩值根据规定予以减少。折减系数可查设计手册。

1. 板厚

双向板的厚度一般为 80～160 mm。同时，为满足刚度要求，简支板还应不小于 $l/45$，连续板不小于 $l/45$，l 为双向板的短向计算跨度。

2. 受力钢筋

沿短跨方向的跨中钢筋放在外层，沿长跨方向的跨中钢筋放在其上面。配筋形式常用分离式。

3. 构造钢筋

双向板的板边若置于砖墙上时，其板边、板角应设置构造钢筋，其数量、长度等同单向板。

6.3 现浇楼梯、雨篷

楼梯是多层和高层房屋的重要组成部分，可以解决竖向交通问题。楼梯主要由梯段和休息平台组成，其平面布置、踏步尺寸等由建筑设计确定。目前大多采用钢筋混凝土楼梯，以满足承重和防火要求。

钢筋混凝土楼梯有现浇整体式和预制装配式两类，但预制装配式楼梯整体性较差，现已很少采用，本书只介绍现浇钢筋混凝土楼梯。

现浇钢筋混凝土楼梯按其结构形式和受力特点分为板式楼梯、梁式楼梯、悬挑式楼梯和螺旋式楼梯。

1. 板式楼梯

当楼梯使用荷载不大，梯段的水平投影跨度≤3 m 时，宜采用板式楼梯。板式楼梯由梯段板、平台板和平台梁组成，如图 6.26(a)所示。板式楼梯的优点是下表面平整，比较美观，施工支模方便，缺点是不适宜承受较大荷载。

2. 梁式楼梯

当使用荷载较大，且梯段水平投影长度＞3 m 时，板式楼梯不够经济，宜采用梁式楼梯。梁式楼梯由踏步板、梯段梁、平台板和平台梁组成，如图 6.26(b)所示。梁式楼梯的优点是比较经济；缺点是不够美观，施工支模较复杂等。

3. 悬挑式楼梯

当建筑中不宜设置平台梁和平台板的支承时，可以采用折板悬挑式楼梯，如图 6.26(c)所示。悬挑式楼梯属空间受力体系，内力计算比较复杂，造价高，施工复杂。

4. 螺旋楼梯

当建筑中有特殊要求，不便设置平台，或需要特殊建筑造型时，可采用螺旋楼梯，如图 6.26(d)所示。特点同悬挑式楼梯。

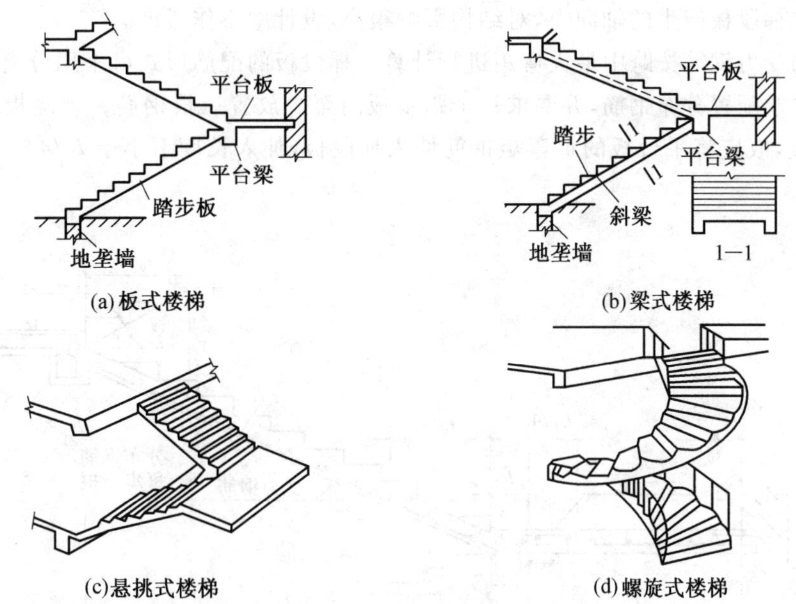

图 6.26 各种形式的楼梯

6.3.1 现浇板式楼梯

计算时首先假定平台板、梯段板都是简支于平台梁上，且两板在支座处不连续。计算梯段板时，可取出 1 m 宽板带或以整个梯段板作为计算单元。梯段板的计算简图如图 6.27 所示。

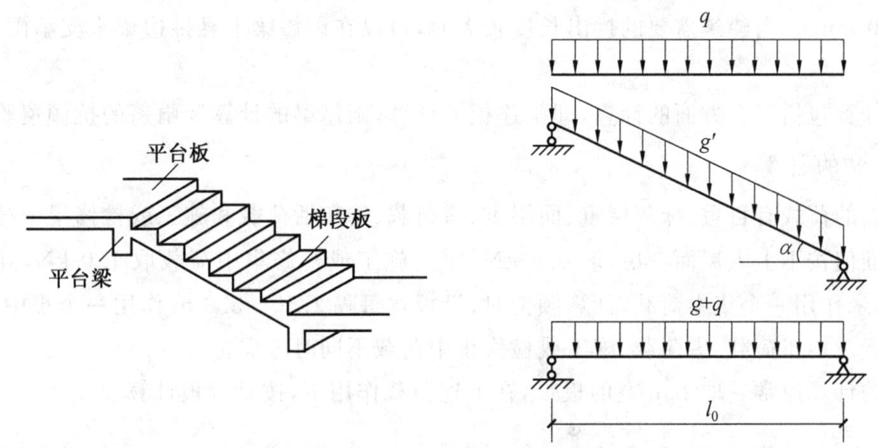

图 6.27 板式楼梯及楼段板的计算简图

图中荷载 g' 为沿斜向板长的恒荷载设计值，包括踏步自重和斜板自重。

$$g=g'/\cos\alpha \tag{6.4}$$

式中 g——由 g' 换算成水平方向分布的恒荷载；

α——梯段板的倾角；

q——活荷载设计值。

则梯段板的跨中最大弯矩可按下式计算：

$$M=\frac{1}{10}(g+q)l_n^2 \tag{6.5}$$

同一般板一样，梯段斜板不进行斜截面受剪承载力计算。

竖向荷载在梯段板产生的轴向力，对结构影响很小，设计中不作考虑。

梯段板中的受力钢筋按跨中最大弯矩进行计算。梯段板的配筋形式可采用分离式。在垂直受力钢筋方向按构造要求配置分布钢筋，并要求每个踏步板内至少放置一根钢筋。现浇板式楼梯的梯段板与平台梁整体连接，故应将平台板的负弯矩钢筋伸入梯段板，伸入长度不小于 $l_0/4$ 。板式楼梯的配筋图如图 6.28 所示。

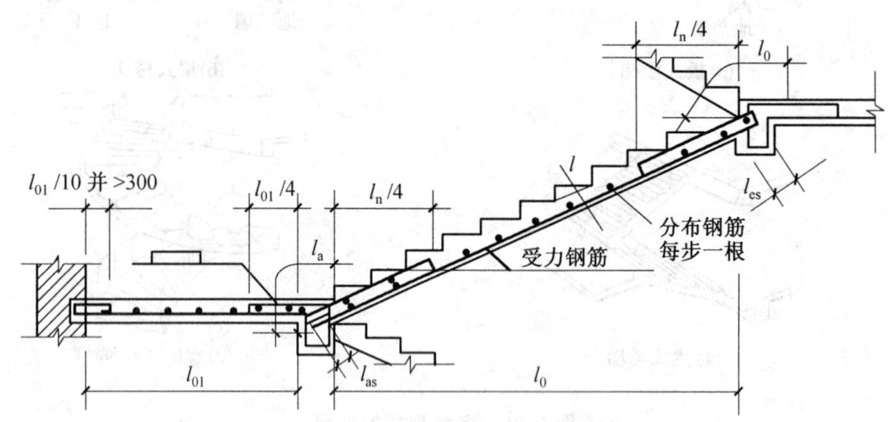

图 6.28　板式楼梯的配筋图

6.3.2 雨篷

板式雨篷一般由雨篷板和雨篷梁组成，雨篷梁除支承雨篷板外，还兼作过梁，雨篷板的挑出长度一般为 60～100 mm 。当建筑需要的挑出长度较大时，可以在雨篷梁上悬挑边梁来支承雨篷板，形成梁板式雨篷。

雨篷的计算包括三个方面的计算，即雨篷板的计算、雨篷梁的计算及雨篷的抗倾覆验算。

1. 雨篷板的计算

雨篷板上的荷载有自重、抹灰层重、面层重、雪荷载、均布活荷载和施工或检修集中荷载。其中均布活荷载的标准值按不上人屋面考虑，取 0.5 kN/m^2。施工或检修集中荷载取 1.0 kN，并且在计算强度时，沿板宽每米作用一个集中荷载，计算倾覆时，沿板宽每隔 2.50～3.0 m 作用一个集中荷载，并应作用于最不利位置。均布荷载、雪荷载、施工或检修集中荷载不同时考虑。

雨篷板的计算通常是取 1 m 宽的板带，在上述荷载作用下，按悬臂板计算。

2. 雨篷梁的计算

雨篷梁所承受的荷载除自重外，还有上部墙体和楼板传来的荷载以及雨篷板传来的荷载。雨篷板上的荷载使雨篷梁产生弯曲和扭转，因此计算雨篷梁配筋时，应按弯扭构件计算。

雨篷梁弯矩的计算按简支构件考虑。

在计算雨篷梁最大剪力时，同样应考虑施工或检修荷载的不利布置。此时应在计算截面处布置一个集中荷载，然后每隔 1 m 布置一个集中荷载，这样雨篷梁的最大剪力为

$$V=\frac{1}{2}(g+q)l_0$$

或

$$V=\frac{1}{2}pl_0-V_p$$

两者取大值。

各种内力求出后，就可以按规范规定的弯扭构件的计算方法进行雨篷梁的配筋计算。

3. 雨篷的抗倾覆验算

雨篷板上的荷载可能使雨篷绕梁底距外墙边缘 x_0 处的 O 点转动而产生倾覆。为了使雨篷不至于倾覆，设计时必须满足：

$$M_r \geqslant M_{ov}$$

式中　M_{ov}——雨篷荷载设计值对 O 点产生的倾覆力矩；

M_r——雨篷的抗倾覆力矩设计值，如图 6.29 所示。

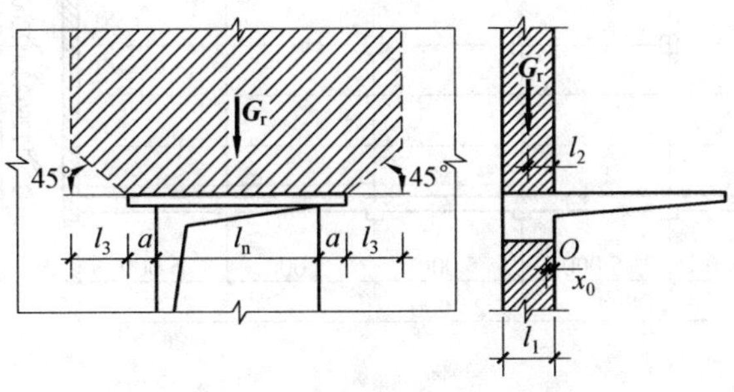

图 6.29　雨篷的抗倾覆荷载示意图

一、填空题

1. 钢筋混凝土楼盖按其施工方法可分为________、________和________3 种类型。

2. 现浇钢筋混凝土楼盖按楼板受力和支承条件的不同，可分为________和________。

3. 现浇钢筋混凝土肋形楼盖由________、________和________组成。

4. 连续板受力钢筋有________和________两种配筋方式。

5. 楼梯按施工方法的不同可分为________楼梯和________楼梯；按结构的受力状态还可分为________和________。

二、简答题

1. 什么是单向板？什么是双向板？试述其受力特点和配筋构造的特点。

2. 试述单向板肋形楼盖的传力途径。

3. 单向板的配筋方式有哪两种形式？

4. 现浇楼梯有几种类型？各有何优缺点？说出它们的适用范围。

5. 板式楼梯和梁式楼梯有何区别？两者踏步板的配筋有何区别？

1. 某仓库楼盖，采用现浇钢筋混凝土肋形楼盖，其结构平面布置如图 6.30 所示。

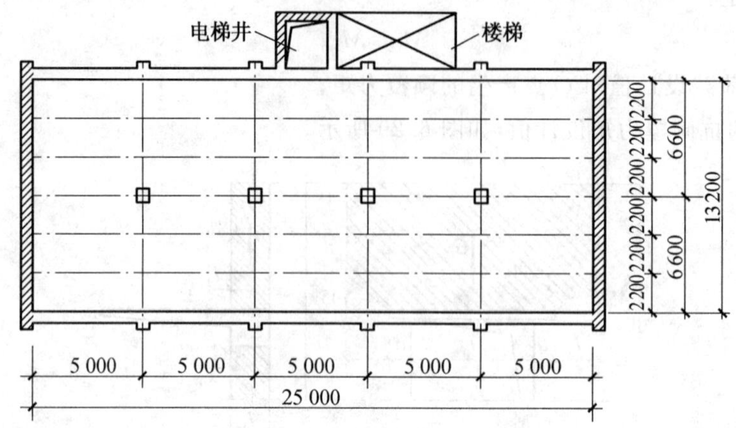

图 6.30　楼盖结构平面布置

①楼面构造层做法：20 mm 厚水泥砂浆面层，15 mm 厚板底纸筋抹灰。

②可变荷载：由《建筑结构荷载规范》(GB 50009—2012)查得其标准值为 7.0 kN/m²。

③永久荷载分项系数为 1.2，可变荷载分项系数为 1.3(由于楼面活载标准值≥4 kN/m²)。

④材料选用：

混凝土：采用 C25(f_c=11.9 N/mm²)。

钢筋：梁中受力主筋采用 HRB400 级钢筋(f_y= 360 N/mm²)；

其余采用 HPB300 级钢筋(f_y=270 N/mm²)。

任务及要求：

(1)设计该混凝土楼盖单向板、次梁和主梁的截面尺寸。

(2)计算该楼盖单向板的配筋，并绘制施工图。

(3)计算该楼盖次梁的配筋，并绘制施工图。

项目7 多层及高层钢筋混凝土结构

【知识目标】

1. 掌握多层及高层建筑的定义及分类；
2. 掌握框架结构、剪力墙结构的构造要求。

【技能目标】

1. 能够按照框架结构、剪力墙结构的构造要求正确指导施工；
2. 具有识读框架结构平法施工图的技能；
3. 具有识读剪力墙结构施工图的技能。

【课时建议】

10 课时

7.1 多层及高层建筑的结构体系

10 层及 10 层以上或房屋高度大于 28 m 的住宅建筑以及房屋高度超过 24 m 的其他高层民用建筑称为高层建筑；其中 2～9 层且高度不大于 28 m 的建筑物为多层建筑物；超过 100 m 的为超高层建筑物；由于混凝土结构的侧移刚度大，很适合用来建造高层建筑。

7.1.1 高层建筑结构的特点

①可以获得更多的建筑面积；

②可以提供更多的空闲场地，用作绿化和休闲场地，利于美化环境，带来充足的采光和通风效果；

③结构分析和计算更加复杂，水平荷载是高层建筑结构设计的主要控制因素，水平荷载在非地震区主要为风荷载，地震区为风荷载和地震荷载；

④工程造价较高，运行成本较大；

⑤热岛效应(城市人口密集、工厂及车辆排热、居民生活用能的释放、城市建筑结构及下垫面特性的综合影响等是其产生的主要原因)，影响建筑物周边区域的采光，玻璃幕墙造成光污染现象。

7.1.2 多层及高层房屋常用的结构体系

多层和高层建筑常用的结构体系有混合结构、框架结构、剪力墙结构、框架－剪力墙结构和筒体结构。

1. 混合结构

混合结构是用不同材料做成的构件组成的房屋，通常指楼(屋)盖用钢筋混凝土，墙体用砖或其他块材，基础用砖石建成的房屋。我国 5～7 层以下的房屋多用混合结构，用混合结构建造的民用房屋最多可达 9 层。由于砖石材料强度较低，抗震性能差，所以不宜用于高层房屋。

2. 框架结构

框架是由梁和柱刚性连接而成的骨架结构。现浇钢筋混凝土框架要求在构造上把节点形成刚接，当节点有足够数量的钢筋，满足一定的构造要求，便可认为是刚节点，如图 7.1 所示。

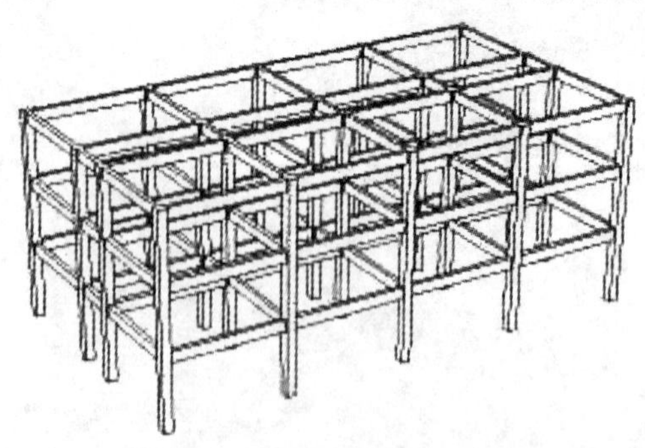

图 7.1 框架结构

框架结构的优点是强度高、自重轻、整体性和抗震性好。它不靠砖墙承重，建筑平面布置灵活，可以获得较大的使用空间，应用广泛。主要适用于多层工业厂房和仓库，以及民用房屋中的办公楼、旅馆、医院、学校、商店和住宅等建筑。框架体系在非地震设防区用于15层以下的房屋，地震设防区常用于10层以下的房屋。

框架体系用以承受竖向荷载是合理的，因为当层数不多时，风荷载影响较小，竖向荷载对结构设计起控制作用。但在框架层数较多时，水平荷载将使梁、柱截面尺寸过大，因此在技术经济上不如其他结构体系合理。

3. 剪力墙结构

如图7.2所示，剪力墙结构全部由纵横墙体组成。一般多用于25～30层以上的房屋，由于剪力墙结构的房屋平面极不灵活，所以一般常用于住宅、旅馆等建筑。对底部(或底部2～3层)需要大空间的高层建筑，可将底部(2～3层)的若干剪力墙改为框架，这种体系称为框支剪力墙，如图7.3所示。框支剪力墙结构不宜用于抗震设防地区。

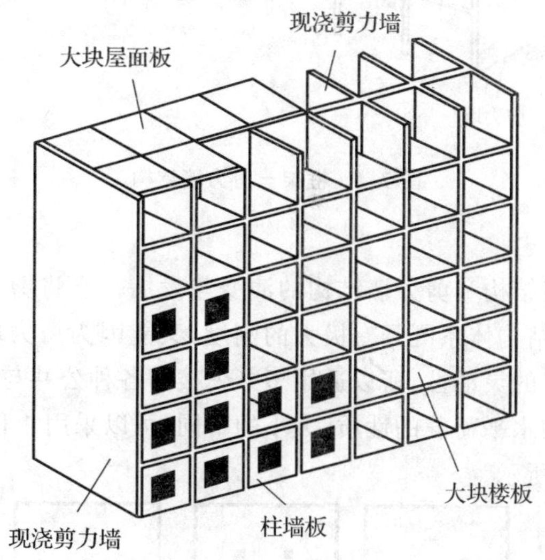

图7.2　剪力墙结构

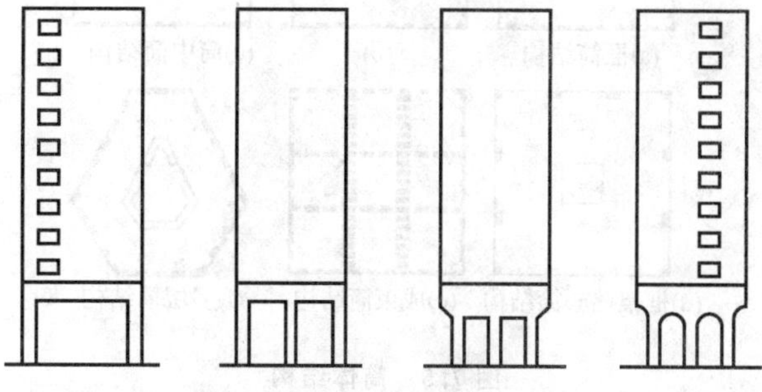

图7.3　框支剪力墙结构

4. 框架一剪力墙结构

如图7.4所示即为框架一剪力墙结构。在框架一剪力墙结构中，剪力墙将负担大部分水平荷载，而框架则以负担竖向荷载为主，这样即可大大减小柱的截面尺寸。

剪力墙在一定程度上限制了建筑平面的灵活性。这种体系一般用于办公楼、旅馆、住宅以及某些工业厂房，宜在16～25层房屋中采用。

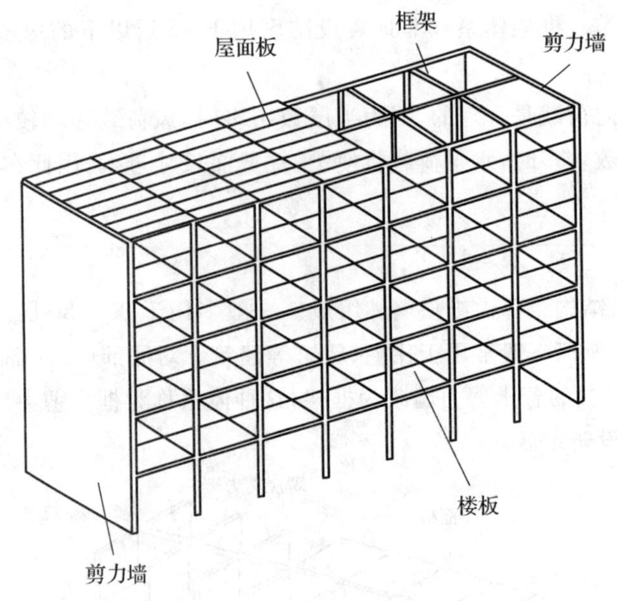

图 7.4 框架一剪力墙结构

5. 筒体结构

筒体结构是框架一剪力墙结构和剪力墙结构的演变与发展。它将剪力墙集中到房屋的内部，与外部形成空间封闭筒体，使整个结构体系既具有极大的刚度，又能因为剪力墙的集中而获得较大的空间，使建筑平面设计重新获得良好的灵活性，所以适用于办公楼等各种公共与商业建筑。

筒体结构根据房屋高度和水平荷载的性质、大小的不同，可以采用 4 种不同的形式：核心筒、框筒结构、筒中筒、成束筒，如图 7.5 所示。

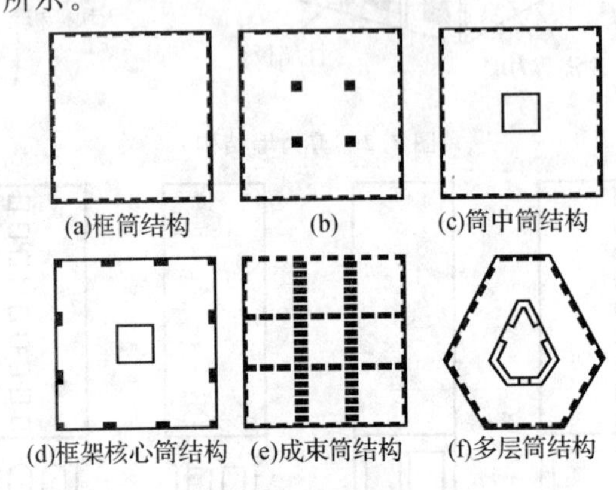

图 7.5 筒体结构

7.2 框架结构

根据施工方法的不同，框架结构可分为现浇整体式框架、装配式框架、装配整体式框架（将预制梁、柱和板在现场安装就位后，再在构件连接处局部现浇混凝土，使之形成整体），见表 7.1。

表 7.1 框架结构分类

	现浇整体式框架	装配式框架	装配整体式框架
优点	结构整体性好，刚度大，抗震性好，平面布置灵活，构件尺寸不受标准构件的限制，较其他形式的框架节省钢材	节约模板，缩短工期，可以做到构件的标准化和定型化，加快施工进度和提高工业化程度，可以大量采用预应力混凝土构件	节约模板，缩短工期，节省了预埋件，减少了用钢量，保证节点的刚度，结构整体性较好
缺点	需耗用大量的模板，现场工程量大，工期长，北方冬季施工要求防冻等	预埋件多，总用钢量大，框架整体性较差，不利于抗震	增加了混凝土的二次浇筑工作量，且施工较为复杂

7.2.1 现浇框架结构的一般构造要求

1. 一般规定

抗震设计的框架结构不应采用单跨框架。

框架结构的填充墙及隔墙宜选用轻质墙体。抗震设计时，砌体填充墙及隔墙应具有自身稳定性。并应符合下列规定：

砌体的砂浆强度不低于 M5，当采用砖及混凝土砌块时，砌块的强度等级不低于 MU5；采用轻质砌块时，砌块的强度等级不低于 MU2.5，墙顶应与框架梁或楼板密切结合。

砌体填充墙应沿框架柱全高每隔 500 mm 左右设置 2 根直径 6 mm 的拉筋，6 度时拉筋宜沿墙全长贯通，7、8、9 度时拉筋应沿墙全长贯通。

墙长大于 5 m 时，墙顶与梁（板）宜有钢筋拉结；墙长大于 8 m 或层高的 2 倍时，宜设置间距不大于 4 m 的钢筋混凝土构造柱；墙高超过 4 m，墙体半高处（或门洞上皮）宜设置与柱连接且沿墙全长贯通的钢筋混凝土水平系梁。

楼梯间采用砌体填充墙时，应设置间距不大于层高且不大于 4 m 的钢筋混凝土构造柱，并采用钢丝网砂浆面层加强。

2. 框架梁构造要求

框架结构的主梁截面高度可按计算跨度的 1/10～1/18 确定；梁净跨与截面高度之比不宜小于 4。梁的截面宽度不宜小于梁截面高度的 1/4，也不宜小于 200 mm。

当梁高较小或采用扁梁时，除应验算其承载力和受剪要求外，尚应满足刚度和裂缝的有关要求。在计算梁的挠度时，可扣除梁的合理起拱值；对现浇板结构，宜考虑梁受压翼缘的有利影响。

沿梁全长顶面和地面应至少各配置两根纵向钢筋，一、二级抗震设计时钢筋直径不应小于 14 mm，且分别不应小于梁两端顶面和底面纵向配筋中较大截面面积的 1/4；三、四级抗震和非抗震设计时钢筋直径不应小于 12 mm。

纵向受拉钢筋的最小配筋率百分率 $\rho_{\min}$（%），非抗震设计时，不应小于 0.2 和 $45f_t/f_y$ 二者的较大值。

非抗震设计时，框架梁箍筋配筋构造应符合下列规定：

(1)应沿梁全长设置箍筋，第一个箍筋应设置在距支座边缘 50 mm 处。

(2)截面高度大于 800 mm 的梁，其箍筋直径不宜小于 8 mm；其余截面高度的梁不应小于 6 mm。在受力钢筋搭接长度范围内，箍筋直径不应小于搭接钢筋最大直径的 1/4。

(3)箍筋间距不应大于表 7.2 的规定；在纵向受拉钢筋的搭接长度范围内，箍筋间距尚不应大于搭接钢筋较小直径的 5 倍，且不应该大于 100 mm；在纵向受压钢筋的搭接长度范围内，箍筋间距尚不应大于搭接钢筋较小直径的 10 倍，且不应大于 200 mm。

表 7.2 非抗震设计梁箍筋最大间距

mm

V / h_b/mm	$V>0.7f_tbh_0$	$V\leqslant 0.7f_tbh_0$
$h_b\leqslant 300$	150	200
$300<h_b\leqslant 500$	200	300
$500<h_b\leqslant 800$	250	350
$h_b>800$	300	400

当梁中配有计算需要的纵向受压钢筋时，箍筋直径不应小于纵向受压钢筋最大直径的 1/4；箍筋应做成封闭式；箍筋间距不应大于 $15d$ 且不应大于 400 mm；当一层内的受压钢筋多于 5 根且直径大于 180 mm时，箍筋间距不应大于 $10d$（d 为纵向受压钢筋的最小直径）；当梁截面宽度大于 400 mm 且一层内的纵向受压钢筋多于 3 根时，或当梁截面宽度不大于 400 mm 但一层内的纵向受压钢筋多于 4 根时，应设置复合箍筋。

3. 框架柱的构造要求

矩形截面柱的边长，非抗震设计时不宜小于 250 mm。柱剪跨比宜大于 2，柱截面高宽比不宜大于 3。

柱全部纵向钢筋的配筋率。中柱、边柱、角柱不应小于 0.5，框支柱不应小于 0.7。当采用 335 MPa 级、400 MPa 纵向受力钢筋时，应增加 0.1 和 0.05 采用；当混凝土强度等级高于 C60 时，应增加 0.1 采用。

柱的纵向钢筋配置，尚应满足下列规定：

(1)截面尺寸大于 400 mm 的柱，非抗震设计时，柱纵向钢筋间距不宜大于 300 mm；柱纵向钢筋净间距不应小于 50 mm。

(2)全部纵向钢筋的配筋率，非抗震设计时不宜大于 5%，不应大于 6%。

(3)柱的纵筋不应与箍筋、拉筋及预埋件等焊接。

(4)剪跨比不大于 2 的柱宜采用复合螺旋箍或井字复合箍，其体积配箍率不小于 1.2%。

(5)计算复合箍筋的体积配箍率时，可不扣除重叠部分的箍筋体积；计算复合螺旋箍筋的体积配箍率时，其非螺旋箍筋的体积应乘以换算系数 0.8。

非抗震设计时，周边箍筋应为封闭式；箍筋间距不应大于 400 mm，且不应大于构件截面的短边尺寸和最小纵向受力钢筋的 15 倍；箍筋直径不应小于最大纵向钢筋直径的 1/4，且不应小于 6 mm；当柱中全部纵向受力钢筋的配筋率超过 3%时，箍筋直径不应小于 8 mm，箍筋间距不应大于最小纵向钢筋直径的 10 倍，且不应大于 200 mm，箍筋末端应做成 135°弯钩且弯钩末端平直段长度不应小于 10 倍箍筋直径；当柱每边纵筋多于 3 根时，应设置复合箍筋；柱内纵向钢筋采用搭接做法时，搭接长度范围箍筋直径不应小于搭接钢筋较大直径的 1/4；在纵向受拉钢筋的搭接长度范围内的箍筋间距不应大于搭接钢筋较小直径的 5 倍，且不应大于 100 mm；在纵向受压钢筋的搭接长度范围内的箍筋间距不应大于搭接钢筋较小直径的 10 倍，且不应大于 200 mm。当受压钢筋直径大于 25 mm 时，尚应在搭接接头端面外 100 mm 的范围内各设置两道箍筋；框架节点核心区应设置水平箍筋，箍筋间距不宜大于 250 mm；对四边有梁与之相连的节点，可仅沿节点周边设置矩形箍筋。

7.2.2 框架的节点构造

现浇框架的横梁与立柱应做成刚节点。梁柱节点的构造应满足图 7.6 所示要求，其中 l_n 为框架梁的净跨，l_a 为受拉钢筋的锚固长度。

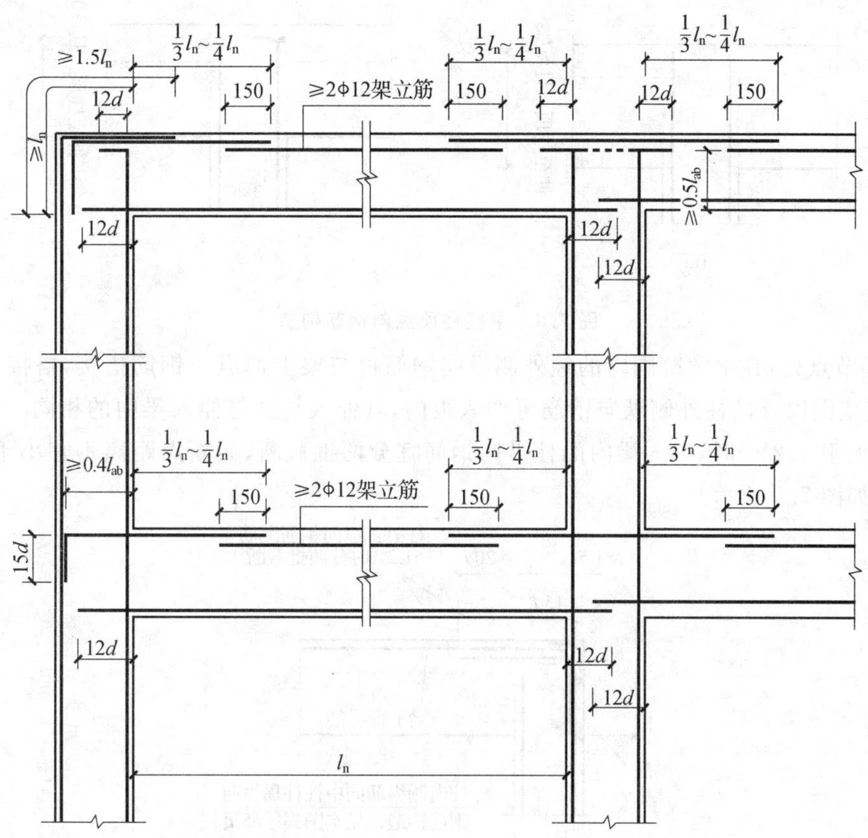

图 7.6　非抗震设计时框架梁、柱纵向钢筋在节点区的锚固

1. 柱与基础的连接

现浇框架柱与基础的连接应保证固接。柱与基础连接时，柱纵筋宜采用焊接或者机械连接，也可以采用搭接，搭接长度不小于 1.2l_a，且搭接范围内箍筋加密。插筋的直径、数量、间距均与柱纵筋相同。插筋一般伸至基础底，且应不小于 l_a，如图 7.7 所示。

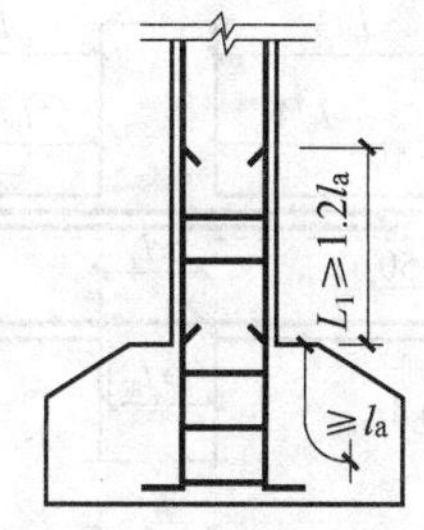

图 7.7　柱与基础的连接

2. 梁、柱节点

(1)顶层中节点柱纵向钢筋和边节点柱内侧纵向钢筋应伸至柱顶；当从梁底边计算的直线锚固长度不小于 l_a 时，可不必水平弯折，否则应向柱内或梁、板内水平弯折，当充分利用柱纵向钢筋的抗拉强度

时，其锚固段弯折前的竖直投影长度不应小于 0.5l_{ab}，弯折后的水平投影长度不宜小于 12 倍柱纵向钢筋直径。此处 l_{ab} 为钢筋基本锚固长度，应符合现行国家标准《混凝土结构设计规范》(GB 50010—2010)的有关规定，如图 7.8(a)、(b)所示。

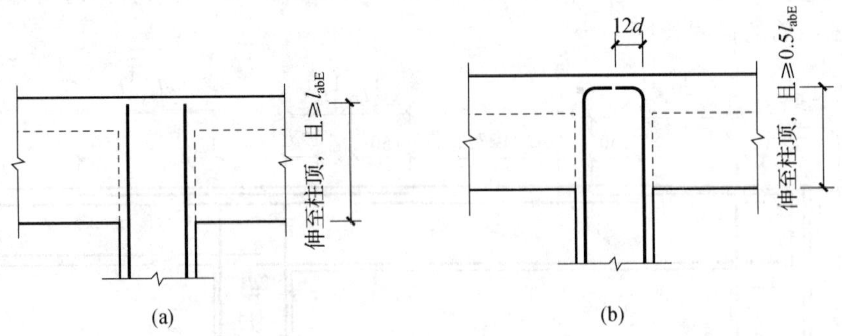

图 7.8　中柱柱顶纵向钢筋构造

(2)顶层端节点处，在梁宽范围内的柱外侧纵向钢筋可与梁上部纵向钢筋搭接，搭接长度不应小于1.5 l_{ab}；在梁宽范围以外的柱外侧纵向钢筋可伸入板内，其伸入长度与伸入梁内的相同。当柱外侧纵向钢筋的配筋率大于 1.2% 时，伸入梁内的柱纵向钢筋宜分两批截断，截断点距离不宜小于 20 倍的柱纵向钢筋直径。如图 7.9 所示。

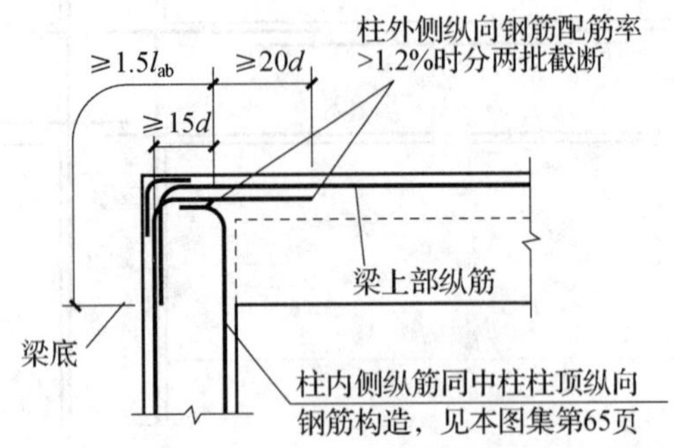

图 7.9　角柱柱顶纵向钢筋构造

(3)框架梁上部纵筋应贯穿中间节点，梁上部纵向钢筋伸入端节点的锚固长度，直线锚固时不小于 l_a，且伸过柱中线长度不宜小于 5 倍的梁纵向钢筋直径。当柱截面尺寸不足时，梁上部纵筋应伸至节点对边并向下弯折，其弯折前水平投影长度不小于 0.4 l_{ab}，弯折后竖直投影长度不小于 15 倍的梁纵向钢筋直径，如图 7.10 所示。

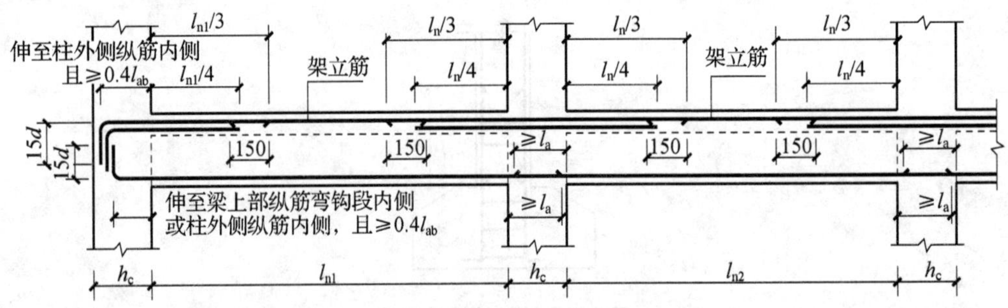

图 7.10　非抗震楼层框架梁纵向钢筋构造

(4)当计算中不利用梁下部纵向钢筋强度时其伸入节点内的锚固长度不小于 12 倍的梁纵向钢筋直径；当计算中充分利用梁下部钢筋的抗拉强度时，梁下部纵向钢筋可以采用直线式或向上 90°弯折方式锚固于节点内，直线式锚固长度不小于 l_a；弯折锚固时，锚固段水平投影长度不小于 0.4 l_{ab}，竖直投影长度不小于15倍的梁纵向钢筋直径。

(5)柱相邻纵向钢筋连接接头相互错开,在同一截面内钢筋接头面积百分率不宜大于50%。当上、下柱钢筋直径不同时,搭接长度按上柱钢筋直径计算。在搭接长度范围内箍筋加密。如图7.11所示。

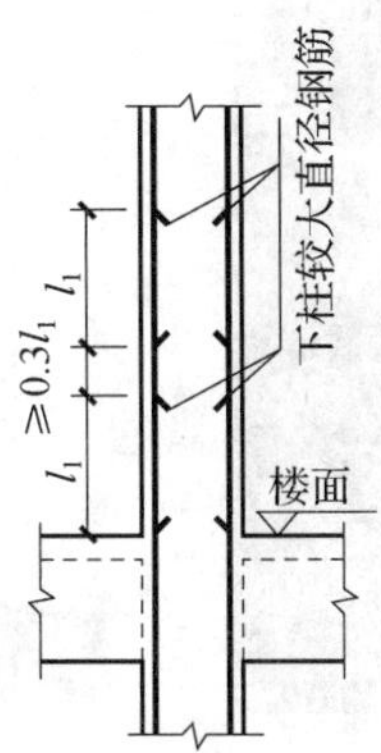

图7.11 框架柱中钢筋的连接

技术点睛

11G101图集中的制图规则和构造详图,既是设计者完成平法施工图的依据,也是施工、监理人员准确理解和实施平法施工图的依据。

7.3 剪力墙结构

7.3.1 概述

当房屋层数更多或高宽比更大时,框架结构的梁、柱截面将增大到不经济的程度,这是因为房屋很高时,底层不仅轴向力很大,水平荷载产生的力矩也相当大,致使截面尺寸有限的柱子难以承担,这时则宜采用墙片以代替框架。墙片的抗侧力刚度很大,其抗剪能力大大提高,通称抗剪墙或剪力墙。

全部由剪力墙承重,不设框架的结构体系称为剪力墙体系。剪力墙宜沿结构的主轴方向或其他方向双向布置,应尽量布置得比较规则,拉通、对直。剪力墙应沿竖向贯通建筑物的全高,不宜突然取消或中断。

剪力墙体系中的剪力墙,既承受竖向荷载与水平荷载,又起围护及分隔作用,所以对小开间的高层住宅和旅馆等比较合适。如图7.12所示。

剪力墙结构的缺点是结构自重较大,建筑平面布置局限性大,较难获得大的建筑空间,为了扩大剪力墙结构的应用范围,在城市临街建筑中,可将剪力墙结构底层或底部几层做成框架,形成框支剪力墙结构,如图7.13所示。框支层空间大,可用作商店、餐厅等,上部剪力墙层可作为住宅、宾馆等。

剪力墙上一般常有门、窗或走廊等形成的洞口,洞口对剪力墙的抗剪强度有很大的影响,因此,单片剪力墙的受力将随墙片本身有无开洞口及开洞大小的不同而不同。按受力特点不同剪力墙分为按整截面计算的剪力墙、整体小开口剪力墙、双肢墙(或多肢墙)和壁式框架等4种。

图 7.12　剪力墙结构

图 7.13　框支剪力墙结构

7.3.2　剪力墙平法施工图制图规则

剪力墙平法施工图系在剪力墙平面布置图上采用列表注写方式或截面注写方式表达。在剪力墙平法施工图中，应注明各结构层的楼面标高、结构层及相应的结构层号，还应注明上部结构嵌固部位。

1. 列表注写方式

剪力墙结构复杂，除了剪力墙自身的配筋外，还有暗梁、暗柱、连梁等。为了表达清楚简便，剪力墙可视为由剪力墙柱、剪力墙梁和剪力墙身 3 类构件构成，需分别列表注写。图 7.14 为剪力墙平法施工图列表注写方式示例。

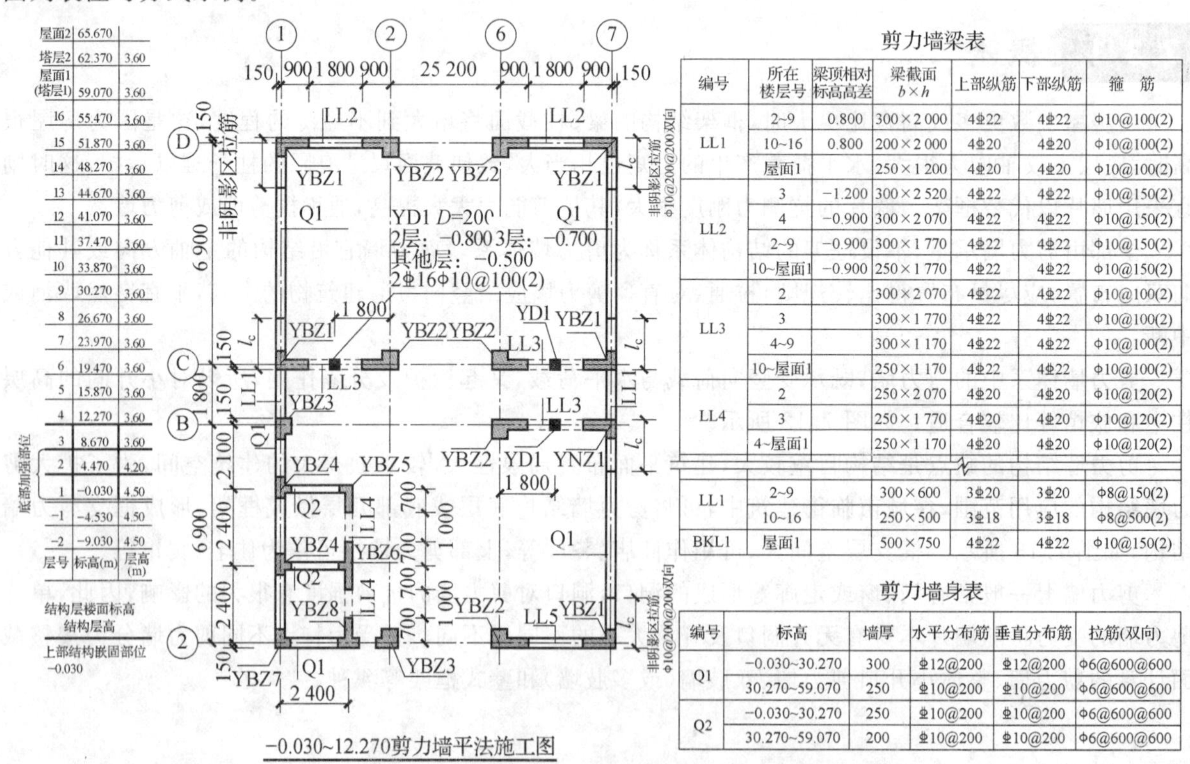

层号	标高(m)	层高(m)
屋面2	65.670	
塔层2	62.370	3.60
屋面1(塔层1)	59.070	3.60
16	55.470	3.60
15	51.870	3.60
14	48.270	3.60
13	44.670	3.60
12	41.070	3.60
11	37.470	3.60
10	33.870	3.60
9	30.270	3.60
8	26.670	3.60
7	23.970	3.60
6	19.470	3.60
5	15.870	3.60
4	12.270	3.60
3	8.670	3.60
2	4.470	4.20
1	−0.030	4.50
−1	−4.530	4.50
−2	−9.030	4.50

剪力墙梁表

编号	所在楼层号	梁顶相对标高高差	梁截面 $b\times h$	上部纵筋	下部纵筋	箍　筋
LL1	2~9	0.800	300×2 000	4⌀22	4⌀22	⌀10@100(2)
	10~16	0.800	200×2 000	4⌀20	4⌀20	⌀10@100(2)
	屋面1		250×1 200	4⌀20	4⌀20	⌀10@100(2)
LL2	3	−1.200	300×2 520	4⌀22	4⌀22	⌀10@150(2)
	4	−0.900	300×2 070	4⌀22	4⌀22	⌀10@150(2)
	2~9	−0.900	300×1 770	4⌀22	4⌀22	⌀10@150(2)
	10~屋面1	−0.900	250×1 770	4⌀22	4⌀22	⌀10@150(2)
LL3	2		300×2 070	4⌀22	4⌀22	⌀10@100(2)
	3		300×1 770	4⌀22	4⌀22	⌀10@100(2)
	4~9		300×1 170	4⌀22	4⌀22	⌀10@100(2)
	10~屋面1		250×1 170	4⌀22	4⌀22	⌀10@100(2)
LL4	2		250×2 070	4⌀20	4⌀20	⌀10@120(2)
	3		250×1 770	4⌀20	4⌀20	⌀10@120(2)
	4~屋面1		250×1 170	4⌀20	4⌀20	⌀10@120(2)
LL1	2~9		300×600	3⌀20	3⌀20	⌀8@150(2)
	10~16		250×500	3⌀18	3⌀18	⌀8@500(2)
BKL1	屋面1		500×750	4⌀22	4⌀22	⌀10@150(2)

剪力墙身表

编号	标高	墙厚	水平分布筋	垂直分布筋	拉筋(双向)
Q1	−0.030~30.270	300	⌀12@200	⌀12@200	⌀6@600@600
	30.270~59.070	250	⌀10@200	⌀10@200	⌀6@600@600
Q2	−0.030~30.270	250	⌀10@200	⌀10@200	⌀6@600@600
	30.270~59.070	200	⌀10@200	⌀10@200	⌀6@600@600

图 7.14　剪力墙平法施工图列表注写方式示例

(1)墙柱表。需注写出墙柱编号,如 YBZ(约束边缘柱),绘制该墙柱的截面配筋图,标注墙柱几何尺寸;分段注写各段墙柱的起止标高;注写各段墙柱的纵向钢筋和箍筋。

(2)墙身表。需注写墙身编号,如 Q1(墙身代号、序号和墙身所配置的水平、竖向分布钢筋的排数组成);注写各段墙身起止标高;注写水平分布钢筋、竖向分布钢筋和拉筋的具体数值。

(3)墙梁表。需注写墙梁编号,如 LL1(墙梁类型代号和序号组成);注写墙梁所在楼层号;注写墙梁顶面标高高差(指相对于墙梁所在结构层楼面标高的高差值);注写墙梁截面尺寸、上部纵筋、下部纵筋和箍筋的具体数值。

2. 截面注写方式

在分标准层绘制的剪力墙平面布置图上,以直接在墙柱、墙身、墙梁上注写截面尺寸和配筋具体数值的方式来表达剪力墙平法施工图,称为截面注写方式。墙梁、墙柱的表示方法与常采用的梁、柱平法施工图平面注写方式一致。

技术点睛

设计施工时应当注意,当约束边缘构件体积配箍率计算中计入墙身水平分布筋时,设计者应注明。还应注明墙身水平分布筋在阴影区域内设置的拉筋。施工时,墙身水平分布筋应注意采用相应的构造做法。

7.3.3 剪力墙结构的构造要求

(1)剪力墙平面布置宜简单、规则,宜沿两个主轴方向或其他方向双向布置,两个方向的侧向刚度不宜相差过大。剪力墙不宜过长,较长剪力墙宜设置跨高比较大的连梁将其分成强度较均匀的若干墙段,各墙段的高度与墙段长度之比不宜小于 3,墙段长度不宜大于 8 m。

(2)非抗震设计的剪力墙,其墙厚不应小于 160 mm,且不应小于楼层高度的 1/25。

(3)高层建筑剪力墙中竖向和水平分布钢筋,不应采用单排配筋。当剪力墙截面厚不大于 400 mm 时,可采用双排配筋;当大于 400 mm,但不大于 700 mm 时,宜采用三排配筋;当大于 700 mm 时,宜采用四排配筋。受力钢筋可均匀分布成数排。各排分布钢筋之间的拉结筋间距不应大于 600 mm,直径不应小于 6 mm,在底部加强部位,约束边缘构件以外的拉结筋间距尚应适当加密。如图 7.15 所示。

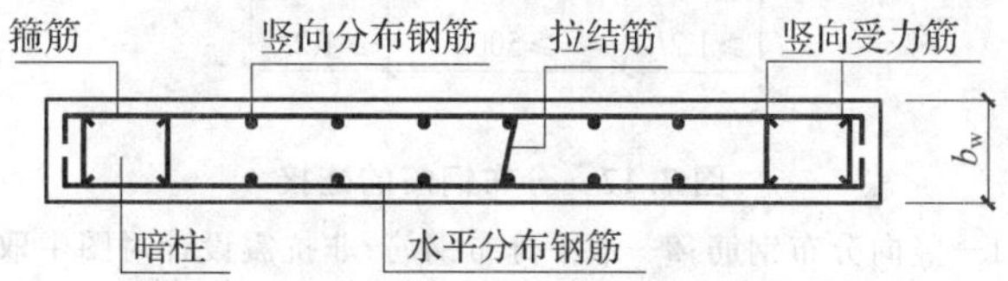

图 7.15 剪力墙的配筋形式

(4)剪力墙的约束边缘构件为暗柱、端柱和翼墙。约束边缘构件阴影部分的竖向钢筋除应满足正截面受拉(受压)承载力计算要求外,其配筋率一、二、三级时分别不应小于 1.2%、1.0%和 1.0%,并分别不应少于 8ϕ16、6ϕ16 和 6ϕ14 的钢筋。如图 7.16 所示。

(5)剪力墙分布钢筋的配置应符合下列规定:

①剪力墙竖向和水平分布筋的配筋率,一、二、三级抗震设计时均不应小于 0.25%,四级抗震设计和非抗震设计时均不小于 0.20%;

②剪力墙竖向和水平分布钢筋的间距均不宜大于 300 mm,直径均不应小于 8 mm。剪力墙竖向和水平分布钢筋的直径不宜大于墙厚的 1/10;

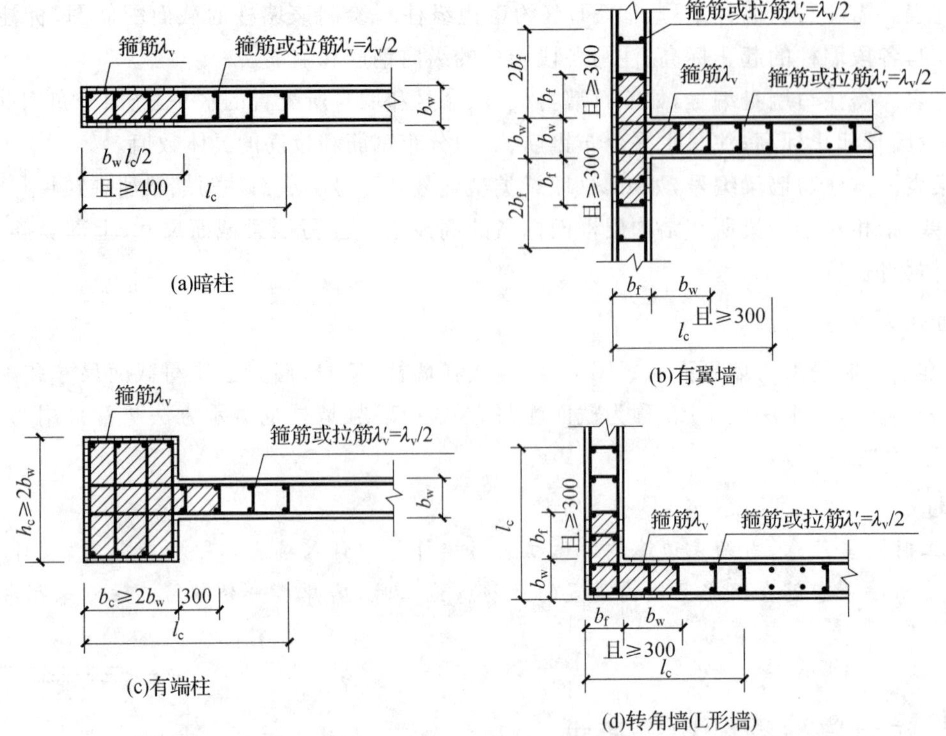

图 7.16　约束边缘构件

③剪力墙竖向和水平分布钢筋的搭接连接，如图 7.17 所示。一级、二级抗震等级剪力墙加强部位，接头位置应错开，每次连接的钢筋数量不宜超过总数量的 50%，错开净距不宜小于 500 mm；其他情况剪力墙的钢筋可以在同一部位连接；非抗震设计时，剪力墙的搭接长度不宜小于 $1.2l_a$；抗震设计时不宜小于 $1.2l_{aE}$。

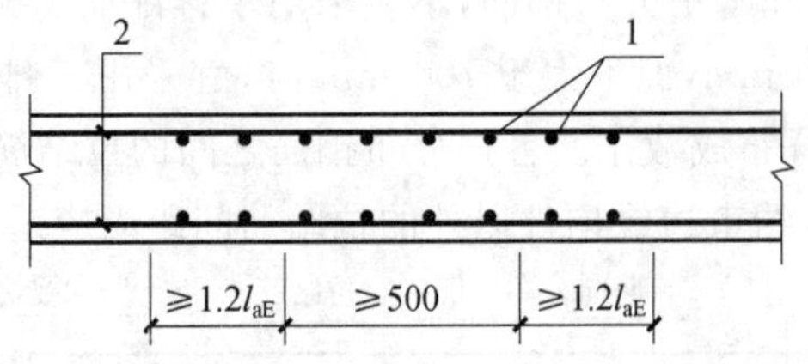

图 7.17　分布钢筋的连接

1—竖向分布钢筋；2—水平分布钢筋；非抗震设计时图中取

(6)剪力墙上的门窗洞口应尽量上下对齐，布置均匀，横墙与纵墙的连接更要有一定的整体性，洞口边到墙边间的距离不要太小。在内纵墙与内横墙交叉处，要避免在四边墙上集中开洞，形成十字形柱头的薄弱环节。

(7)在剪力墙洞口周边，当设计注写补强纵筋时，按注写值补强；当设计未注写时，按每边配置两根直径不小于 12 mm 且不小于同向被切断纵向钢筋总面积的 50% 补强。补强钢筋种类与被切断钢筋相同。如图 7.18所示。

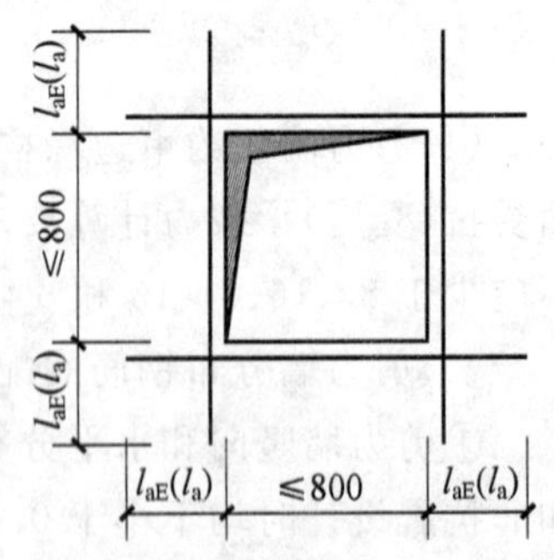

图 7.18　洞口补强钢筋构造

（括号内标注用于非抗震）

(8)剪力墙开洞形成的跨高比小于 5 的连梁，应按《高层建筑混凝土结构技术规程》(JGJ 3—2010)的有关规定设计；跨高比不小于 5 的连梁宜按框架梁设计。非抗震设计时，其伸入墙内的锚固长度，不应小于受拉钢筋的锚固长度且不应小于600 mm。连梁中箍筋直径不应小于 6 mm，间距不应大于150 mm。在伸入墙体的锚固长度范围内，顶层的连梁也应设置箍筋。如图 7.19 所示。

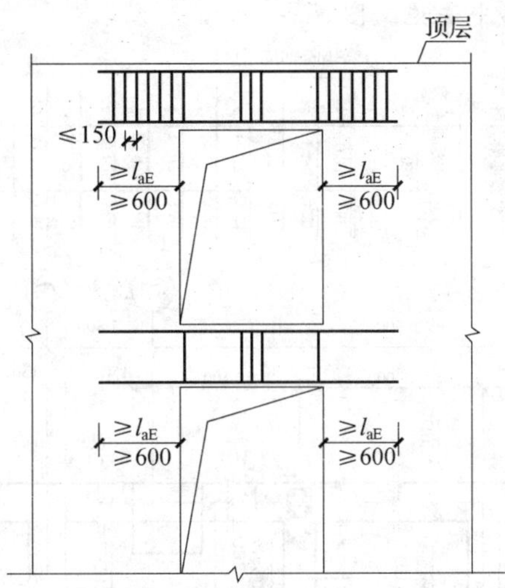

图 7.19　连梁配筋构造示意图

一、填空题

1. ________层及________层以上或房屋高度大于________m 的住宅建筑以及房屋高度超过________m 的其他高层民用建筑称为高层建筑。

2. 多层和高层建筑常用的结构体系有混合结构、________、________、________和筒体结构。

3. 现浇框架柱与基础的连接应保证________。柱与基础连接时，柱纵筋宜采用________或者________，也可以采用搭接，搭接长度不小于________，且搭接范围内________。

4. 按受力特点不同剪力墙分为________、________、________和壁式框架等 4 种。

5. 剪力墙竖向和水平分布钢筋的间距均不宜大于________mm，直径均不应小于________mm。剪力墙竖向和水平分布钢筋的直径不宜大于墙厚的________。

二、简答题

1. 怎样区分多层与高层建筑？多层与高层建筑有几种结构体系？

2. 按照施工方法的不同，框架结构分几类？各有什么优缺点？

3. 框架结构的一般构造要求有哪些？框架结构的节点构造有哪些？

4. 什么是剪力墙结构？它有什么特点？

5. 剪力墙结构的构造要求有哪些？

1. 识读如图 7.20 所示剪力墙平法施工图。

层号	标高(m)	层高(m)
屋面2	65.670	
塔层2	62.370	3.60
屋面1(塔层1)	59.070	3.60
16	55.470	3.60
15	51.870	3.60
14	48.270	3.60
13	44.670	3.60
12	41.070	3.60
11	37.470	3.60
10	33.870	3.60
9	30.270	3.60
8	26.670	3.60
7	23.970	3.60
6	19.470	3.60
5	15.870	3.60
4	12.270	3.60
3	8.670	3.60
2	4.470	4.20
1	−0.030	4.50
−1	−4.530	4.50
−2	−9.030	4.50

结构层楼面标高
结构层高
上部结构嵌固部位
−0.030
底部加强部位

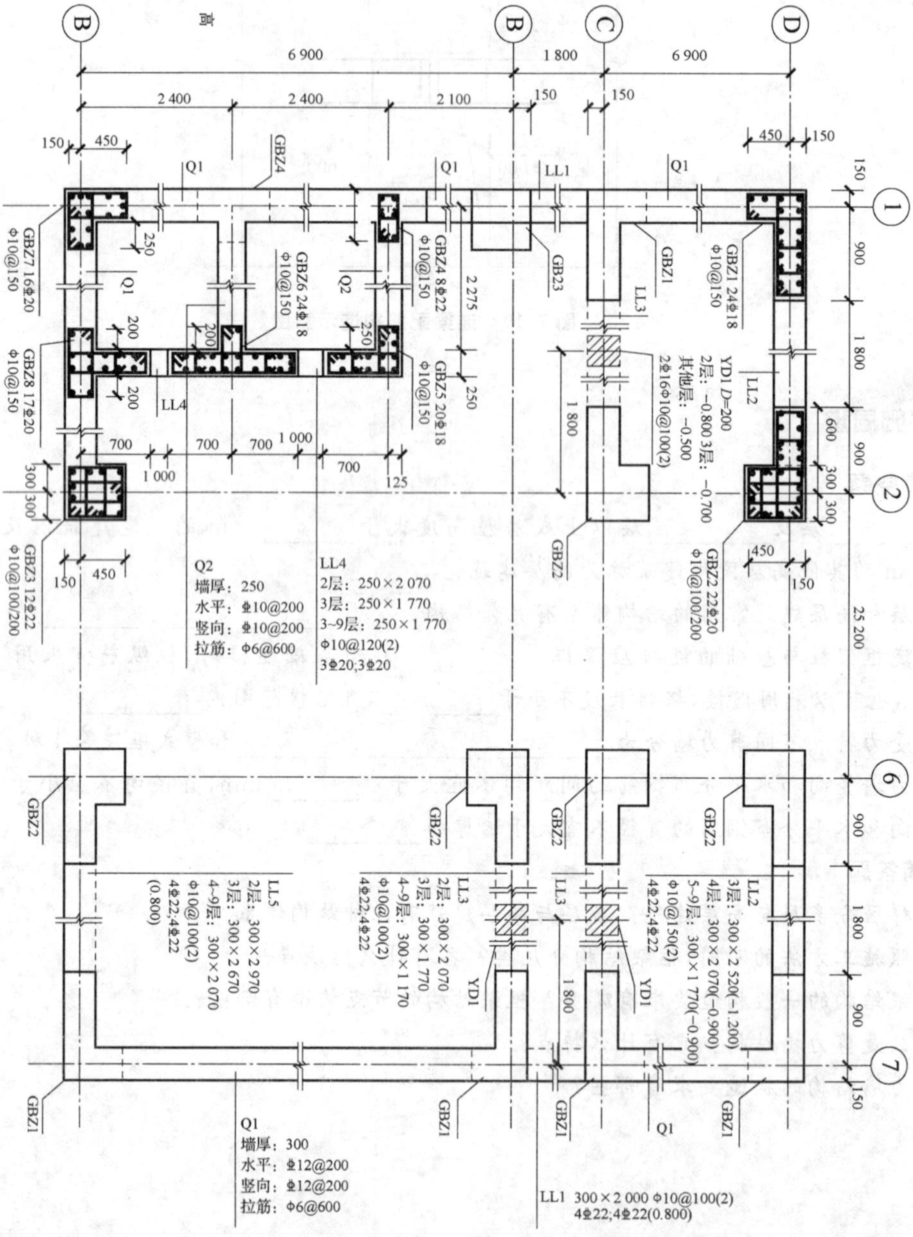

图7.20 剪力墙平法施工图截面注写示例

2. 试根据图纸及《混凝土结构施工图平面整体表示方法制图规则和构造详图》(现浇混凝土框架、剪力墙、梁、板)(11G101—1)，识读工程范例中的结构施工图。

项目8 砌体结构

【知识目标】

1. 了解块材的类型及特点；
2. 熟悉砌体局部受压的承载力计算方法；
3. 熟悉墙、柱的高厚比验算的方法；
4. 掌握圈梁、过梁、挑梁、构造柱的构造。

【技能目标】

1. 具有进行墙、柱的高厚比验算的能力；
2. 具有砌体结构施工图识读的能力。

【课时建议】

10 课时

8.1 概　　述

砌体结构是由天然的或人工合成的各种块体通过砂浆铺缝砌筑而成的结构，包括砖砌体、砌块砌体、石砌体等。

1. 砌体结构的特点

砌体结构有着与其他结构迥然独到的特点。主要优点有：

①砌体结构所用的主要材料来源方便，易就地取材。天然石材易于开采加工；黏土、砂等几乎到处都有，且块材易于生产；利用工业固体废弃物生产的新型砌体材料既有利于节约天然资源，又有利于保护环境；

②砌体结构造价低。不仅比钢结构节约钢材，较钢筋混凝土结构可以节约水泥和钢材，而且砌筑砌体时不需模板及特殊的技术设备，可以节约木材；

③砌体结构比钢结构甚至较钢筋混凝土结构有更好的耐火性，且具有良好的保温、隔热性能，节能效果明显；

④砌体结构施工操作简单快捷。一般新铺砌体上即可承受一定荷载，因而可以连续施工；在寒冷地区，必要时还可以用冻结法施工；

⑤当采用砌块或大型板材做墙体时，可以减轻结构自重，加快施工进度，进行工业化生产和施工。采用配筋混凝土砌块的高层建筑较现浇钢筋混凝土高层建筑可节省模板，加快施工进度。

2. 砌体结构的新进展和发展趋势

①块体轻质高强并可改善其物理性能；

②砂浆提高强度和黏结度，改善砌体整体性和抗震性；

③发展各种砌块，节省和利用资源，保护农田；

④采用配筋砌体(甚至预应力筋)，改善抗拉、抗剪强度；

⑤施工方面发展机械化和工业化方法；

⑥改善结构布置，避免砌体受拉、弯、剪。

8.2　砌体材料及砌体的力学性能

8.2.1　砌体材料

目前我国常用的砌体材料可分为以下几类。

1. 砖

目前我国用于建筑材料的砖，主要是黏土砖。近年来我国部分地区还推广使用了具有不同孔洞形式和不同孔洞率的承重黏土砖。

(1)烧结普通砖

以页岩、煤矸石或粉煤灰为主要原料，经过焙烧而成的实心或孔洞率不大于规定值且外形尺寸符合规定的砖，称为烧结普通砖。目前应用最普遍的是黏土砖，它具有一定的强度并有隔热、隔声、耐久及价格低廉等特点，但因其施工机械化程度低，生产时要占用农田，能耗大，不利于环保。所以，部分地区正逐步限制或取消黏土砖。其他非黏土原料制成的砖的生产和推广应用，既可充分利用工业废料，又可保护农田，是墙体材料发展的方向。如烧结页岩砖、烧结煤矸石砖、烧结粉煤灰砖等。

我国烧结普通“标准砖”的统一规格尺寸为 240 mm×115 mm×53 mm，重度为 18～19 kN/mm^2。

(2)非烧结硅酸盐砖

由硅质材料和石灰为主要原料压制成型并经高压釜蒸汽养护而成的实心砖，统称为硅酸盐砖。常用的有蒸压灰砂砖、蒸压粉煤灰砖等。

蒸压灰砂砖是以石灰和砂为主要原料，也可掺入着色剂或掺合料，经坯料制备、压制成型、蒸压养护而成的实心砖，简称灰砂砖。色泽一般为灰白色。

蒸压粉煤灰砖又称烟灰砖，是以粉煤灰、石灰为主要原料，掺和适量石膏和集料，经坯料制备、压制成型、高压蒸汽养护而成的实心砖。

硅酸盐砖规格尺寸与实心黏土砖相同。经过较长工程实践的验证，硅酸盐砖可与黏土砖一样作为房屋墙体和处于潮湿环境下的墙体和基础，但不宜用于壁炉、烟囱等处于高温环境下的砌体中。此外，若硅酸盐砖上、下表面较为平滑，则与砂浆的黏结能力较弱，不利于承受水平剪力，故也不宜用作抗震墙体。

(3)空心砖

空心砖分为烧结多孔砖和烧结空心砖两大类。

①烧结多孔砖是以黏土、页岩、煤矸石、粉煤灰为主要原料，经焙烧而成的孔洞率不大于 35%，孔洞的尺寸小而数量多，使用时孔洞垂直于受压面，主要用于砌筑墙体的承重用砖。其优点是减轻墙体自重，改善保温隔热性能，节约原料和能源。与实心砖相比，多孔砖厚度较大，故除了略微提高块体的抗弯、抗剪强度外，同时还可节省砌筑砂浆量，减少砌筑工作量，加快砌筑速度。砖的等级按试验实测值进行划分。烧结普通砖、烧结多孔砖的强度等级有 MU30、MU25、MU20、MU15 和 MU10，其中 MU 表示砌体中的块体(Masonry Unit)，其后的数值表示块体的抗压强度值，单位为 MPa；

②烧结空心砖以黏土、页岩、煤矸石为主要原料，经焙烧而成，孔洞率不小于 35%，孔洞的尺寸大而数量少，孔洞采用矩形条孔或其他孔形的水平孔，且平行于大面和条面，其规格和形状如图 8.1 所示。这种空心砖具有良好的隔热性能，自重较轻，主要用做框架填充墙或非承重隔墙。

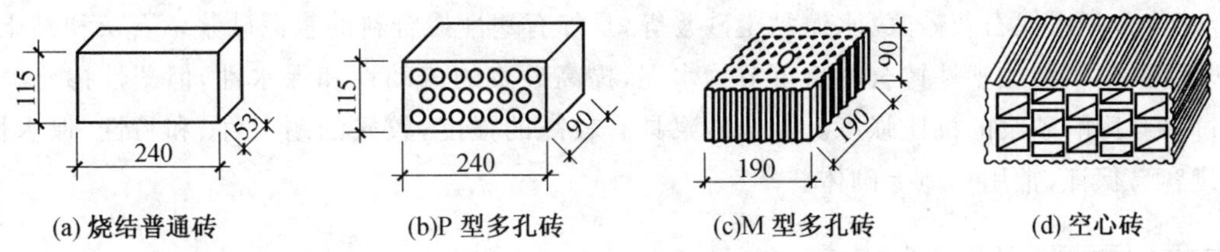

图 8.1 部分地区空心砖的规格

2. 石材

常用的天然石材主要有重质岩石和轻质岩石两类。建筑结构石材多采用花岗石、石灰石和凝灰岩等。石材具有强度高，抗冻性、抗水性和抗气性均较好的优点，常用于建筑物的基础和挡土墙等。在石材产地也可用于砌筑承重墙体。经打光磨平后的天然石料亦常用于重要建筑物的饰面工程。但由于石材的导热系数大，保温隔热性能较差，故不适于用作寒冷地区房屋的墙体。

石材分为毛石和料石两种。毛石是指形状不规则，中部厚度不小于 200 mm 的块石。料石按其加工后外形的规则程度又分为细料石、半细料石、粗料石和毛料石。

石砌体中的石材要选择无明显风化的天然石材。

3. 砌块

砌块一般是指采用普通混凝土及硅酸盐材料制作的实心或空心块材。砌块砌体可加快施工进度及减轻劳动量，既能保温又能承重，是比较理想的节能墙体材料。常用砌块有普通混凝土空心砌块、轻集料混凝土空心砌块、粉煤灰砌块、煤矸石砌块、炉渣混凝土砌块等。

按尺寸大小可将砌块分为小型砌块、中型砌块、大型砌块3种。通常把高度为180～350 mm的砌块称为小型砌块；高度为360～900 mm的砌块称为中型砌块；高度大于900 mm的砌块称为大型砌块。

混凝土小型空心砌块是由普通混凝土或轻集料混凝土制成。主规格尺寸为390 mm×190 mm×190 mm，空心率在25%～50%。简称混凝土砌块或砌块，在我国承重墙体材料中使用最为普遍。

砌块的强度等级是根据单个砌块受压破坏时的压力除以砌块毛面面积得到的抗压强度来确定的。《砌体结构设计规范》(GB 50003—2011)把砌块的强度等级划分为MU3.5、MU5、MU7.5、MU10、MU15 5个等级。

采用加气混凝土或硅酸盐制作砌块，可进一步减轻结构自重，但这种砌块强度较低，一般只用作填充墙。

8.2.2 砌筑砂浆

砂浆是由胶凝材料、细集料、掺加料和水按适当比例配制而成的。砂浆在砌体中的作用是使块体与砂浆接触表面产生黏结力和摩擦力。从而把散放的块体材料凝结成整体以承受荷载共同工作，并应抹平块体表面而使应力分布均匀。同时，砂浆填满了块体间的缝隙，减少了砌体的透气性，从而提高砌体的隔热、防水和抗冻性能。砌体对所用砂浆的要求主要是：足够的强度、适当的可塑性(流动性)和保水性。

砂浆按其所用胶凝材料主要有水泥砂浆、混合砂浆和石灰砂浆3种。

1. 水泥砂浆

由水泥与砂加水按一定配合比拌和而成的不加塑性掺合料的纯水泥砂浆。这种砂浆强度较高，耐久性较好，但其流动性和保水性较差。一般多用于含水量较大的地下砌体和对强度要求较高的砌体中。

2. 混合砂浆

混合砂浆包括水泥石灰砂浆、水泥黏土砂浆等，是加有塑性掺合料的水泥砂浆。石灰和黏土是通常采用的塑性掺合料，掺加塑性掺合料后可节约水泥，提高砂浆的流动性和保水性，但塑性掺合料不应掺得过多，过多会影响砂浆的抗压强度。混合砂浆具有较高的强度，较好的耐久性、和易性、保水性，施工方便，质量容易保证，常用于地上砌体。

3. 石灰砂浆

由石灰与砂和水按一定的配合比拌和而成。这种砂浆强度不高，耐久性差，不能用于地面以下或防潮层以下的砌体，一般用于受力不大的简易建筑或临时建筑。各种砂浆的分类及比较见表8.1。

表8.1 砂浆分类

砂浆种类	塑性掺合料	和易保水性	强度	耐久性	耐水性
水泥砂浆	无	差	高	好	好
混合砂浆	有	好	较高	较好	差
废水泥砂浆	有	好	低	差	无

8.2.3 砌体的分类

砌体可按照所用材料、砌法以及在结构中所起作用等方面的不同进行分类。按照所用材料不同，砌体可分为砖砌体、砌块砌体及石砌体；按砌体中有无配筋，可分为无筋砌体与配筋砌体；按实心与否可分为实心砌体与空斗砌体；按在结构中所起的作用不同，可分为承重砌体与自承重砌体等。

按尺寸大小可将砌块分为小型砌块、中型砌块、大型砌块3种。通常把高度为180～350 mm的砌块称为小型砌块；高度为360～900 mm的砌块称为中型砌块；高度大于900 mm的砌块称为大型砌块。

混凝土小型空心砌块是由普通混凝土或轻集料混凝土制成。空心率在25%～50%。承重小型空心砌块主规格为390 mm×190 mm×190 mm，墙厚等于砌块的宽度。非承重砌块宽度为90～190 mm。砌块强度等级有：MU3.5、MU5.0、MU7.5、MU10.0、MU15.0、MU20.0等6种。

技术点睛

混凝土小型空心砌块的辅助规格长度有：290 mm、190 mm、90 mm；最大壁(肋)厚度为30(25)mm。

1. 砖砌体

由砖(包括空心砖)和砂浆砌筑而成的整体称为砖砌体。通常用作承重外墙、内墙、砖柱、围护墙及隔墙。墙体厚度是根据强度和稳定要求确定的。

砖砌体按砖的搭砌方式有：一顺一丁、梅花丁、三顺一丁等砌法，如图8.2所示。

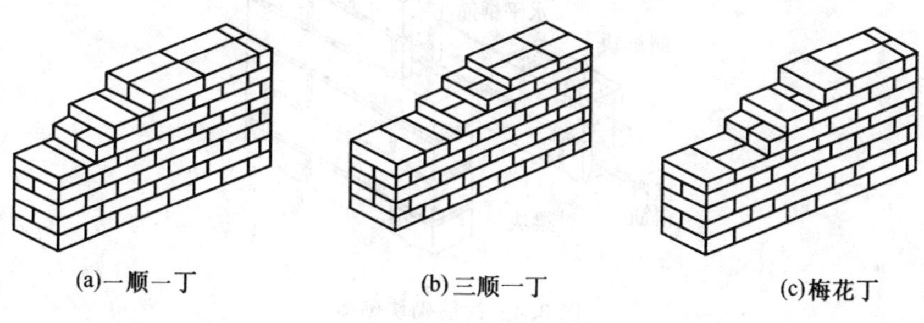

(a)一顺一丁　(b)三顺一丁　(c)梅花丁

图8.2 砖墙组砌

烧结普通砖和硅酸盐砖实心砌体的墙厚度可分为：240 mm(一砖)、370 mm。(一砖半)、490 mm(两砖)等。有些砖必须侧砌而构成墙厚为180 mm、300 mm、420 mm等规格。

试验表明，在上述范围内，用同样的砖和砂浆砌成的砌体，其抗压强度没有明显的差异。但当顺砖层数超过五层时，则砌体的抗压强度明显下降。

空斗墙是将部分或全部砖在墙的两侧立砌，而在中间留有空洞的墙体，如图8.3所示。

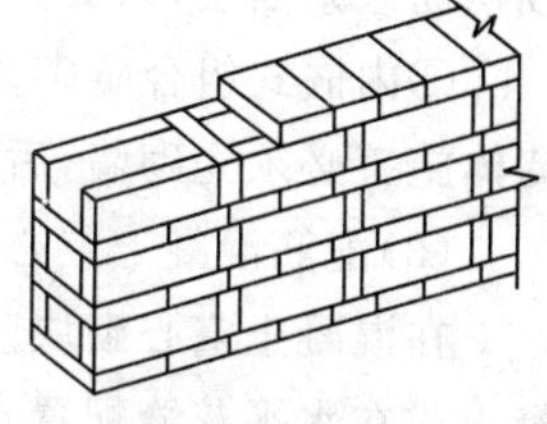

图8.3 空斗墙

2. 砌块砌体

混凝土小型空心砌块因块小便于手工砌筑，在使用上比较灵活，而且可以利用其孔洞做成配筋芯柱，满足抗震要求，应用较多。同时，砌块砌体为建筑工厂化、机械化、加快建设速度、减轻结构自重开辟了新的途径，对于砌体砌块一般先排块后施工，施工时砌块底面向上反向砌筑。

砌块砌体在砌筑前，应根据工程设计图，结合砌块品种规格绘制砌体砌块组合排列图。并应按砌块高度和灰缝厚度计算皮数，立好皮数杆，间距不大于15 m。从转角或定位处开始砌筑。砌块应底面朝上，对孔错缝搭砌砌筑，内外墙应同时砌筑，纵横墙交错搭接，承重墙体不得采用砌块与黏土砖等混合砌。

技术点睛

个别情况下无法对孔砌筑时，允许错孔砌筑，但其搭接长度不应小于 9 cm，如不能保证时，在灰缝中应设拉结钢筋。砌筑空心砌块时，应对孔，使上、下皮砌块的肋对齐以便有利于传力。

3. 石砌体（产石地区适用）

石砌体是由石材和砂浆或由石材和混凝土砌筑形成。它可分为料石砌体、毛石砌体和毛石混凝土砌体。料石砌体和毛石砌体用砂浆砌筑，毛石混凝土由混凝土和毛石交替铺砌而成。石砌体可用于一般民用房屋的承重墙、柱和基础，还可用于建造拱桥、坝和涵洞等。毛石混凝土砌体常用于基础。

4. 配筋砌体

为了提高砌体的抗压、抗弯和抗剪承载力，常在砌体中配置钢筋或钢筋混凝土，这样的砌体称为配筋砌体。目前常用的配筋砖砌体主要有两种类型，即横向配筋砖砌体和组合砖砌体。

(1)横向配筋砖砌体

横向配筋砖砌体是指在砖砌体的水平灰缝内配置钢筋网片或水平钢筋形成的砌体（图 8.4）。这种砌体一般在轴心受压或偏心受压构件中应用。

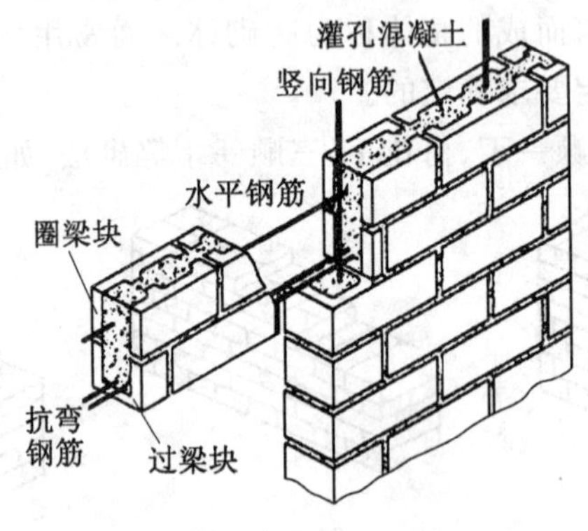

图 8.4 配筋砌块砌体

(2)组合砖砌体

目前在我国应用较多的组合砖砌体有两种：

①外包式组合砖砌体。外包式组合砖砌体指在砖砌体墙或柱外侧配有一定厚度的钢筋混凝土面层或钢筋砂浆面层，以提高砌体的抗压、抗弯和抗剪能力；

②内嵌式组合砖砌体。砖砌体和钢筋混凝土构造柱组合墙是一种常用的内嵌式组合砖砌体。这种墙体施工必须先砌墙，后浇注钢筋混凝土构造柱。

(3)配筋混凝土空心砌块砌体

在混凝土空心砌块竖向孔中配置钢筋、浇注灌孔混凝土，在横肋凹槽中配置水平钢筋并浇注灌孔混凝土或在水平灰缝配置水平钢筋，所形成的砌体称为配筋混凝土空心砌块砌体。这种配筋砌体自重轻，抗震性能好，可用于中高层房屋中起剪力墙作用。

8.2.4 砌体的受压性能

1. 砖砌体在轴心受压下的破坏特征

根据试验表明，砌体的破坏过程大致经历以下 3 个阶段：

第一阶段，从开始加荷到个别出现第一条（或第一批）裂缝，如图 8.5(a)所示。这个阶段的特点是如不再增加荷载，裂缝也不扩展。

第二阶段，随着荷载的增加，单块砖内个别裂缝不断开展并扩大，并沿竖向通过若干层砖形成连续裂缝，如图 8.5(b)所示。

第三阶段，砌体完全破坏的瞬间为第三阶段。继续增加荷载，裂缝将迅速开展，砌体被几条贯通的裂缝分割成互不相连的若干小柱，如图 8.5(c)所示，小柱朝侧向突出，其中某些小柱可能被压碎，以致最终丧失承载力而破坏。

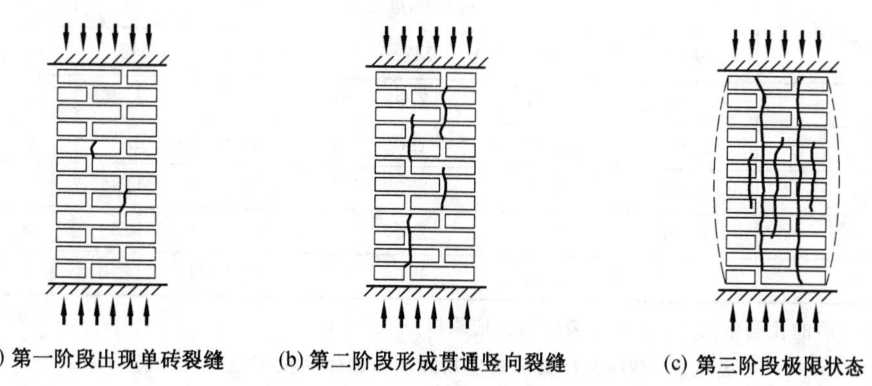

(a) 第一阶段出现单砖裂缝　(b) 第二阶段形成贯通竖向裂缝　(c) 第三阶段极限状态

图 8.5　砖砌体在轴心受压下的破坏形态

当砌体受压时，砖承受的压力是不均匀的，而处于受弯、受剪和局部受压状态下，由于砖的厚度小，又是脆性材料，其抗剪、抗弯强度远低于抗压强度，砌体的第一裂缝就是由于单块砖的受弯、受剪破坏引起的。

单块砖在砌体内除了受弯、受剪外还有受拉。

由于砖与砂浆的横向变形性能不一致，砂浆的泊松系数 υ 大于砖的 1.5～5.0 倍，因此，砂浆的横向变形大于砖的横向变形，使得砖内产生横向拉应力，促使单砖裂缝出现这种横向拉力也是促使砖在较小的荷载下提早开裂的原因之一。

2. 影响砌体抗压强度的因素

(1)块体的强度、尺寸和形状的影响

砌体的强度主要是取决于块体的强度等级。增加块体的厚度，其抗弯、抗剪能力亦会增加，同样会提高砌体的抗压强度。

块体表面越平整，灰缝的厚度将越均匀，从而减少块体的受弯受剪作用，砌体的抗压强度就会提高。

(2)砂浆的强度及和易性的影响

砂浆强度过低将加大块体与砂浆横向变形的差异，对砌体抗压强度不利。砂浆的变形性能越大，砌体的抗压强度越低。

和易性好的砂浆具有很好的流动性和保水性。在砌筑时易于铺成均匀、密实的灰缝，减少了单个块体在砌体中的弯、剪应力，因而提高了砌体的抗压强度。

(3)砌筑质量的影响

砌筑质量对砌体抗压强度的影响，主要表现在水平灰缝砂浆的饱满程度。

灰缝的厚度也将影响砌体强度。水平灰缝厚些容易铺得均匀，但增加了砖的横向拉应力；灰缝过薄，使砂浆难以均匀铺砌。实践证明，水平灰缝厚度宜为 8～12 mm。

3. 砌体的抗压强度设计值 f 及调整系数 γ_a

①砌体截面面积 $A<0.3\ m^2$ 时，$\gamma_a=0.7+A$；

②采用水泥砂浆砌筑时，$\gamma_a=0.9$；

③0 号砂浆，$f\neq0$，冬季施工、砂浆未凝固。

表 8.2　烧结普通砖和烧结多孔砖砌体的抗压强度设计值　N/mm²

砖强度等级	砂浆强度等级					砂浆强度
	M15	M10	M7.5	M5.0	M2.5	0
MU30	3.94	3.27	2.93	2.59	2.26	1.15
MU25	3.60	2.98	2.88	2.37	2.08	1.05
MU20	3.22	2.67	2.39	2.12	1.84	0.94
MU15	2.79	2.31	2.07	1.83	1.60	0.82
MU10	—	1.89	1.69	1.50	1.30	0.67

注：当烧结多孔砖的孔洞率大于 30%时，表中数值应乘以 0.9。

表 8.3　蒸压灰砂砖和蒸压粉煤灰砖砌体的抗压强度设计值　N/mm²

砖强度等级	砂浆强度等级					砂浆强度
	M15	M10	M7.5	M5	M2.5	0
MU25	3.60	2.98	2.88	2.37	2.08	1.05
MU20	3.22	2.67	2.39	2.12	1.84	0.94
MU15	2.79	2.31	2.07	1.83	1.60	0.82
MU10	—	1.89	1.69	1.50	1.30	0.67

表 8.4　单排孔混凝土和轻骨料混凝土砌块砌体的抗压强度设计值　N/mm²

砖强度等级	砂浆强度等级				砂浆强度
	Mb15	Mb10	Mb7.5	Mb5	0
MU20	5.68	4.95	4.44	3.94	2.33
MU15	34.16	4.02	3.61	3.20	1.89
MU10	—	2.79	2.05	2.22	1.31
MU7.5	—	—	1.93	1.71	1.01
MU5	—	—	—	1.19	0.70

8.3　砌体结构构件承载力计算

8.3.1　受压构件的计算

砌体结构的特点是抗压能力大大超过抗拉能力，一般适用于轴心受压或偏心受压构件。在实际工程上常作为承重墙体、柱及基础。用于建造小型拦河坝、挡土墙、渡槽、拱桥、涵洞、溢洪道、水闸以及渠道护面等水工建筑。

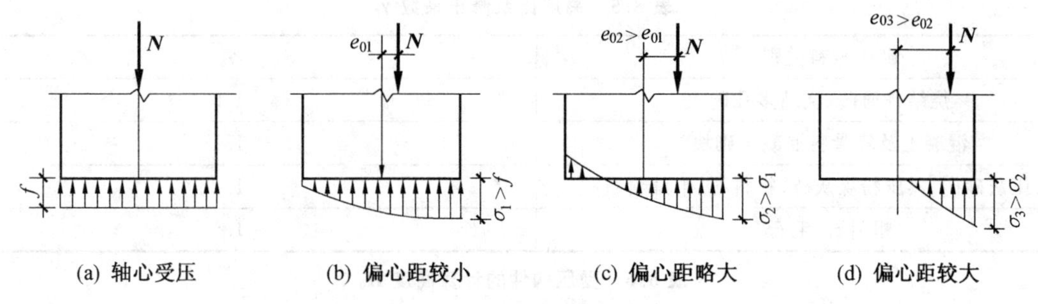

图 8.6 砌体受压时截面应力变化

1. 受压构件的受力状态

砌体结构承受轴心压力时，截面中的应力均匀分布，构件承受外力达到极限值时，截面中的应力达到砌体的抗压强度 f。随着荷载偏心距的增大，截面受力特性发生明显变化。当偏心距较小时，截面中的应力呈曲线分布，但仍全截面受压，构件承受荷载达到极限值，破坏将从压应力较大一侧开始，截面靠近轴向力一侧边缘的压应力 σ_b 大于砌体的抗压强度 f。随着偏心距增大，截面远离轴向力一侧边缘的压应力减小，并由受压逐步过渡到受拉，受压边缘的压应力将有所提高，构件承受荷载达到极限值，当受拉边缘的应力大于砌体沿通缝截面的弯曲抗拉强度，将产生水平裂缝，随着裂缝的开展，受压面积逐渐减小。从上述试验可知：砌体结构偏心受压构件随着轴向力偏心距增大，受压部分的压应力分布越加不均匀，构件所能承担的轴向力明显降低。因此，砌体截面破坏时的极限荷载与偏心距大小有密切关系。规范在试验研究的基础上，采用影响系数 φ 来反映偏心距和构件的高厚比对截面承载力的影响。同时，轴心受压构件可视为偏心受压构件的特例。

2. 受压构件的计算

无筋砌体受压构件的承载力计算公式为

$$N\leqslant\varphi fA \tag{8.1}$$

式中 N——荷载设计值产生的轴向力；

φ——高厚比和轴向力的偏心距对受压构件承载力的影响系数；

f——砌体的抗压强度设计值；

A——截面面积，对各类砌体，均应按毛截面计算。

在应用公式计算中，需注意下列问题：

(1)高厚比 β

矩形截面：

$$\beta=\gamma_\beta\frac{h_0}{h} \tag{8.2}$$

T 形截面：

$$\beta=\gamma_\beta\frac{H_0}{h_T} \tag{8.3}$$

式中 γ_β——不同砌体材料的构件高厚比修正系数，按表 8.2 采用；

H_0——受压构件的计算高度，按表 8.3 采用；

h——矩形截面轴向力偏心方向的边长，当轴心受压时为截面较小边长；

h_T—— T 形截面的折算厚度，可近似按 $3.5i$ 计算；

i——截面回转半径，$i=\sqrt{\dfrac{I}{A}}$。

表 8.5 高厚比系修正系数 γ_β

砌体材料类别	γ_β
烧结普通砖、烧结多孔砖	1.0
混凝土及轻骨料混凝土砌块	1.1
蒸压灰砂砖、蒸压粉煤灰砖、粗料石、半细料石	1.2
粗料石、毛石	1.5

表 8.6 受压构件的计算高度 H_0

房屋类型			柱		带壁柱墙或周边拉结的墙		
			排架方向	垂直排架方向	$S>2H$	$2H\geqslant S>H$	$S\leqslant H$
有吊车的单层房屋	变截面柱上段	弹性方案	$2.5H_u$	$1.25H_u$	$2.5H_u$		
		刚性、刚弹性方案	$2.0H_u$	$1.25H_u$	$2.0H_u$		
	变截面柱下段		$1.0H_l$	$0.8H_l$	$1.0H_l$		
无吊车的单层房屋和多层房屋	单跨	弹性方案	$1.5H$	$1.0H$	$1.5H$		
		刚弹性方案	$1.2H$	$1.0H$	$1.2H$		
	多跨	弹性方案	$1.25H$	$1.0H$	$1.25H$		
		刚弹性方案	$1.10H$	$1.0H$	$1.10H$		
	刚性方案		$1.0H$	$1.0H$	$1.10H$		

注：①表中 H_u 为变截面柱的上段高度，H_l 为变截面柱的下段高度。

②对于上段为自由端的构件，$H_0=2H$。

③独立砖柱，当无柱间支撑时，柱在垂直排架方向上的 H_0 应按表中数值乘以 1.25 后采用。

④S 为房屋横墙间距。

⑤自承重墙的计算高度应根据周边支承或拉结条件确定。

(2)偏心距 e

轴向力的偏心距 e 按内力设计值计算，并不应超过 $0.6y$。y 为截面重心到轴向力所在偏心方向截面边缘的距离。偏心受压构件的偏心距过大，构件承载力明显下降。并且偏心距过大可能使截面受拉边出现过大的水平裂缝。

(3)矩形截面短边验算

对矩形截面构件，当轴向力偏心方向的截面边长大于另一方向的边长时，除按偏心受压计算外，还应对较小边长方向按轴心受压进行验算。

【案例实解】

砖柱截面积为 490 mm×370 mm，采用强度等级为 MU10 的黏土砖及 M5 的混合砂浆砌筑，柱的计算高度为 $H_0=5$ m，受轴心压力设计值为 170 kN(包括柱自重)。试验算柱底面截面强度。

解 (1)确定砌体抗压强度设计值

由 MU10 砖和 M5 混合砂浆查表 8.2，得砌体抗压强度设计值 $f=1.5$ MPa($\mathrm{N/mm^2}$)。

截面面积 $A=(0.49\times0.37)\mathrm{m^2}=0.18\ \mathrm{m^2}<0.3\ \mathrm{m^2}$，则砌体强度设计值应乘以调整系数：

$$\gamma_a=A+0.7=(0.18+0.7)\mathrm{m^2}=0.88\ \mathrm{m^2}$$

(2)计算构件的承载力影响系数

查表 8.5 高厚比修正系数 $\gamma_\beta=1$，由公式 $\beta=H_0/h$ 得 $\beta=5\,000/370=13.5$，$e/h=0$ 查表 8.7，得影响系数 $\varphi=0.782$。

(3)验算砖柱承载力

$$\varphi\gamma_a fA=(0.782\times0.88\times1.5\times490\times370)\mathrm{N}=187\,145\ \mathrm{N}>170\,000\ \mathrm{N}$$

经验算，柱底截面安全。

表 8.7 高厚比 β 和轴向力的偏心距 e 受压构件承载力的影响系数 φ(砂浆强度等级≥M5)

β	e/h 或 e/h_T						
	0	0.025	0.05	0.075	0.1	0.125	0.15
3	1	0.99	0.97	0.94	0.89	0.84	0.79
4	0.98	0.95	0.90	0.85	0.80	0.74	0.69
6	0.95	0.91	0.86	0.81	0.75	0.69	0.64
8	0.91	0.86	0.81	0.76	0.70	0.64	0.59
10	0.87	0.82	0.76	0.71	0.65	0.60	0.55
12	0.82	0.77	0.71	0.66	0.60	0.55	0.51
14	0.77	0.72	0.66	0.61	0.56	0.51	0.47
16	0.72	0.67	0.66	0.56	0.52	0.47	0.44
18	0.67	0.62	0.57	0.52	0.48	0.44	0.40
20	0.62	0.57	0.53	0.48	0.44	0.40	0.37
22	0.58	0.53	0.49	0.45	0.41	0.38	0.35
24	0.54	0.49	0.45	0.41	0.38	0.35	0.32
26	0.50	0.46	0.42	0.38	0.35	0.33	0.30
28	0.46	0.42	0.39	0.36	0.33	0.30	0.28
30	0.42	0.39	0.36	0.33	0.31	0.28	0.26

8.3.2 局部受压的计算

1.局部均匀受压的计算

压力仅作用在砌体的部分面积上的受力状态称为局部受压。如在砌体局部受压面积上的压应力呈均匀分布时，则称为砌体的局部受压。

直接位于局部受压面积下的砌体，因其横向应变受到周围砌体的约束，所以该受压面上的砌体局部抗压强度比砌体的抗压强度高。但由于作用于局部面积上的压力很大，如不准确进行验算，则有可能成为整个结构的薄弱环节而造成破坏。

砌体受局部均匀压力时的承载力按下式计算：

$$N_l \leqslant \gamma f A_l \tag{8.4}$$

式中 N_l——局部受压面积上轴向力设计值；

γ——砌体局部抗压强度提高系数；

A_l——局部受压面积；

f——砌体抗压强度设计值，可不考虑强度调整系数 γ_a 的影响。

《砌体结构设计规范》(GB 50003—2011)规定砌体截面中受局部压力时的抗压强度提高系数 γ 均按下式计算：

$$\gamma = 1 + 0.35\sqrt{\frac{A_0}{A_l} - 1} \leqslant [\gamma] \tag{8.5}$$

式中 A_0——影响砌体局部抗压强度的计算面积，按下列规定采用(图 8.7)：

①在图 8.7(a)的情况下，$A_0=(a+c+h)h$；

②在图 8.7(b)的情况下，$A_0=(a+h)h$；

③在图 8.7(c)的情况下，$A_0=(b+2h)h$；

④在图 8.7(d)的情况下，$A_0=(a+h)h+(b+h_1-h)h_1$。

γ——砌体局部抗压强度提高系数，与 A_0/A_l 有关，可按式(8.5)计算。为了避免出现当 A_0/A 较大时发生突然的竖向破裂破坏，对应的 γ 值应符合下列规定：

①在图 8.7(a)的情况下，$\gamma\leqslant2.5$；

②在图 8.7(b)的情况下，$\gamma\leqslant2.0$；

③在图 8.7(c)的情况下，$\gamma\leqslant1.5$；

④在图 8.7(d)的情况下，$\gamma\leqslant1.25$；

⑤对空心砖砌体，$\gamma\leqslant1.5$；对未灌实的混凝土中、小型砌块砌体，$\gamma\leqslant1.0$。

a、b——分别为矩形受压面积 A_l 的边长；

h、h_1——分别为墙厚或柱的较小边长、墙厚；

c——矩形局部受压面积的外边缘至构件边缘的较小距离，当 $c>h$ 时，应取为 h。

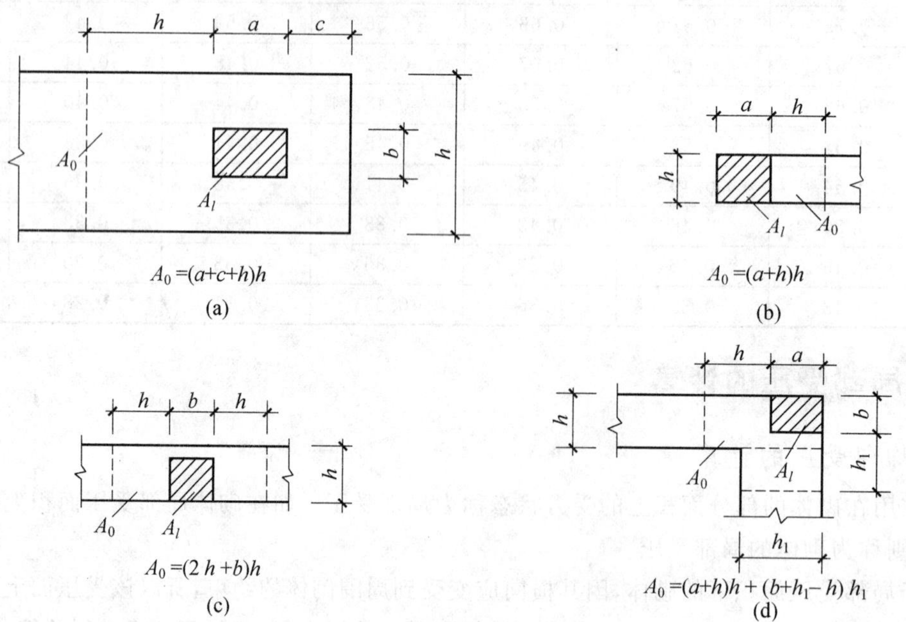

图 8.7 砌体截面局部均匀受压时确定示意图

2. 梁端支承处砌体的局部受压承载力计算

在混合结构房屋中，常会遇到钢筋混凝土梁支承在砖墙上的情形，当梁端支承处砌体局部受压时，其压应力的分布是不均匀的。同时，由于梁的挠曲变形和支撑处砌体的压缩变形影响，梁端支承长度是由实际支撑长度 a 变为长度较小的有效支撑长度 a_0，如图 8.8 所示。

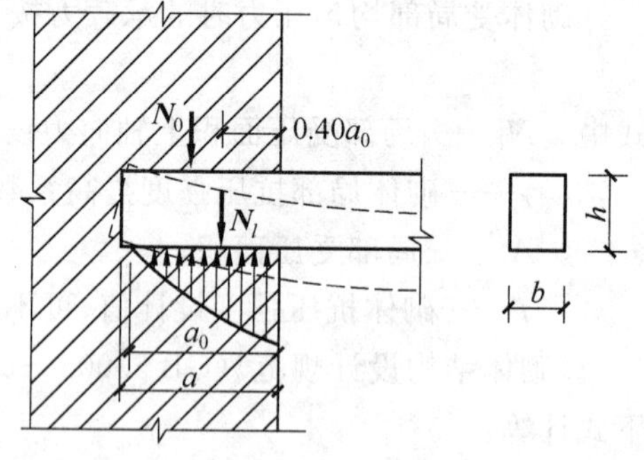

图 8.8 梁端支承处砌体局部受压

梁端支承处砌体局部受压计算中，除应考虑由梁传来的荷载外，还应考虑局部受压面上部荷载传来的轴向力 N_0。对局部承压的梁端支承面，无论有无上部荷载下传，梁端支承处砌体局部受压的承载力均可按下式计算：

$$\psi N_0+N_l\leqslant\eta\gamma fA_l \tag{8.6}$$

式中 ψ——上部荷载的折减系数，当 $A_0/A_l\geqslant3$ 时，$\psi=0$；

N_0——砌体局部受压面积内上部荷载设计值产生的轴向力，$N_0=\sigma_0A_l$，σ_0 为上部荷载在局部受压面上产生的平均压应力设计值；

N_l——局部受压面积上由梁上荷载 q 产生的梁端支承压力设计值；

η——梁端底面压应力图形的完整系数，η 的取值如下：对于简支梁底面非均匀受压，$\eta=0.7$；对于过梁、墙梁，$\eta=1.0$(均匀局压)；

f——砌体抗压强度设计值；

A_l——局部受压面积，$A_l=a_0b$，b 为梁宽，a_0 为梁端有效支承长度。

有效支承长度 a_0 一般小于实际支承长度 a(图 8.9)，根据实验结果，对于有效长度的计算公式如下：

一般情况下取值：

$$a_0=\sqrt{\frac{N_l}{\eta kb\tan\theta}} \tag{8.7}$$

简支混凝土梁简化为

$$a_0=10\sqrt{\frac{h}{f}} \tag{8.8}$$

式中 a_0——梁端有效支承长度，以 mm 计，当 $a_0>a$ 时，取 $a_0=a$；

N_l——局部受压面积上由梁上荷载 q 产生的梁端支承压力设计值，以 kN 计；

b——梁的截面宽度，以 mm 计；

f——砌体抗压强度设计值；

$\tan\theta$——梁变形时，梁端轴线倾角的正切，对受均匀荷载的简支梁，当梁最大挠度 w 与计算跨度 l_0 之比 $w/l_0=1/250$ 时，可近似取 $\tan\theta=1/78$；

h——梁截面高度(mm)。

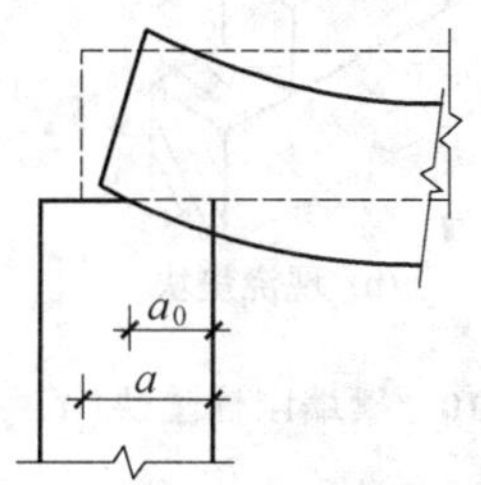

图 8.9 梁端支承长度示意图

3. 当梁下端设垫块或垫梁时，垫块或垫梁的局部受压承载力计算

当梁端支承处砌体局部受压，可在梁端下设置刚性垫块(图 8.10)，以增大局部受压面积，满足砌体局部受压承载力的要求。刚性垫块是指高度 $t_b\geqslant180$ mm，垫块自梁边挑出的长度不大于 t_b 的垫块。刚性垫块伸入墙内的长度 a_b 可以与梁的实际长度 a 相等或者大于 a。梁下垫块通常采用预制刚性垫块，有时也将垫块与梁端现浇成整体。

试验表明，梁端设置刚性垫块时，梁端的支承压力能够较均匀地传至垫块下砌体的截面上，梁端支承压力对砌体的偏心作用却没有改变，同时由于垫块面积比梁端支撑面积大得多，上层砌体传来的荷载的内拱卸荷作用(图 8.10)并不显著，所以垫块下砌体局部受压承载力可按下式计算：

$$N_0+N_l\leqslant\varphi\gamma_1 fA_b \tag{8.9}$$

式中 N_0——垫块面积 A_b 上由墙体上部荷载产生的轴向力设计值，$N_0=\sigma_0A_b$，σ_0 为上部荷载在局部受压面上产生的平均压应力设计值；

A_b——垫块面积，$A_b=a_bb_b$，a_b 为垫块伸入墙体的长度，b_b 为垫块宽度；

φ——垫块上 N_0 与 N_l 的合力对垫块形心的偏心距影响系数，按 $\beta\leqslant3$ 查受压构件系数表，其中

e/h按e/a_b计算，a_b为垫块伸入墙内的长度，$e=\dfrac{N_l\left(\dfrac{a_b}{2}-0.4a_0\right)}{N_0+N_l}$；

γ_1——垫块外砌体面积对局部抗压强度的提高系数，$\gamma_1=0.8\gamma(\gamma_1\geqslant 1.0)$，$\gamma$为砌体局部抗压强度提高系数，按公式(8.4)计算，但以A_b替A_l。

技术点睛

由公式(8.9)可以看出，垫块下砌体局部受压接近于构件偏心受压的情况，与之不同的是考虑了垫块外砌体面积对局部面积的有利影响。

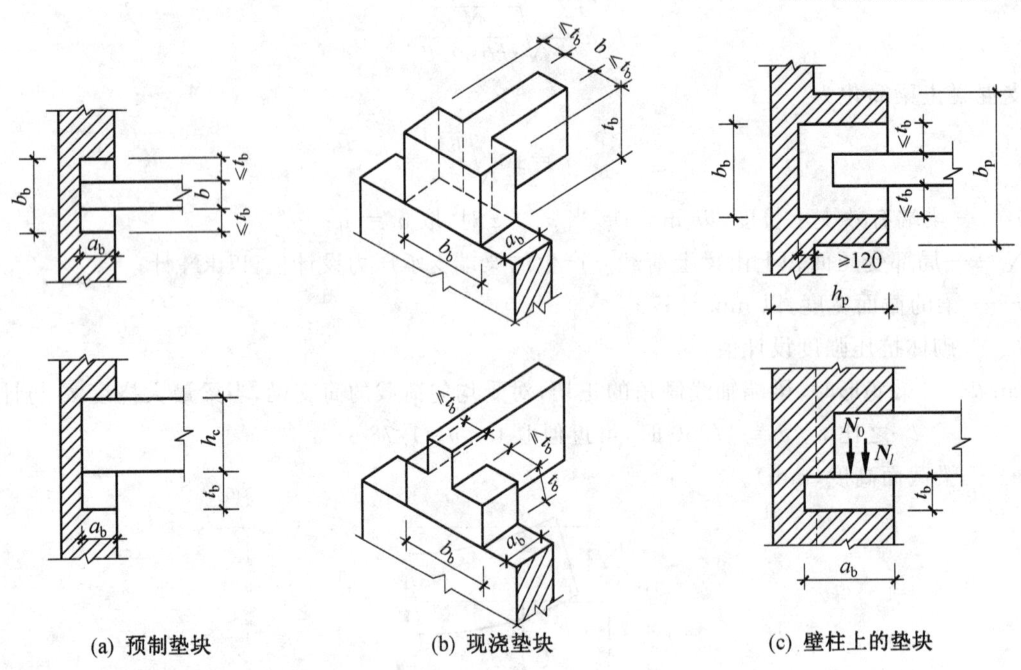

图 8.10 梁端刚性垫块($A_b=a_bb_b$)

刚性垫块的构造应符合下列规定：

①垫块的高度$t_b\geqslant 180$ mm，自梁边缘算起的垫块挑出长度不宜大于垫块的高度t_b；

②在带壁柱墙的壁柱内设置刚性垫块时，其计算面积应取壁柱范围内的面积，而不应计算翼缘部分，同时壁柱上垫块伸入翼墙内的长度不应小于120 mm；

③现浇垫块与梁端整体浇筑时，垫块可在梁高范围内设置。

【案例实解】

某窗间墙如图8.11所示，截面面积尺寸为1 200 mm×240 mm，采用烧结普通砖MU10、混合砂浆M5，施工质量控制等级为B级。墙上支承钢筋混凝土梁，截面尺寸为$b\times h=200$ mm×500 mm，梁端支座压力设计值$N_l=150$ kN，上部荷载设计值$N_0=50$ kN。试验算梁支座处砌体的局部受压承载力。

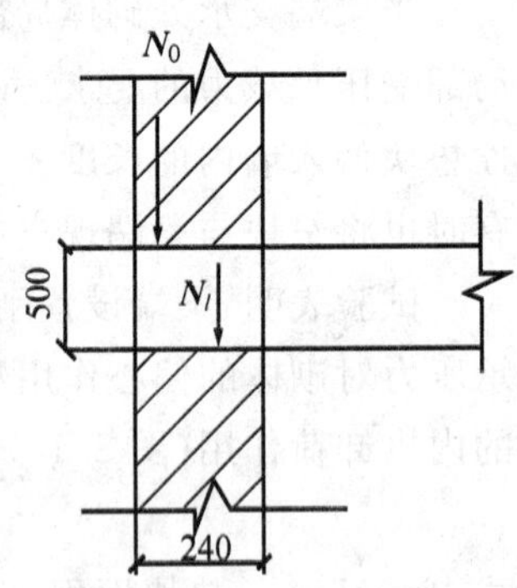

图 8.11 案例实解附图

解 查表8.2，得$f=1.50$ MPa，则

$$a_0=10\times\sqrt{\frac{h_c}{f}}=10\times\sqrt{\frac{500}{1.5}}=182.6\ \text{mm}<a=240\ \text{mm}$$

取$a_0=182.6$ mm。

局部受压面积：

$$A_l=a_0b=(0.1826\times0.24)\text{m}^2=0.044\ \text{m}^2$$

影响局部受压面积：

$$A_0=(b+2h)h=[(0.2+2\times0.24)\times0.24]\text{m}^2=0.163\ \text{m}^2$$

$$\frac{A_0}{A_l}=\frac{0.163}{0.044}=3.705>3,\text{取}\ \psi=0$$

即不考虑上部荷载的影响。

由公式(8.4)得

$$\gamma=1+0.35\sqrt{\frac{A_0}{A_l}-1}=1+0.35\sqrt{0.725-1}<2.0$$

取 $\gamma=1.58$。

按公式(8.5)并取＝0.7，得

$$\eta\gamma fA_l=[0.7\times1.58\times1.50\times0.044\times10^3]\text{N}=73\ \text{kN}<150\ \text{kN}$$

所以不满足要求。

8.3.3 墙柱高厚比验算

1. 高厚比的定义

墙、柱高度与厚度之比称为高厚比。在进行墙体设计时必须限制其高厚比，保证墙体的稳定性和刚度。

2. 影响高厚比的主要因素

①砂浆的强度等级；

②横墙的间距；

③构造支撑条件，如刚性方案允许高厚比可以大一些，弹性和刚弹性方案可以小一些；

④砌体的截面形式；

⑤构件的重要性和房屋的使用条件。

技术点睛

墙柱高厚比验算是混合结构房屋墙和柱设计的基本内容。

3. 高厚比的验算

(1)对于矩形截面墙、柱的高厚比应符合下列要求：

$$\beta\leqslant\frac{H_0}{h}\leqslant\mu_1\mu_2[\beta] \tag{8.10}$$

式中 $[\beta]$——墙柱的允许高厚比，见表8.8；

H_0——墙柱的计算高度(表8.6)，H_0＝表中系数×构件高度 H，构件高度 H 的确定：对于底层，构件下端取基础顶面；当基础埋置较深且有刚性地坪时，可取室外地坪下500 mm处；

μ_1——非承重墙的修正系数，对厚度 $h\leqslant240$ mm 的承重墙 μ_1 按下规定采用：

①当厚度为 $h=240$ mm 时，$\mu_1=1.2$；

②当厚度为 $h=90$ mm 时，$\mu_1=1.5$；

③当厚度在 240 mm$>h>$90 mm，μ_1 按插入法取值；

μ_2——门窗洞口的墙相应$[\beta]$的修正系数，其中 $\mu_2=1-0.4b_s/s\geqslant0.7$，其中，$b_s$ 为宽度 s 范围内的门窗洞口的宽度，s 为相邻窗间墙或壁柱之间的距离。

墙、柱的允许高厚比限值见表 8.8。

表 8.8 墙、柱的允许高厚比限值

砌体的类型	砂浆强度等级	墙	柱
无筋砌体	M2.5	22	15
	M5.0 或 Mb5.0、Ms5.0	24	16
	≥M7.5 或 Mb7.5、Ms7.5	26	17
配筋砌块砌体	—	30	21

(2)带壁柱墙和带构造柱墙的高厚比验算

①当验算带壁柱墙的高厚比时，公式中的 h 应当改为折算厚度 h_T，确定计算高度 H_0 时，按相邻横墙减去 s 确定；《砌体结构设计规范》(GB 50003—2011)中单层房屋带壁柱墙的计算宽度(考虑翼缘 b_f)：壁柱宽+2/3 墙高(≯窗间墙宽度，≯壁柱间距离)；

②当构造柱截面宽度不小于墙厚时，h 取墙厚，确定计算高度时，s 应当取相邻横墙的间距，允许高厚比乘以提高系数 μ_c。其中：

$$\mu_c=1+\gamma\frac{b_c}{l}$$

式中 γ——系数，对于细石料、半细石料砌体 $\gamma=0$；对于混凝土砌块、粗料石、毛料石及毛石砌体 $\gamma=1.0$；其他砌体，$\gamma=1.5$；

b_c——构造柱沿墙长方向的宽度；

l——构造柱的间距。

当$\frac{b_c}{l}>0.25$ 时，取$\frac{b_c}{l}=0.25$；当$\frac{b_c}{l}<0.05$ 时，$\frac{b_c}{l}=0.05$。

4. 墙柱高厚比验算的目的

①保证构件在荷载作用下的稳定，在满足强度要求的同时具有足够的稳定性；

②通过高厚比控制，使墙、柱有足够的刚度，避免出现过大的侧向变形；

③保证施工中安全。

8.4 圈梁、过梁、挑梁

8.4.1 圈梁

为增强砌体结构房屋的整体刚度，防止由于地基不均匀沉降或较大的震动荷载等对房屋引起的不利影响，应在墙体的某些部位设置现浇钢筋混凝土圈梁。

1. 圈梁的设置

多层房屋可参照下列规则设置圈梁：

①多层砌体民用房屋，如宿舍、办公楼等，且层数为 3～4 层时，宜在檐口标高处设置圈梁一道；当层数超过 4 层时应在所有纵横墙上隔层设置；

②多层砌体工业房屋，应每层设置现浇钢筋混凝土圈梁；

③设置墙梁的多层砌体房屋应在托梁、墙梁顶面和檐口标高处设置现浇钢筋混凝土圈梁，其他楼层处应在所有纵横墙上每层设置；

④采用现浇钢筋混凝土楼(屋)盖的多层砌体结构房屋,当层数超过5层时,除在檐口标高设置圈梁外,可隔层设置圈梁,并与楼(屋)面板一起浇筑。未设圈梁的楼面板嵌入墙内的长度不应小于120 mm,并沿墙长配置不少于2ф10的纵向钢筋。

车间、仓库、食堂等空旷的单层房屋应按下列规定设置圈梁:

①砖砌体房屋,檐口标高为5~8 m时,应在檐口标高处设置一道圈梁,檐口标高大于8 m时,应增加设置数量;

②砌块及料石砌体房屋,檐口标高为4~5 m时,应在檐口标高处设置一道圈梁,檐口标高大于5 m时,应增加设置数量;

③对于有吊车或较大振动设备的单层工业厂房,除在檐口或窗顶标高处设置现浇钢筋混凝土圈梁外,尚应增加设置数量。

对于建筑在软弱地基或不均匀地基上的砌体房屋,除按上述规定设置圈梁外,尚应符合现行国家标准《建筑地基基础设计规范》(GB 50007—2011)的有关规定。

2. 圈梁的构造要求

①钢筋混凝土圈梁的宽度宜与墙厚相同,当墙厚$h \geqslant 240$ mm时,其宽度不宜小于$2h/3$,圈梁高度不应小于120 mm。纵向钢筋不宜少于4ф10,绑扎接头的搭接长度按受拉钢筋考虑,箍筋间距不宜大于300 mm;

②圈梁宜连续地设在同一水平面上并交圈封闭。当圈梁被门窗洞口截断时,应在洞口上部增设与截面相同的附加圈梁,附加圈梁与圈梁的搭接长度不应小于垂直间距H的2倍,且不小于1 000 mm;

③纵横墙交接处的圈梁应有可靠的连接,可设附加钢筋予以加强。刚弹性和弹性方案房屋,圈梁应与屋架、大梁等构件可靠连接;

④圈梁兼做过梁时,过梁部分的钢筋应按计算用量另行增配。

8.4.2 过梁

过梁是砌体结构门窗洞口上常用的构件,主要有钢筋混凝土过梁、钢筋砖过梁、砖砌平拱过梁和砖砌弧拱过梁等几种不同的形式。由于砖砌过梁延性较差,跨度不宜过大,因此对有较大振动荷载或可能产生不均匀沉降的房屋,应采用钢筋混凝土过梁。钢筋混凝土过梁端部支承长度不宜小于240 mm,各种过梁如图8.12所示。

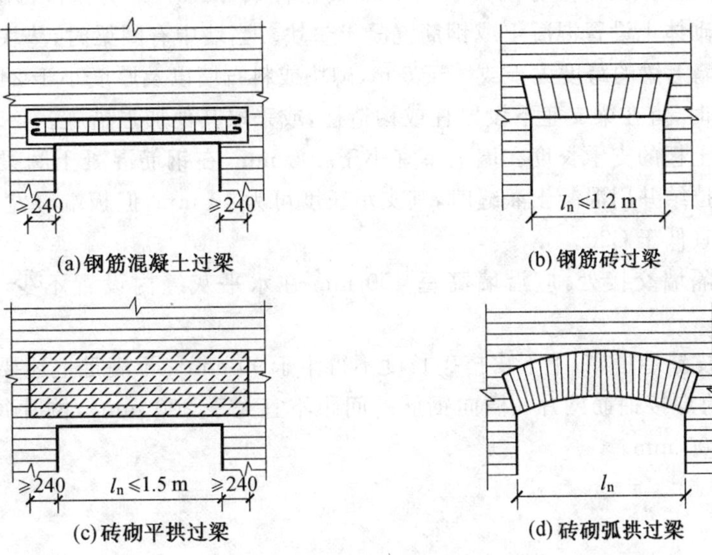

图8.12 过梁

砖砌过梁的构造要求应符合下列规定：

①砖砌过梁截面计算高度内的砂浆不宜低于 M5；

②砖砌平拱用竖砖砌筑部分的高度不应小于 240 mm；

③钢筋砖过梁底面砂浆层处的钢筋，其直径不应小于 5 mm，间距不宜大于 120 mm，钢筋伸入支座砌体内的长度不宜小于 240 mm，砂浆层的厚度不宜小于 30 mm。

8.4.3 挑梁

在砌体结构房屋中，为了支承挑廊、阳台、雨篷等，常设有埋入砌体墙内的钢筋混凝土悬臂构件，即挑梁。当埋入墙内的长度较大且梁相对于砌体的刚度较小时，梁发生明显的挠曲变形，将这种挑梁称为弹性挑梁，如阳台挑梁、外廊挑梁等；当埋入墙内的长度较短，埋入墙内的梁相对于砌体刚度较大，挠曲变形很小，主要发生刚体转动变形，将这种挑梁称为刚性挑梁。嵌入砖墙内的悬臂雨篷梁属于刚性挑梁。

挑梁设计除应符合国家现行《混凝土结构设计规范》外，还应满足下列要求：

①纵向受力钢筋至少应有 1/2 的钢筋面积伸入梁尾端，且不少于 2φ12。其余钢筋伸入支座的长度不应小于 $2L_1/3$。

②挑梁埋入砌体的长度 L_1 与挑出长度 L 之比宜大于 1.2，当挑梁上无砌体时，L_1 与 L 之比宜大于 2。

8.5 砌体结构房屋的构造要求

8.5.1 一般构造要求

砌体结构房屋除进行承载力计算和高厚比验算外，尚应满足砌体结构的一般构造要求：

①承重独立砖柱的截面尺寸不应小于 240 mm×370 mm。毛石墙的厚度不宜小于 350 mm，毛料石柱较小边长不宜小于 400 mm。当有振动荷载时，墙柱不宜采用毛石砌体。

②屋架跨度大于 6 m 或梁跨度分别大于 4.8 m(砖砌体)、4.2 m(砌块和料石砌体)、3.9 m(毛石砌体)时，应在其支承处砌体上设置混凝土或钢筋混凝土垫块。当墙中有圈梁时，垫块宜与圈梁浇成整体。

③厚度 240 mm 墙上梁的跨度大于或等于 6 m、砌块或料石墙以及厚度小于 240 mm 砖墙上梁的跨度大于或等于 4.8 m 时，宜在梁支座下设壁柱或构造柱，或采取其他加强措施。

④预制钢筋混凝土板的支承长度在墙上不宜小于 100 mm，在钢筋混凝土圈梁上不宜小于80 mm；当利用板端伸出钢筋拉结并用混凝土灌缝时，其支承长度可为 40 mm，但板端缝宽不宜小于 80 mm，灌缝混凝土强度等级不宜低于 C20。

⑤砌块墙与后砌隔墙交接处，应沿墙高每 400 mm 在水平灰缝内设置不少于 2φ4 的焊接钢筋网片。

⑥砌块砌体应分皮错缝搭砌，上下皮搭砌长度不得小于 90 mm。不满足上述要求时，应在水平灰缝内设置不少于 2φ4 的焊接钢筋网片（横向钢筋的间距不宜大于 200 mm），网片每端均应超过该垂直缝，其长度不得小于 300 mm。

8.5.2 砌体结构裂缝产生原因及防治措施

砌体房屋常见裂缝形态如图 8.13 所示。

1. 裂缝对房屋性能的影响

①外观；②防水、防渗、保温性能；③整体性、承载力、耐久性和抗震性能。

2. 裂缝形成的原因

①设计；②施工；③材料产生干缩裂缝；④环境温度变化产生温度裂缝；⑤地基不均匀沉降产生沉降裂缝。

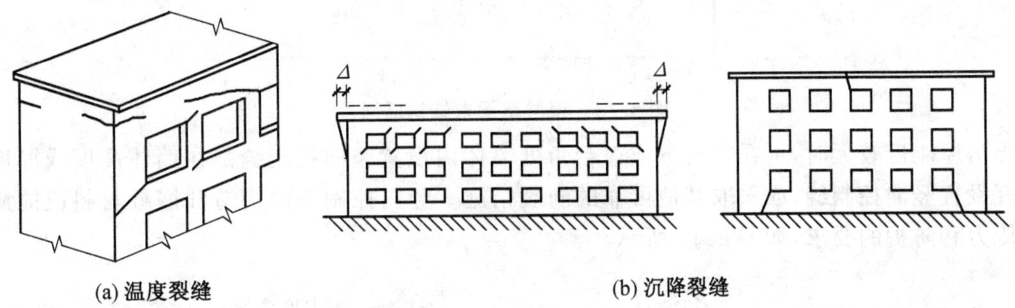

(a) 温度裂缝　　(b) 沉降裂缝

图 8.13 砌体房屋常见裂缝

3. 防止或减轻墙体开裂的原理

①合理的结构布置；②加强房屋结构的整体刚度；③设置沉降缝；④设置收缩缝。

4. 防止或减轻墙体开裂的措施

在保证收缩缝间距的基础上，为了防止或减轻房屋顶层墙体的裂缝，可根据房屋具体情况分别采取"防""放""抗"措施。

①为减少屋面与顶层墙体温差，防止墙顶产生裂缝，屋面应设置保温、隔热层。

②为释放或降低温差应力，屋面保温（隔热）层或屋面刚性面层及砂浆找平层应设置分隔缝，分隔缝间距不宜大于 6 m，并与女儿墙隔开，其缝宽不小于 30 mm。

③受温差影响较大地区可适当选用装配式有檩体系钢筋混凝土屋盖和瓦材屋盖。在钢筋混凝土屋面板与墙体圈梁的接触面处设置水平滑动层，滑动层可采用两层油毡夹滑石粉或橡胶片等；对于长纵墙，可只在其两端的 2～3 个开间内设置，对于横墙可只在其两端各 $l/4$ 范围内设置（l 为横墙长度），如图 8.14 所示。

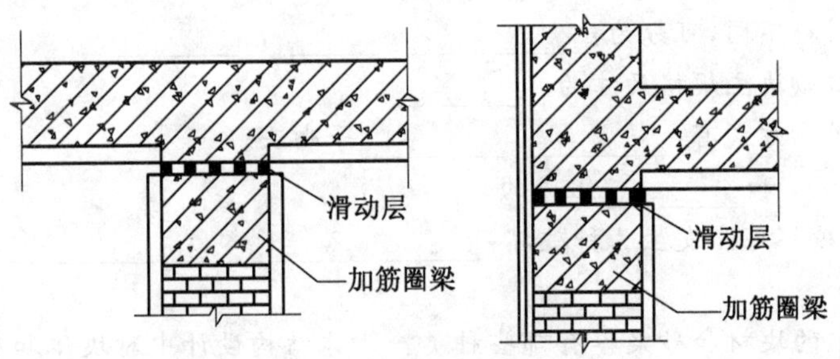

图 8.14 屋面滑动层构造

5. 针对墙体不同区域，可采取下列构造措施加强其抗裂能力

①顶层屋面板下设置现浇钢筋混凝土圈梁，并沿内外墙拉通，房屋两端圈梁下的墙体内宜适当设置水平筋，并设置有效的保温、隔热层。

②顶层挑梁末端下墙体灰缝内设置 3 道焊接钢筋网片（纵向钢筋不宜少于 2ϕ4，横筋间距不宜大于 200 mm）或 2ϕ6 钢筋，钢筋网片或钢筋应自挑梁末端伸入两边墙体不小于 1 m，如图 8.15 所示。

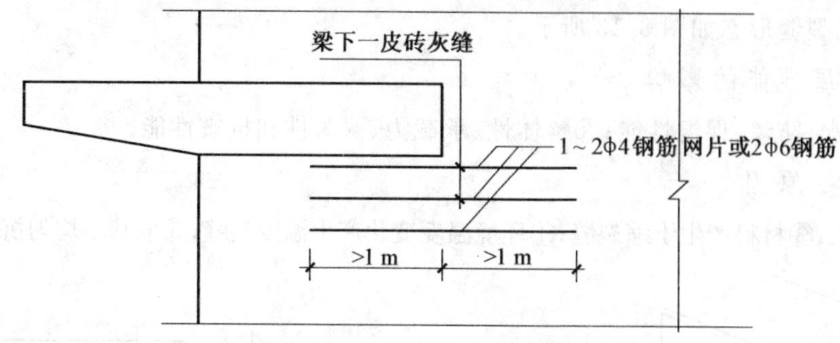

图 8.15　顶层挑梁末端钢筋网片

③当房屋刚度较大时，可在窗台下或窗台角处墙体内设置竖向控制缝。在墙体高度或厚度突然变化处也宜设置竖向控制缝，或采取其他可靠的防裂措施。竖向控制缝的构造和嵌缝材料应能满足墙体平面外传力和防护的要求，如图 8.16 所示。

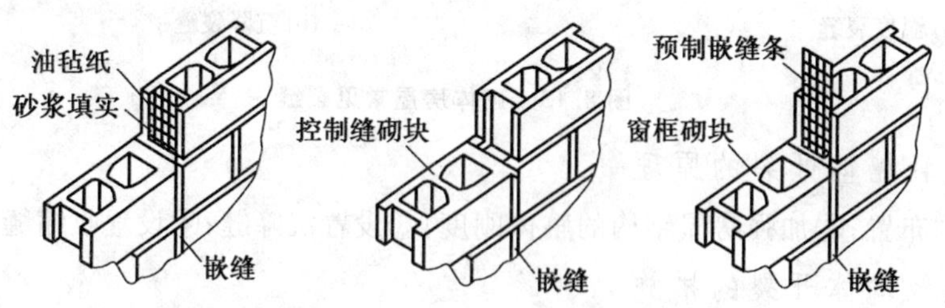

图 8.16　空心砌块房屋的控制缝

④灰砂砖、粉煤灰砖砌体宜采用黏结性好的砂浆砌筑，混凝土砌块砌体应采用砌块专用砂浆砌筑。

⑤顶层墙体及女儿墙砂浆强度等级不低于 M5。

⑥墙体转角处和纵横墙交接处宜沿竖向每隔 400～500 mm 设拉结钢筋，其数量为每 120 mm 墙厚不少于 1ϕ6 钢筋或焊接钢筋网片，埋入长度从墙的转角或交接处算起，每边不小于 600 mm。

一、填空题

1. 砌体按照所用材料不同，可分为：________，________，________。
2. 混凝土小型空心砌块主规格尺寸为：________。
3. 砖砌体按砖的搭砌方式有：________，________等砌法。
4. 砌体是由________和________组成的。
5. 砌体受拉、受弯破坏可能发生 3 种破坏：________，________，________。

二、简答题

1. 砌体结构材料中的块材和砂浆各有哪些种类？砌体结构设计中对块体和砂浆有何要求？
2. 影响砌体抗压强度的主要因素有哪些？
3. 什么是高厚比？影响实心砖砌体允许高厚比的因素是什么？
4. 简述砌体结构的缺点。
5. 砌体局部受压有哪些破坏形态？

1. 截面 490 mm×620 mm 的砖柱，采用 MU10 烧结普通砖及 M2.5 水泥砂浆砌筑，计算高度 $h_0=5.6$ m，柱顶承受轴心压力标准值 $N_k=189.6$ kN(其中永久荷载 135 kN，可变荷载 54.6 kN)。试验算核柱截面承载力。

2. 已知：如图 8.17 所示梁截面尺寸 $b\times h=200$ mm×400 mm，梁支承长度 $a=240$ mm，荷载设计值产生的支座反力 $N_l=60$ kN，墙体上部荷载 $N_0=260$ kN，窗间墙截面 1 200 mm×370 mm，采用 MU10 级烧结普通砖，M2.5 级混合砂浆。试验算外墙上端砌体局部受压承载力。

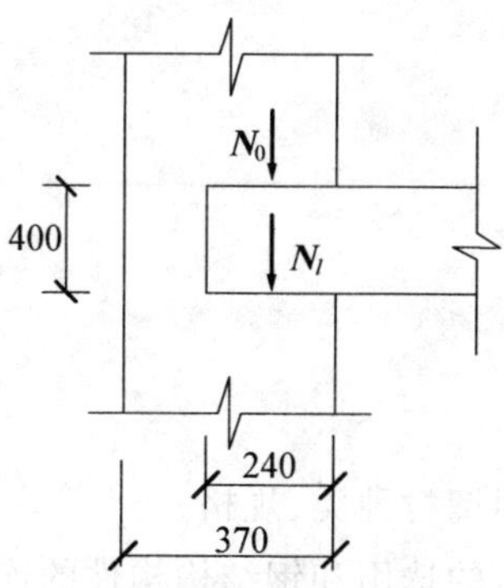

图 8.17 实训提升 2 题图

项目9 钢结构

【知识目标】

1. 了解钢结构常用钢材种类、规格；
2. 掌握钢结构材料的选用和钢结构构件的连接方法；
3. 了解钢结构构件受力特点；
4. 了解常见钢结构形式及布置原则。

【技能目标】

掌握钢结构构件常见焊接连接方式的构造要求。

【课时建议】

8 课时

9.1 钢结构的材料

9.1.1 钢材的种类和钢材的规格

1. 钢材的种类

钢材的种类按用途可分为结构钢、工具钢和特殊用途钢等，其中结构钢又分建筑用钢和机械用钢；按化学成分可分为碳素钢和合金钢；按冶炼方法可分为平炉钢、转炉钢和电炉钢等；按脱氧方法可分为沸腾钢、半镇静钢、镇静钢和特殊镇静钢；按成型方法可分为轧制钢(热轧和冷轧)、锻钢和铸钢；按硫、磷含量的质量控制分类，有高级优质钢、优质钢和普通钢等。

我国的建筑用钢主要为碳素结构钢和低合金高强度结构钢两种，优质碳素结构钢在冷拔碳素钢丝和连接用紧固件中也有应用。

(1)碳素结构钢

碳素结构钢有Q195、Q215、Q235、Q255、Q275五种。Q是屈服点的汉语拼音的首位字母，数字代表钢材厚度(直径)≤6 mm时的屈服点(N/mm^2)。数字的由低到高，不仅代表了钢材强度的由低到高，在较大程度上也代表了钢材含碳量的由低到高和塑性、韧性、可焊性的由好变差。建筑结构用碳素结构钢主要应用Q235钢，其碳的质量分数为0.12%～0.22%，强度、韧性和焊接性能均适中。

(2)低合金高强度结构钢

低合金高强度结构钢是在冶炼碳素结构钢时加入一种或几种适量的合金元素(锰、硅、钒等)而炼成的钢种，可提高强度、冲击韧性、耐腐蚀性，又不太降低塑性。由于合金元素的总质量分数低于5%，故称为低合金高强度结构钢。根据钢材厚度(直径)≤16 mm时的屈服点(N/mm^2)，分为Q295、Q345、Q390、Q420、Q460 5种。其中Q345、Q390和Q420 3种钢材均有较高的强度和较好的塑性、韧性和焊接性能，被《钢结构设计规范》(GB 50017—2003)选为承重结构用钢。

(3)优质碳素结构钢

优质碳素结构钢与碳素结构钢的主要区别在于钢中含杂质元素较少，磷、硫等有害元素的质量分数均不大于0.035%，其他缺陷的限制也较严格，具有较好的综合性能。但是由于价格较高，钢结构中使用较少，仅用经热处理的优质碳素结构钢冷拔高强钢丝或制作高强螺栓、自攻螺钉等。

2. 钢材的规格

钢结构采用的型材主要为热轧成型的钢板和型钢以及冷弯(或冷压)成型的薄壁型钢。由工厂生产供应的钢板和型钢等有成套的截面形状和一定的尺寸间隔，称为钢材规格。

(1)热轧钢板

热轧钢板包括厚钢板、薄钢板和扁钢等。厚钢板的厚度为4.5～60 mm，宽度为600～3 000 mm，长度为4～12 m，被广泛用于组成焊接构件和连接钢板。薄钢板的厚度为0.35～4 mm，宽度为500～1 500 mm，长度为0.5～4 m，是冷弯薄壁型钢的原料。扁钢的厚度为4～60 mm，宽度为12～200 mm，长度为3～9 m。

(2)热轧型钢

热轧型钢包括角钢、H形钢、工字钢、槽钢、T形钢和钢管等，如图9.1所示。

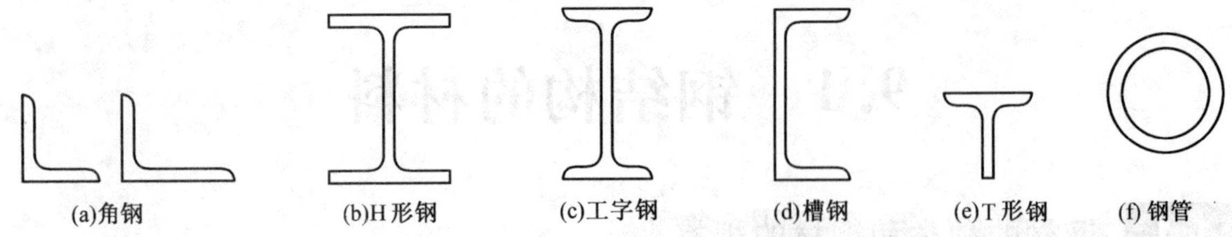

图 9.1　热轧型钢截面

(3)薄壁型钢

薄壁型钢是用薄钢板经模压或弯曲成形,其壁厚一般为 1.5～5 mm,截面形式和尺寸可按工程要求合理设计,通常有角钢、卷边角钢、槽钢、卷边槽钢、Z 形钢、卷边 Z 形钢、方管、圆管及各种形状的压型钢板等,如图 9.2 所示。压型钢板是近年来开始使用的薄壁型材,是由热轧薄钢板经冷压或冷轧成型的,所用钢板厚度为 0.4～2 mm,主要用作轻型屋面及墙面等构件。

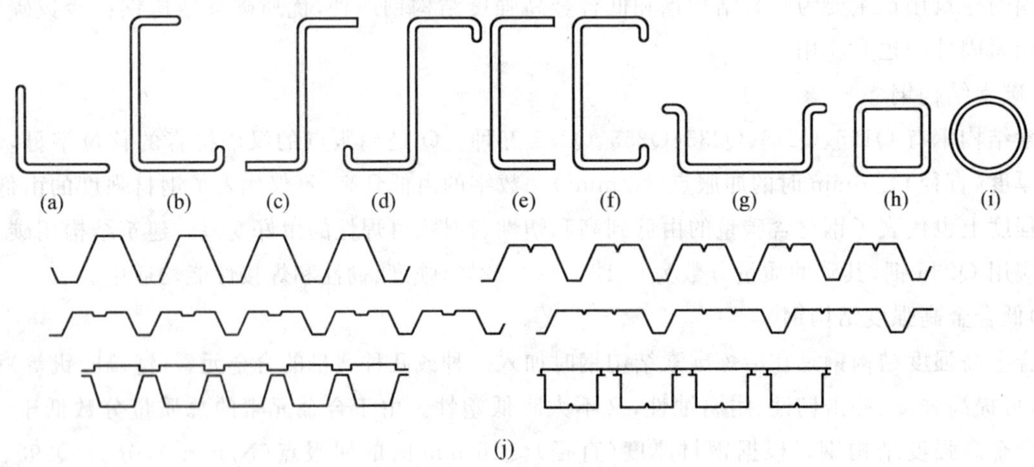

图 9.2　薄壁型钢的截面形式

技术点睛

建筑用钢主要为碳素结构钢和低合金高强度结构钢两种。

9.1.2 钢材的特性和钢材的选用

1. 钢材的特性

钢材具有强度高,塑性及韧性好,耐冲击,性能可靠,易于加工成板材、型材和线材,良好的焊接和铆接性能,但易锈蚀、维护费用高、耐火性差、生产能耗大。

(1)力学特性

钢材的力学特性可通过单向拉伸试验获得。试验一般都是在标准条件下进行的,即采用规定形式和尺寸的标准试件,其表面光滑,没有孔洞、刻槽等缺陷,在常温 20±5 ℃的条件下,荷载分级逐次增加,直到试件破坏,由于加载速度缓慢,又称静力拉伸试验。如图 9.3 所示,给出了相应钢材的拉伸应力(δ)—应变(ε)曲线。

由此曲线可获得钢材的性能指标,应力(δ)—应变(ε)曲线的 OP 段为直线,表示钢材具有完全弹性性质,即应力与应变呈线性关系,且卸荷后变形完全恢复。这时应力可由弹性模量 E 定义,即 $\sigma=E\varepsilon$,而

E为该直线段的斜率，P点应力称为比例极限。曲线PE段仍具有弹性，但呈非线性，即为非线性弹性阶段，E点的应力称为弹性极限。弹性极限和比例极限相距很近，实际上很难区分。通常略去弹性极限的点，把f_p看作弹性极限。

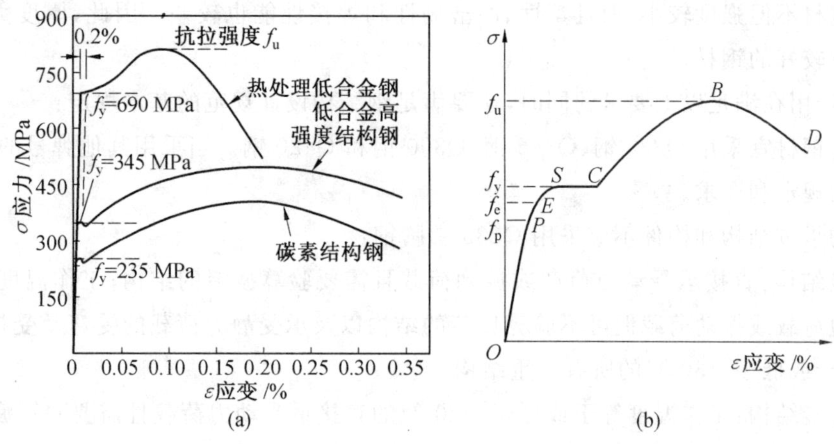

图9.3　钢材的单向拉伸应力—应变曲线

(2)物理特性

重型工业厂房、大跨度建筑的屋盖、多层及超高层建筑、高耸结构、组合结构等选用的钢材具有良好的物理性能，主要包括：

①材料强度高、强重比大；塑性、韧性好；

②材质均匀，符合力学假定，安全可靠度高；

③工厂化生产，工业化程度高，施工速度快；

④钢结构耐热不耐火；易锈蚀，耐腐性差。

2. 钢材的选用

钢材的选用既要确保结构物的安全可靠，又要经济合理。为了保证承重结构的承载能力，防止在一定条件下出现脆性破坏，应根据结构的重要性、荷载特征、连接方法、工作环境、应力状态和钢材厚度等因素综合考虑，选用合适牌号和质量等级的钢材。具体应满足下列要求：

(1)结构或构件的重要性

根据建筑结构的重要程度和安全等级选择相应的钢材等级。对重型工业、建筑结构、大跨度结构、高层或超高层的民用建筑等重要结构，应选用质量好的钢材。

(2)荷载特性

根据荷载的性质不同选用适当的钢材，包括静力或动力、经常作用还是偶然作用、满载还是不满载等情况，并相应地提出必要的质量保证措施。

(3)连接方式

钢结构的连接方法有焊接和非焊接两种。由于在焊接过程中，会产生焊接变形、焊接应力以及其他焊接缺陷，可能导致结构产生裂纹或脆性断裂，因此采用焊接连接时对材质的要求较严格。相对于非焊接连接的结构而言，焊接连接时所用钢材的碳、硫、磷及其他有害化学元素的含量应较低，塑性和韧性指标要高，焊接性能要好。

(4)结构的工作条件

钢材处于低温时容易发生冷脆，因此在低温条件下工作的结构，尤其是焊接结构，应选用具有良好抗低温脆断能力的镇静钢；露天结构易产生时效，有害介质作用的钢材易腐蚀、疲劳和断裂，也应区别选择。

(5)钢材厚度

厚度大的钢材不但强度较小，而且塑性、冲击韧性和焊接性能也较差。因此，厚度大的钢材的焊接结构应采用材质较好的钢材。

(6)钢材的选用在满足以上要求的同时，还要满足钢结构设计规范的基本规定：

承重结构的钢材宜采用Q235钢、Q345钢、Q390钢和Q420钢。当采用其他牌号的钢材时，应符合相应有关标准的规定和要求。

下列情况的承重结构和构件不应采用Q235沸腾钢：

①对于焊接结构：直接承受动力荷载或振动荷载且需要验算疲劳的结构；工作温度低于－20 ℃时的直接承受动力荷载或振动荷载但可不验算疲劳的结构以及承受静力荷载的受弯及受拉的重要承重结构；工作温度等于或低于－30 ℃的所有承重结构。

②对于非焊接结构：工作温度等于或低于－20 ℃的直接承受动力荷载且需要验算疲劳的结构。

技术点睛

钢材的选用既要确保结构物的安全可靠，又要经济合理。

9.2 钢结构的连接

9.2.1 钢结构的连接方法

钢结构的连接是将型钢或钢板等组合成构件，并将各构件组装成整个结构的节点和关键部件。连接的方式及其质量优劣直接影响钢结构的工作性能，因此，在进行连接设计时，必须遵循安全可靠、传力明确、构造简单、制造方便和节约钢材的原则。

钢结构的连接方法通常有焊缝连接、铆钉连接和螺栓连接3种，后两种又通称为紧固件连接，如图9.4所示。

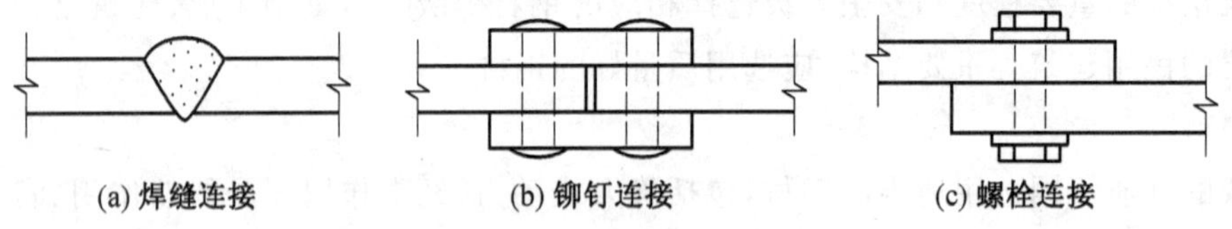

图9.4 钢结构的连接方法

1. 焊缝连接

焊缝连接是现代钢结构最主要的连接方法。其优点是：

①构造简单，对几何形体适应性强，任何形式的构件均可直接连接；

②不削弱截面，省工省材；

③制作加工方便，可实现自动化操作，工效高、质量可靠；

④连接的密闭性好，结构的刚度大。

焊缝连接的缺点是：

①在焊缝附近的热影响区内，钢材的金相组织发生改变，导致局部材质劣化变脆；

②焊接残余应力和残余变形使受压构件的承载力降低；

③焊接结构对裂纹很敏感，局部裂纹一旦发生，就容易扩展到整体，低温冷脆问题较为突出；

④对材质要求高，焊接程序严格，质量检验工作量大。

2. 铆钉连接

铆钉连接的制造有热铆和冷铆两种方法。热铆是由烧红的钉坯插入构件的钉孔中，用铆钉枪或压铆机铆合而成；冷铆是在常温下铆合而成。在建筑钢结构中一般都采用热铆。

3. 螺栓连接

螺栓连接分为普通螺栓连接和高强度螺栓连接两种。

技术点睛

钢结构的连接方法通常有焊缝连接、铆钉连接和螺栓连接3种。

9.2.2 焊缝连接形式

焊缝连接形式按被连接钢材的相互位置可分为对接、搭接、T形连接和角部连接4种，如图9.5所示。这些连接所采用的焊缝主要有对接焊缝和角焊缝，以下主要介绍对接焊缝和角焊缝的构造要求。

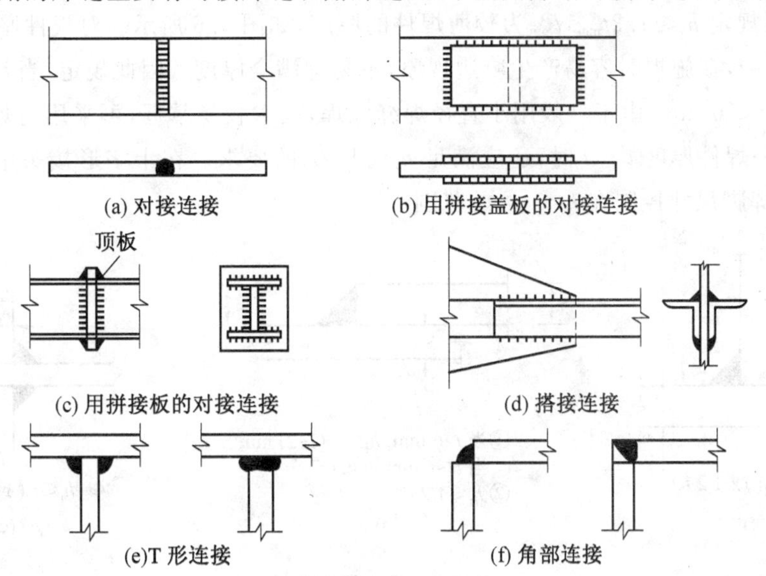

图9.5 焊缝连接的形式

1. 对接焊缝的构造要求

为了经济合理，焊接材料应与构件钢材相匹配，使焊缝金属与母材的力学性能基本一致。例如手工电弧焊，焊接Q235钢构件时，采用E43系列焊条；焊接Q345钢构件时，采用E50系列焊条；焊接Q390、Q420钢构件时，采用E55系列焊条。

不同钢种的母材相焊时(例如Q235钢与Q345钢相焊)，可采用与低强度相适应的焊接材料(如E43系列焊条较为合适)。对接焊缝的焊缝金属为焊条金属与母材金属的混合物，性能较好。在焊缝附近的热影响区，经过淬火过程，晶粒组织和机械性能变化很大，残余应力也较大，一般情况，对接焊缝的破坏不是在焊缝截面，而是在焊缝附近或远离焊缝的母材截面。所以 Q235 与 Q345 钢母材相焊时，采用 E50 系列焊条，在强度方面没有意义。E43 焊条的焊缝总比 E50 焊条的韧性好，而且在相同药皮类型情况下，E43 焊条比 E50 焊条便宜。异种钢相焊时，选用的焊接材料应能保证焊缝强度高于低强度钢材的强度，而焊缝的塑性则不应低于高强度钢材的塑性。与低强度钢材相适应的焊接材料正好符合此条件。

2. 角焊缝的构造要求

(1)最小焊脚尺寸

如果板件厚度较大而焊缝过小，则施焊时焊缝冷却速度过快而产生淬硬组织，易使焊缝附近主体金属产生裂纹。这种现象在低合金高强度钢中尤为严重。据此并参考国内外资料，规定：

$$h_f \geqslant 1.5\sqrt{t} \tag{9.1}$$

式中　t——较厚板件的厚度(mm)，计算时小数点以后均进为 1 mm；考虑到低氢型焊条施焊的焊缝焊渣层厚，保温条件较好，t 可采用较薄焊件的厚度。

埋弧焊的热量较集中，因而熔深较大，故最小焊脚尺寸可较上式的规定减小 1 mm；而 T 形连接的单面角焊缝可靠性较差，应增加 1 mm；当焊件厚度≤4 mm 时，则最小焊脚尺寸应与焊件厚度相同，即 $h_f \geqslant 4$ mm。

(2)最大焊脚尺寸

角焊缝的焊脚尺寸不能过大，否则易使母材形成“过烧”现象，而且使构件产生较大的焊接残余变形和残余应力。所以规定 $h_f \leqslant 1.2t_{min}$，t_{min} 为较薄焊件的厚度，如图 9.6 所示。对板件厚度为 t 的边缘角焊缝，若焊脚尺寸 $h_f = t$，在施焊时容易产生咬边现象，不易焊满全厚度。因此规定，当 $t > 6$ mm 时，取 $h_f \leqslant t-(1\sim2)$mm；当 $t \leqslant 6$ mm，由于一般用小直径焊缝施焊，技术较易掌握，可采用与焊件等厚的角焊缝，即 $h_f \leqslant t$。如果另一焊件厚度 $t' < t$ 时，还应满足 $h_f \leqslant 1.2t'$ 的要求。在十字形接头中，为避免厚度为 t_2 的板“过烧”，宜将焊脚尺寸控制在 $h_f \leqslant t_2$ 的范围。

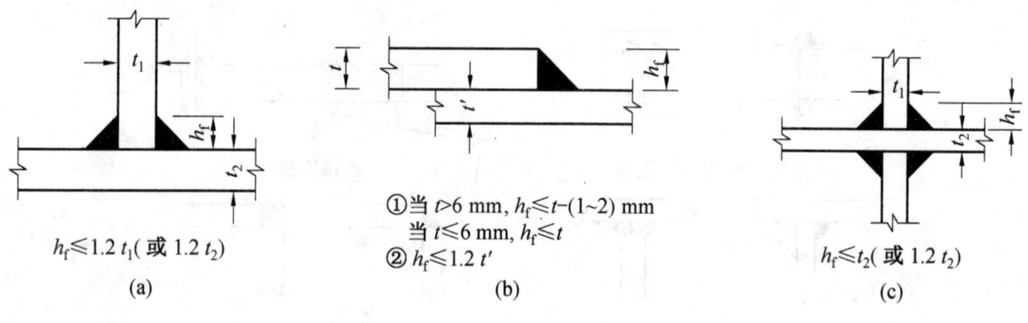

图 9.6　最大焊脚尺寸

9.2.3 螺栓连接形式

1. 螺栓的种类

在钢结构中应用的螺栓有普通螺栓和高强度螺栓两大类。普通螺栓又分 A 级、B 级(精制螺栓)和 C 级(粗制螺栓)。高强度螺栓按连接方式分为摩擦型连接和承压型连接两种。此外，还有用于钢屋架和钢筋混凝土柱或钢筋混凝土基础处的锚固螺栓(简称锚栓)。

A、B 级螺栓采用 5.6 级和 8.8 级钢材，C 级螺栓采用 4.6 级和 4.8 级钢材。高强度螺栓采用 8.8 级和 10.9 级钢材。10.9 级中 10 表示钢材抗拉极限强度为 f_u 为 1 000 N/mm²，0.9 表示钢材屈服强度

$f_y = 0.9f_u$，其他型号以此类推。锚栓采用 Q235 或 Q345 钢材。

A 级、B 级螺栓(精制螺栓)由毛坯经轧制而成，螺栓杆表面光滑，尺寸较准确，螺孔需用钻模钻成，或在单个零件上先冲成较小的孔，然后在装配好的构件上再扩钻至设计孔径(称Ⅰ类孔)。螺杆的直径与孔径间的空隙甚小，只容许 0.3 mm 左右，安装时需轻轻击入孔，既可受剪又可受拉。但 A 级、B 级螺栓(精制螺栓)制造和安装都较费工，价格昂贵，在钢结构中只用于重要的安装节点处，或承受动力荷载的既受剪又受拉的螺栓连接中。

C 级螺栓(粗制螺栓)用圆钢辊压而成，表面较粗糙，尺寸不十分精确，其螺孔制作是一次冲成或不用钻模钻成(称Ⅱ类孔)，孔径比螺杆直径大 1～2 mm，故在剪力作用下剪切变形很大，个别螺栓有可能先与孔壁接触，承受超额内力而先遭破坏。由于 C 级螺栓(粗制螺栓)制造简单，价格便宜，安装方便，常用于各种钢结构工程中，特别适宜于承受沿螺杆轴线方向受拉的连接、可拆卸的连接和临时固定构件用安装连接中。如在连接中有较大的剪力作用时，考虑到这种螺栓的缺点而改用支托等构造措施以承受剪力，让它只受拉力以发挥它的优点。

C 级螺栓亦可用于承受静力荷载或间接动力荷载的次要连接中作为受剪连接。

对直接承受动力荷载的螺栓连接应使用双螺帽或其他能防止螺栓松动的有效措施。

2. 普通螺栓的构造要求

(1)普通螺栓连接的工作性能和破坏情况

普通螺栓连接按螺栓传力方式，可分为受拉螺栓、受剪螺栓和受拉兼受剪螺栓 3 种。

当外力垂直于螺杆时，该螺栓为剪力螺栓。当外力平行于螺杆时，该螺栓为拉力螺栓。

精制螺栓受剪力作用后，螺杆与孔壁接触产生挤压力，同时螺杆本身承受剪切力。粗制螺栓则因孔径大，开始受力时螺杆与孔壁并不接触，待外力超过构件间的摩擦力(很小)而产生滑移后，螺杆才与孔壁接触。螺栓连接受力后的工作性能与钢材(或焊缝)相似，经过弹性工作阶段、屈服阶段、强化阶段而后进入破坏阶段。精制螺栓(或高强度螺栓)的这几个阶段比较明显，粗制螺栓的这几个阶段则不明显。

受剪螺栓连接破坏时可能出现 5 种破坏形式：

①螺杆剪断；

②孔壁挤压(或称承压)破坏；

③钢板被拉断；

④钢板端部或孔与孔间的钢板被剪坏；

⑤螺栓杆弯曲破坏。

这 5 种破坏形式，无论哪一种先出现，整个连接就破坏了。所以设计时应控制不出现任何一种破坏形式。通常对前面 3 种可能出现的破坏情况，通过计算来防止，而后两种情况则用构造限制加以保证。对孔与孔间或孔与板端的钢板剪坏，是用限制孔与孔间或孔与板端的最小距离来防止。对于螺栓杆弯曲损坏则用限制桥叠厚度不超过 $l \leqslant 5d$(d 为螺栓直径)来防止。

所以，螺栓连接的计算固然重要，构造要求和螺栓排列也同样重要，都是防止螺栓连接出现各种破坏的不可缺少的组成部分。

(2)受拉螺栓的工作性能

在受拉螺栓连接中，螺栓承受沿螺杆长度方向的拉力，螺栓受力的薄弱处是螺纹部分，破坏产生在螺纹部分，一方面是因该处截面面积最小，且常处于偏心受力状态；另一方面是该处因截面存在尖锐的缺口(螺纹)而产生高度应力集中，计算时应考虑这些不利因素。

(3)受剪兼受拉的螺栓的工作性能

这种螺栓兼有受剪和受拉两种螺栓的受力情况,工作性能比较复杂,通常分别考虑螺栓受剪和受拉性能后,用相关公式考虑受剪和受拉同时作用的综合效果(见设计规范)。

(4)螺栓排列的构造要求

螺栓在构件上的排列(普通螺栓、高强度螺栓、铆钉的排列均相同)常采用并列和错列两种形式。螺栓排列时应考虑下列要求:

①受力要求。为防止螺栓孔到板端的钢板不被剪坏,应规定端距的最小值为 $2d_0$(d_0 为螺栓孔径)。为了防止螺栓孔与孔间的钢板被剪坏,应规定孔与孔中心距离的最小值为 $3d_0$。又如受拉构件孔与孔间距离太小将引起较严重的应力集中。而受压构件螺栓间距如果太大则易使板件受压后产生凸曲(屈曲);

②紧密性要求。螺栓间距不宜太大,否则因构件接触不紧密或留有孔隙,使潮气侵入而引起锈蚀;

③施工要求。要保证有一定的空间,便于转动螺栓扳手。

根据以上要求,规范规定螺栓的最大和最小距离。

在角钢、槽钢和工字钢等型钢上布置螺栓和选用螺栓直径时,还应注意到要受型钢尺寸的限制。

3. 高强螺栓连接的构造要求

高强度螺栓有摩擦型连接和承压型连接两种,在外力作用下,螺栓承受剪力(称剪力螺栓)和拉力(称拉力螺栓)。

高强度螺栓承压型连接不应用于直接承受动力荷载的结构。

技术点睛

焊缝连接的主要焊接形式为对接焊缝和角焊缝,需要了解其构造要求。

9.3 钢结构的受力构件

9.3.1 受弯构件

钢梁是最常见的受弯构件。

1. 钢梁的截面形式

在工业与民用建筑中钢梁主要用做楼盖梁、工作平台梁、吊车梁、墙架梁及檩条等。按梁的支承情况可将梁分为简支梁、连续梁、悬臂梁等。按梁在结构中的作用不同可将梁分为主梁与次梁。按截面是否沿构件轴线方向变化可将梁分为等截面梁与变截面梁。钢梁按制作方法的不同分为型钢梁和焊接组合梁。型钢梁又分为热轧型钢梁和冷弯薄壁型钢梁两种。

目前常用的热轧型钢有普通工字钢、槽钢、热轧 H 形钢等。冷弯薄壁型钢梁截面种类较多,但在我国目前常用的有 C 形槽钢。冷弯薄壁型钢是通过冷弯加工成形的,板壁都很薄,截面尺寸较小。在梁跨较小、承受荷载不大的情况下采用比较经济。型钢梁具有加工方便、成本低廉的优点,在结构设计中应优先选用。但由于型钢规格型号所限,在大多数情况下,用钢量要多于焊接组合梁。

由钢板焊成的组合梁在工程中应用较多,当抗弯承载力不足时可在翼缘加焊一层翼缘板。如果梁所受荷载较大,而梁高受限或者截面抗扭刚度要求较高时可采用箱形截面,如图 9.7 所示。

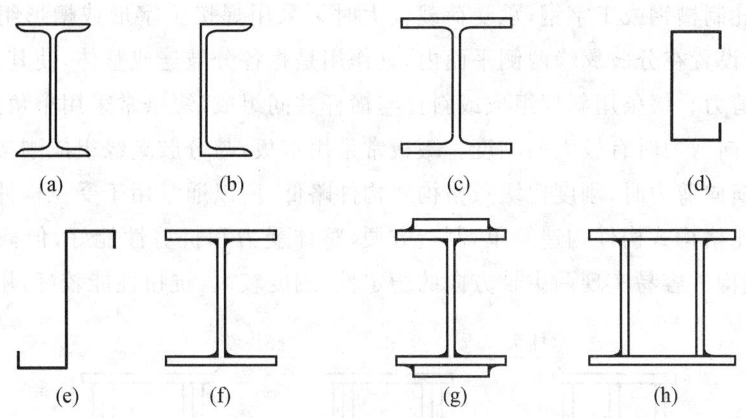

图 9.7 梁的截面形式

2. 钢梁的强度、刚度和稳定性计算

(1)抗弯强度计算

取梁内塑性发展到一定深度作为极限状态。对需要计算疲劳的梁,不考虑梁塑性发展。为保证梁的受压翼缘不致产生局部失稳,应限制其自由外伸宽度与其厚度之比。

(2)抗剪强度计算

梁的抗剪强度按弹性设计。

(3)刚度计算

梁必须具有一定的刚度才能有效地工作,刚度不足将导致梁挠度太大,影响结构正常使用。因此,设计钢梁除应满足各项强度要求之外,还应满足刚度要求。梁的挠度计算时采用荷载标准值,可不考虑螺栓孔引起的截面削弱。

(4)钢梁的整体稳定计算

当有铺板(各种钢筋混凝土板或钢板)密铺在梁的受压翼缘上与其牢固相连,能阻止梁受压翼缘的侧向位移时,或者工字形截面简支梁受压翼缘的自由长度 l 与其宽度 b 之比满足相应要求时,梁的整体稳定可不计算。除此之外,应验算梁的整体稳定性。

(5)钢梁的局部稳定计算

梁腹板通常采用加劲肋来加强腹板的局部稳定性,梁翼缘的局部稳定一般是通过限制板件的宽厚比来保证的。轧制的工字钢和槽钢等型钢一般不会发生局部失稳。

9.3.2 受拉、受压构件

柱、桁架的拉杆等都是常见的受拉、受压构件。

柱通常由柱头、柱身和柱脚 3 部分组成,如图 9.8 所示,柱头支承上部结构并将其荷载传给柱身,柱脚则把荷载由柱身传给基础。

在普通桁架中,受拉或受压杆件常采用两个等边或不等边角钢组成的 T 形截面或十字形截面,也可采用单角钢、圆管、方管、工字钢或 T 形钢等截面,如图 9.9(a)所示。轻型桁架的杆件则采用小角钢、圆钢或冷弯薄壁型钢等截面,如图 9.9(b)所示。受力较大的轴心受力构件(如轴心受压柱),通常采用实腹式或格构式双轴对称截面;实腹式构件一般是组合截面,有时也采用轧制 H 形钢或圆管截面,如图 9.9(a)所示。格构式构件一般由两个或多个分肢用组件联系组成,如图 9.9(b)所示,采用较多的是两分肢格构式构件。在格构式构件截面中,通过分肢腹板的主轴叫做实轴,通过分肢缀件的主轴叫做虚轴。分肢通常采用轧制槽钢或工字钢，承受荷载较大时可采用焊接工字形或槽形组合截面。缀件有缀条或缀板两种，一般设置在分肢翼缘两侧平面内，其作用是将各分肢连成整体，使其共同受力，并承受绕虚轴弯曲时产生的剪力。缀条用斜杆组成或斜杆与横杆共同组成，缀条常采用单角钢，与分肢翼缘组成桁架体系，使承受横向剪力时有较大的刚度。缀板常采用钢板，与分肢翼缘组成刚架体系。在构件产生绕虚轴弯曲而承受横向剪力时，刚度比缀条格构式构件略低，所以通常用于受拉构件或压力较小的受压构件。实腹式构件比格构式构件构造简单，制造方便，整体受力和抗剪性能好，但截面尺寸较大时钢材用量较多；而格构式构件容易实现两主轴方向的稳定性，刚度较大，抗扭性能较好，用料较省。

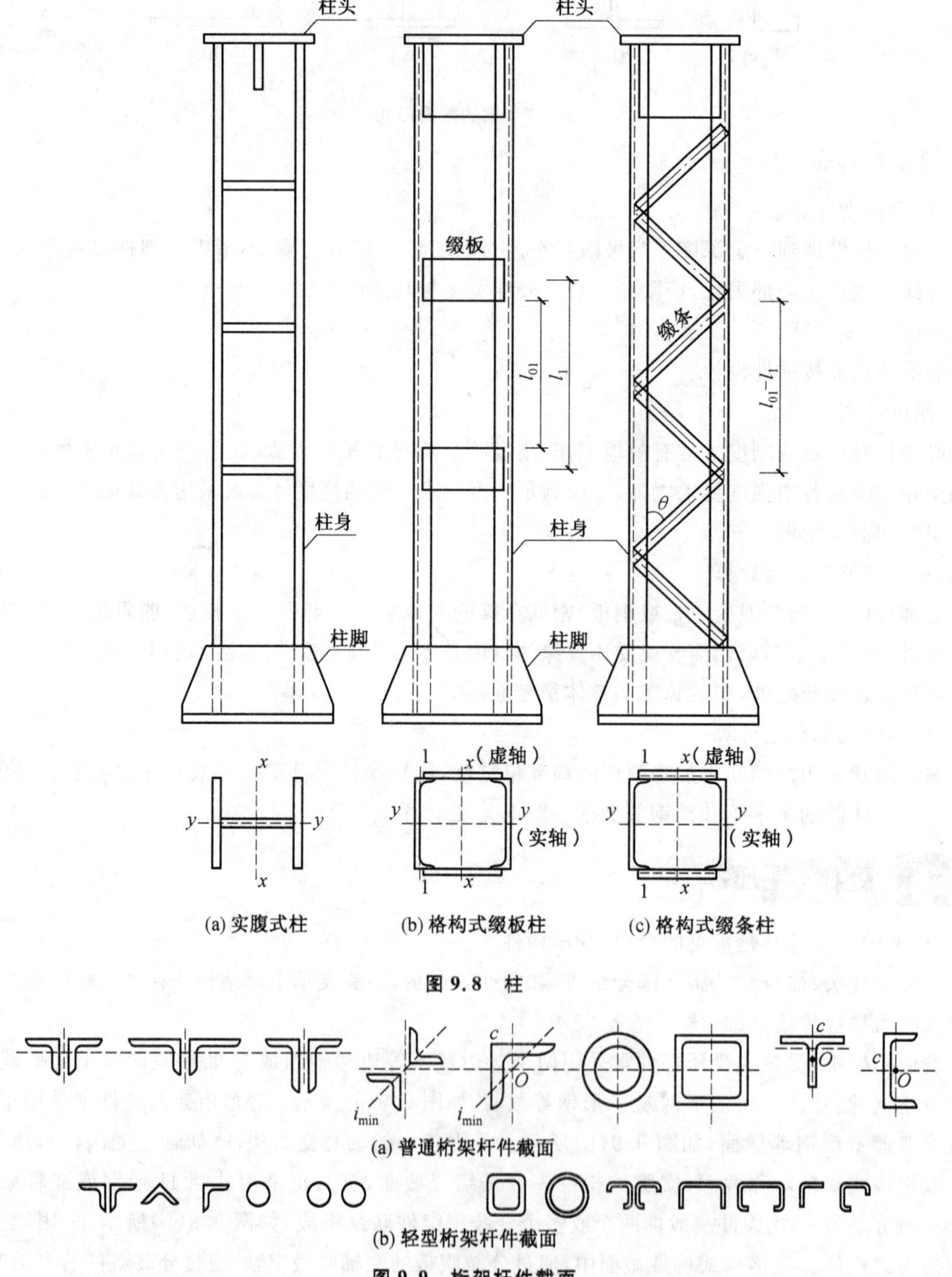

(a) 实腹式柱　(b) 格构式缀板柱　(c) 格构式缀条柱

图 9.8　柱

(a) 普通桁架杆件截面

(b) 轻型桁架杆件截面

图 9.9　桁架杆件截面

受拉构件根据受力情况，可分为轴心受拉和偏心受拉构件(拉弯构件)。

1. 轴心受拉构件

轴心受拉构件常见于桁架中。构件的刚度是通过限制长细比来保证的。轴心受拉构件须按下式进行净截面强度计算：

$$\sigma = N/A \leqslant f \tag{9.2}$$

式中 N——构件的轴心受力设计值；

f——钢材抗拉强度设计值或抗压强度设计值；

A——构件的毛截面面积。

2. 偏心受拉构件

偏心受拉构件应用较少，桁架受拉杆同时承受节点之间横向荷载时为偏心受拉构件。

3. 轴心受压构件

受压构件按截面构造形式不同，可分为实腹式和格构式两类。前者构造简单、制作方便；后者制作费工，但节省钢材。当构件比较高大时，也可采用格构式，增加截面刚度，节省钢材。

和轴心受拉构件一样，轴心受压构件的截面设计也需要满足强度和刚度要求。除此以外，轴心受压构件还要进行整体稳定和局部稳定计算；通过考虑整体稳定系数进行轴心受压构件的整体稳定计算，通过限制板件的宽厚比来保证局部稳定。

缺陷的轴心受压构件，当轴心压力 N 较小时，构件只产生轴向压缩变形，保持直线平衡状态。此时如有干扰力使构件产生微小弯曲，则当干扰力移去后，构件将恢复到原来的直线平衡状态，这种直线平衡状态下构件的外力和内力间的平衡是稳定的。当轴心压力逐渐增加到一定大小，如有干扰力使构件发生微弯，但当干扰力移去后，构件仍保持微弯状态而不能恢复到原来的直线平衡状态，这种从直线平衡状态过渡到微弯曲平衡状态的现象称为平衡状态的分支，此时构件的外力和内力间的平衡是随遇的，称为随遇平衡或中性平衡。如轴心压力再稍微增加，则弯曲变形迅速增大而使构件丧失承载能力，这种现象称为构件弯曲屈曲或弯曲失稳，如图 9.10所示。中性平衡是从稳定平衡过渡到不稳定平衡的临界状态，中性平衡时的轴心压力称为临界力，相应的截面应力称为临界应力。

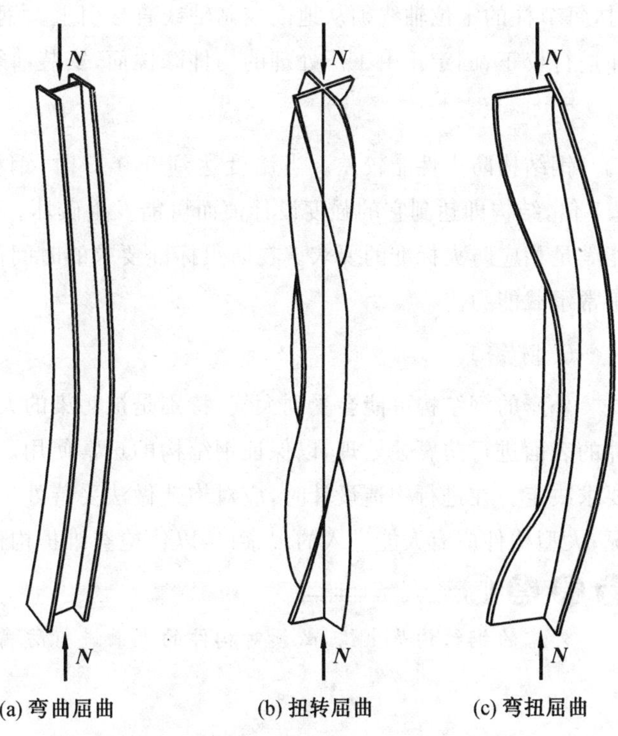

图 9.10 两端铰接轴心受压构件的屈曲状态

技术点睛

钢梁是最常见的受弯构件，钢柱、桁架的拉杆是常见的受拉、受压构件。

9.3.3 钢结构构件制作、运输、安装、防火与防锈

1. 制作

钢结构制作包括放样、号料、切割、校正等诸多环节。高强度螺栓处理后的摩擦面，抗滑移系数应符合设计要求。制作质量检验合格后进行除锈和涂装。一般安装焊缝处留出 30～50 mm 暂不涂装。

2. 焊接

焊工必须经考试合格并取得合格证书且必须在其考试合格项目及其认可范围内施焊。焊缝施焊后须在工艺规定的焊缝及部位打上焊工钢印。焊接材料与母材应匹配，全焊透的一、二级焊缝应采用超声波探伤进行内部缺陷检验，超声波探伤不能对缺陷做出判断时，采用射线探伤。施工单位首次采用的钢材、焊接材料、焊接方法等，应进行焊接工艺评定。

3. 运输

运输钢构件时，要根据钢构件的长度和重量选用车辆。钢构件在车辆上的支点、两端伸出的长度及绑扎方法均应保证构件不产生变形、不损伤涂层。

4. 安装

钢结构安装要按施工组织设计进行，安装程序须保证结构的稳定性和不导致永久性变形。安装柱时，每节柱的定位轴线须从地面控制轴线直接引上。钢结构的柱、梁、屋架等主要构件安装就位后，须立即进行校正、固定。由工厂处理的构件摩擦面，安装前须复验抗滑移系数，合格后方可安装。

5. 防火

钢结构防火性能较差。当温度达到 550 ℃时，钢材的屈服强度大约降至正常温度时屈服强度的 0.7 倍，结构即达到它的强度设计值而可能发生破坏。设计时应根据有关防火规范的规定，使建筑结构能满足相应防火标准的要求。在防火标准要求的时间内使钢结构的温度不超过临界温度，以保证结构正常承载能力。

6. 防锈

外露的钢结构可能会受到大气，特别是被污染的大气的严重腐蚀，最普通的是生锈。这就必须对构件的表面进行防腐蚀处理，以保证钢结构的正常使用。防腐处理方法根据构件表面条件及使用寿命的要求决定。在进行构造设计时，应对构造做法妥善处理，避免诸如将槽钢槽口朝上放置，造成积水等情况；大型构件应有人能进入的观察口，以便检查维护构件内部情况等。

技术点睛

外露的钢结构易生锈，必须对构件的表面进行防腐蚀处理，以保证钢结构的正常使用。

9.4 钢结构常见形式

钢结构是土木工程的主要结构形式之一，随着我国国民经济的迅速发展，钢结构在土木工程各个领域得到了广泛的应用，高层和超高层建筑、多层房屋、工业厂房、体育场馆、会展中心、火车站候车大厅、飞机场航站楼、大型客机抢修库、自动化高架仓库、城市桥梁和大跨度公路桥梁、粮仓以及海上采油台等

都已采用钢结构。为了克服钢结构的缺点，发挥其优势，以适应社会建设不断发展的需要，对钢结构的材料、结构形式、结构设计计算理论等方面的研究也在不断发展。钢结构形式主要分为:框架结构、排架结构、刚架结构、网架结构及其他形式结构。

1.房屋建筑屋盖钢结构

(1)三角形屋架

如图9.11所示，三角形屋架用于屋面坡度较大的屋盖结构中。当屋面材料为机平瓦或石棉瓦时，要求屋架的高跨比为1/4～1/6。这种屋架与柱子多做成铰接，因此房屋的横向刚度较小。屋架弦杆的内力变化较大，弦杆内力在支座处最大，在跨中最小，故弦杆截面不能充分发挥作用。一般宜用于中、小跨度的轻屋面结构。

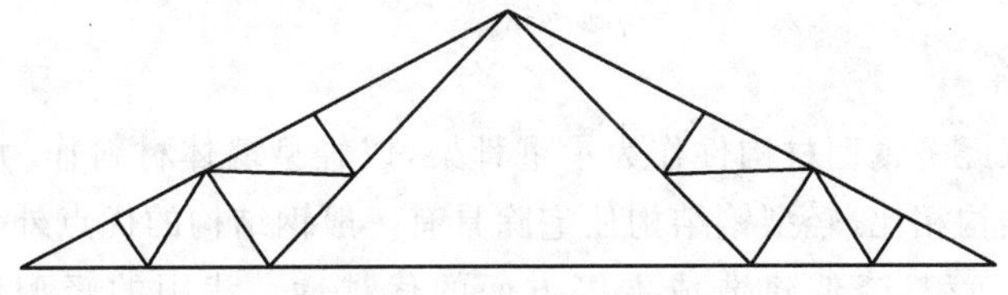

图9.11 三角形屋架

技术点睛

荷载和跨度较大时，采用三角形屋架不够经济。

(2)梯形屋架

如图9.12所示，梯形屋架的外形比较接近于弯矩图，受力情况较三角形屋架好，腹杆较短，一般用于屋面坡度较小的屋盖中。梯形屋架与柱的连接，可做成刚接，也可做成铰接。这种屋架已成为工业厂房屋盖结构的基本形式。梯形屋架一般都用于无檩屋盖，屋面材料大多用大型屋面板，应使上弦节间长度与大型屋面板尺寸相配合，使大型屋面板的主肋正好搁置在屋架上弦节点上。上弦不产生局部弯矩；如节间长度过大，可采用再分式腹杆形式。

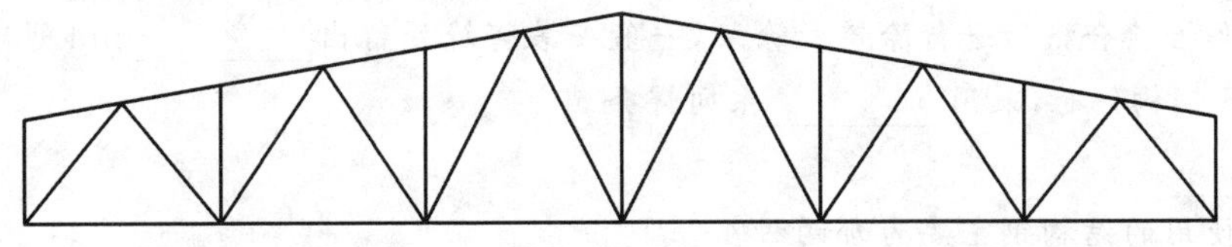

图9.12 梯形屋架

(3)矩形(平行弦)屋架

如图9.13所示，矩形(平行弦)屋架的上、下弦平行，腹杆长度一致，杆件类型少，能符合标准化、工业化制造的要求。这种屋架一般用于托架或支撑体系。

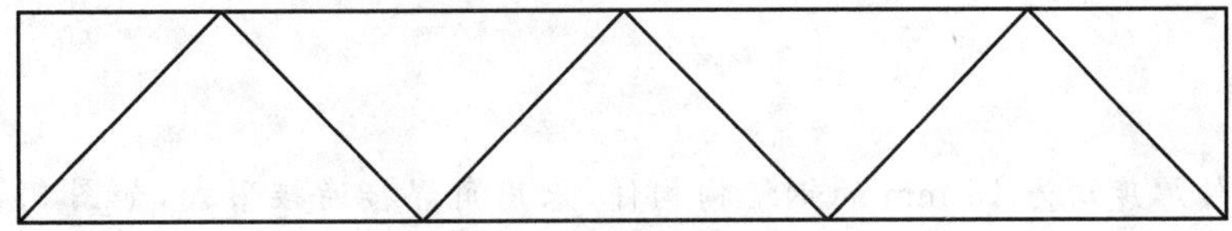

图9.13 矩形(平行弦)屋架

2. 高层及超高层钢结构

桅杆结构，杆身通过纤绳的牵拉而直立，杆身可以为钢管或格构杆件，常见的形式有装设天线、支撑观测台的柱杆。

塔架结构，塔架立面轮廓线可采用直线形、单折线形和带有拱形底座的多折线形等，如世界著名建筑埃菲尔铁塔。

3. 大跨度空间钢结构

大跨度空间钢结构主要是指网架、网壳结构及其组合结构和杂交结构，在体育场馆、大型展览场馆、火车站候车大厅、桥梁结构、机场机库、机场航站楼、工业厂房、大跨度屋盖或楼层结构、散料仓库、公路收费站篷等方向得到广泛应用。

4. 轻型钢结构住宅

轻型钢结构住宅是以经济钢型材构件作为承重骨架，以轻型墙体材料作为维护结构所构成的居住类建筑。与传统的居住结构相比，轻型钢结构住宅除具有一般钢结构的优点外，还具有建筑空间布置灵活、可有效增加建筑使用面积、降低建造成本等方面的优越性。我国的轻型钢结构住宅研究起步于20世纪90年代末，目前还处于研究和试点工程阶段。

5. 特种钢结构

特殊房屋，例如奥运鸟巢等。

一、填空题

1. 钢材的种类按化学成分可分为________和________。

2. 碳素结构钢 Q235 中 Q 是屈服点的汉语拼音的首位字母，数字代表________。

3. 钢结构的连接方法通常有________、________和________3 种。

4. 钢结构制作检验合格后进行除锈和涂装，一般安装焊缝处留出________mm 暂不涂装。

5. 焊接 Q345 钢构件时，采用________系列焊条。

二、简答题

1. 我国建筑使用的结构钢主要为哪两种？

2. 钢材的选用通常应考虑哪些因素？

3. 对接焊缝和角焊接的构造要求有哪些？

4. 普通螺栓的主要破坏形式有哪几种？

5. 钢结构的焊接应注意的事项有哪些？

1. 对于两块板件厚度均为 15 mm 的钢结构构件，采用角焊接连接形式，如图 9.14 所示，计算给出焊脚尺寸，使其满足构造要求。

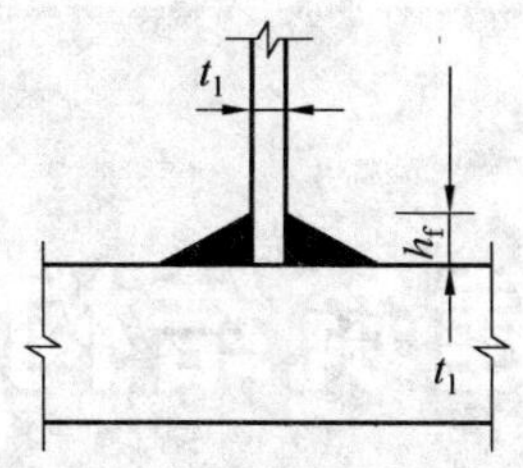

图9.14 实训提升1题图

2. 一轴心受拉桁架构件的毛截面面积为 3 500 mm^2，采用 Q235 碳素结构钢，抗拉强度设计值为 205 N/mm^2，在满足净截面强度的要求下，计算出构件能承受的最大轴心拉力。

项目10 建筑结构抗震基础知识

【知识目标】

1. 掌握地震基本知识，明确抗震设防目标以及抗震设计的基本要求；
2. 了解多、高层钢筋混凝土结构和多层砌体房屋的震害、抗震的一般规定；
3. 掌握多、高层钢筋混凝土结构和多层砌体房屋的抗震构造要求。

【技能目标】

能够按照抗震构造要求识别图纸和处理简单施工技术问题。

【课时建议】

6 课时

10.1 抗震基础知识

10.1.1 地震的基本概念

建筑抗震设计中所指的地震,是由于地壳构造运动使岩石层发生断裂、错动而引起的地面振动。这种地震称为构造地震,简称地震。

地壳深处发生岩层断裂、错动的地方称为震源。震源的正上方的地面位置叫震中。震中附近的地面震动得最厉害,也是破坏最严重的地区,称为震中区。地面某处至震中的水平距离称为震中距。把地面上破坏程度相似的点连成的线称为等震线。震中至震源的垂直距离称为震源深度。

地震是因为板块之间或板块内部的某个部位,受到几十年或几百年或几千年板块运动的应力积累到一定程度后而突然断裂引起的(图 10.1)。

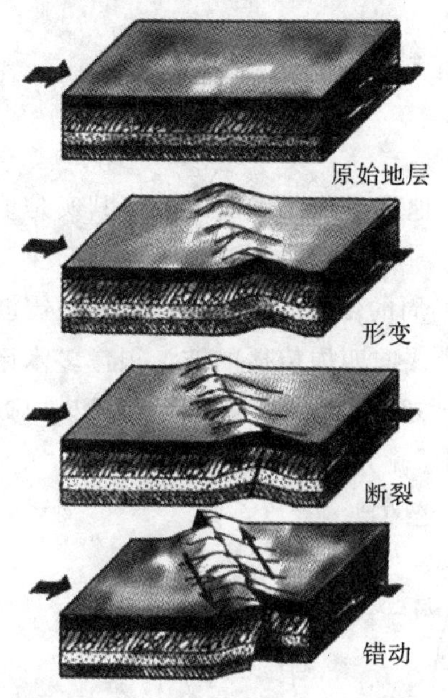

图 10.1 构造地震成因示意图

地球上每天都在发生地震,一年约 500 万次,其中,人们能感觉到的地震约 5 万次,能造成破坏性的约有 1 000 次,7 级以上的地震大约每年发生 18 次,8 级以上的地震大约每年发生 1～2 次。我国是世界上地震活动最强烈及地震灾害最严重的国家之一,20 世纪全球大陆 35%的 7 级以上的地震发生在我国(图 10.2)。

地震包括天然地震和人工诱发地震两种,天然地震包括板间地震(板块相互滑移或错动)、板内地震(板块突然断裂的构造地震)、火山地震和崩塌地震等;人工诱发地震包括核爆炸引起的地震、大型水库蓄水对地表的压力引起的地震、油井高压注水对地下的压力引起的地震等。

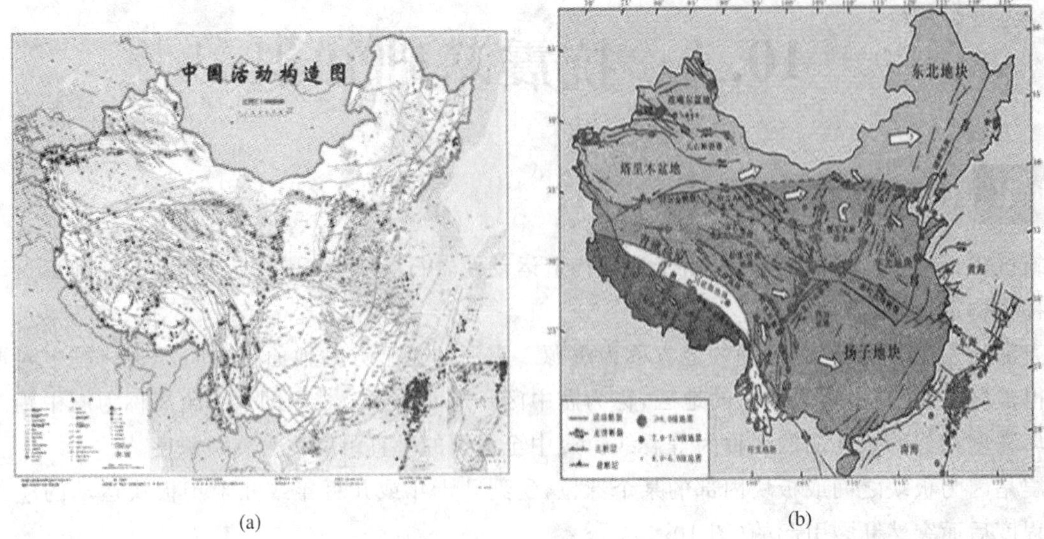

(a) (b)

图 10.2 我国的地震带分布图

10.1.2 地震震级

地震一般都发生在地球表面以下几千米至 60 km 左右的深处，地震对地球表面的破坏其实是地震波造成的破坏。

地震波在地球内部的传播原理与水受到振动后产生的水波向四周的传播原理是一样的。地震波主要分为纵波和横波(图 10.3)。纵波是一种纵向振动的，以伸缩的形式向四周传播的波。很像多米诺骨牌倒塌相互挤压时的状况，纵波传播的速度最快，我们感觉到的振动是上下颠簸。横波是一种横向振动的波，像水波一样向四周传播的波，横波的速度较纵波慢一些，我们感觉到的振动是左右摇晃。

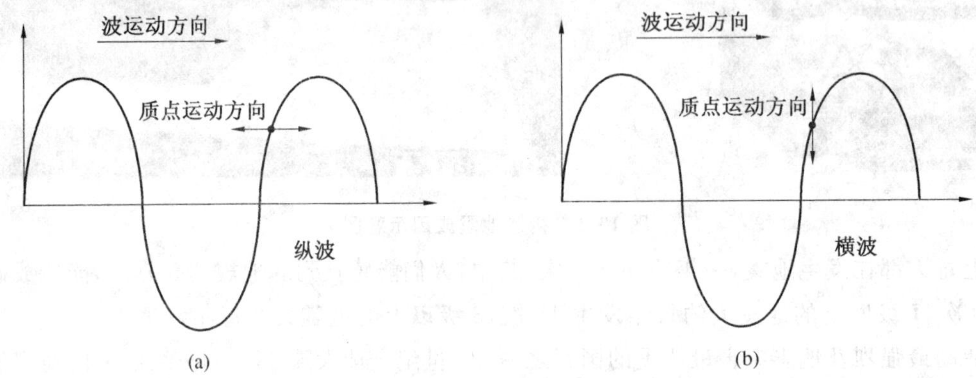

(a) (b)

图 10.3 纵波和横波示意图

所以，地震时人们首先感受到上下颠动的纵波，随后才感到摇摇晃晃的横波，横波的能量非常大，对地面建筑造成破坏的主要是横波。

地震震级是衡量一次地震强弱程度(即所释放能量的大小)的指标。目前，国际上比较通用的是里氏震级。对地震的感觉(以处在震中位置，震源深度为 20 km 为例)为：1～2 级地震，人们一般感觉不出来；3～4 级地震，人们可以感觉到，但破坏性不大；5～6 级地震，属于破坏性地震；7～8 级地震，属于破坏性极大的地震；9.3 级地震是目前记录到的最大震级。

10.1.3 烈度

1. 地震烈度

地震烈度是指某一地区地面和各类建筑物遭受一次地震影响的强烈程度。地震烈度不仅与震级大小有关，而且与震源深度、震中距、地质条件等因素有关。一次地震只有一个震级，但会在不同地区产生不同破坏程度的地震烈度。一般说来，离震中越近，烈度越高。我国地震烈度采用十二度划分法。简单地说，1～3度人一般无感觉，只有地震仪能测出来；从4度起，人就有感觉，挂灯摇晃；5度时不稳定器物翻倒；6度时建筑物可能出现损坏；7度时一般房屋大多数有轻微损坏；8～9度时大多数房屋损坏、破坏，少数房屋倾倒；10度时许多房屋倾倒；11、12度时房屋普遍毁坏。

2008年5月12日，我国汶川大地震破坏最严重的地区映秀镇及北川县，烈度已达到了11度(图10.4)。

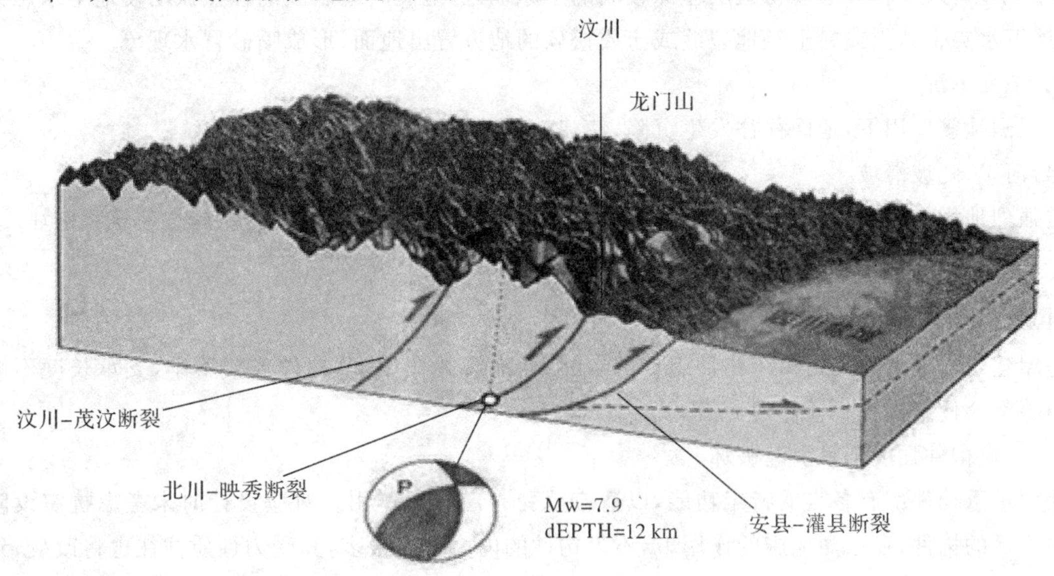

图10.4 我国汶川地震

2. 基本烈度

抗震基本烈度是某地区50年内，在该地区一般场地条件下，超越概率为10%所对应的地震烈度；基本烈度是该地区抗震设计的基本标准。

建筑抗震设计规范取超越概率为10%的地震烈度为该地区的基本烈度；超越概率为63.2%的地震烈度为该地区的小震烈度(又称众值烈度，即概率密度曲线上最大值处)；取超越概率为2%的地震烈度为该地区的大震烈度(又称罕遇烈度)(图10.5)。

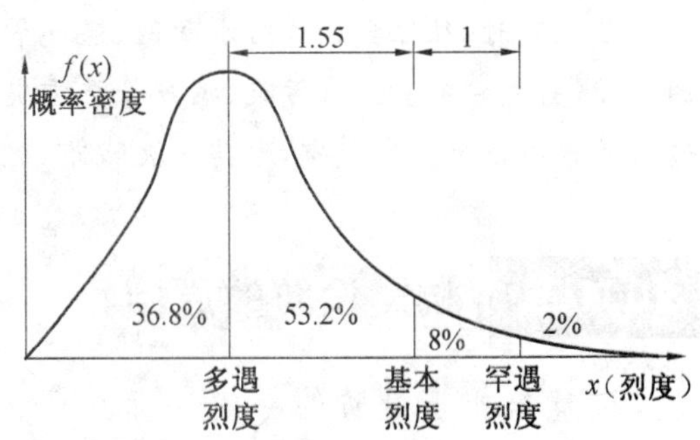

图10.5 地震烈度概率密度曲线

3. 抗震设防烈度

按照国家规定权限批准作为一个地区地震设防依据的地震烈度，称为抗震设防烈度。一般情况下，可采用中国地震动参数区划图的地震基本烈度，或采用与《建筑抗震设计规范》(GB 50011—2010)设计基本地震加速度对应的地震烈度。对已编制抗震设防区划的城市也可采用批准的抗震设防烈度或设计地震动参数进行抗震设防。

10.1.4 地震破坏的现象

1. 地表破坏的现象

(1)地裂缝

在强烈地震的作用下,常常在地面产生裂缝。地裂缝分为重力地裂缝和构造地裂缝两种。重力地裂缝是由于在强烈的地震作用下,地面做剧烈震动引起的惯性力超过了土的抗剪能力所致。这种裂缝长度可由几米到几十米,延续总长可达几公里,但一般不深,多为1～2 m。构造地裂缝是地壳深部断层错动延伸至地面的裂缝。

(2)喷砂冒水

在地下水位较高、砂层或粉土层埋深较浅的平原地区,地震时地震波的强烈振动使地下水压力急剧增高,地下水夹带砂土或粉土经地裂缝或土质松软的地方冒出地面,形成喷砂冒水现象。

(3)地面下沉

在强烈地震作用下,地面往往发生沉陷,使建筑物破坏。

(4)河岸、陡坡滑坡

在强烈地震作用下,常引起河岸、陡坡滑坡,有时规模很大,造成公路堵塞、岸边建筑物破坏。

2. 建筑物的破坏

(1)结构丧失整体性

房屋建筑或构筑物是由多个构件组成的,在强烈地震的作用下,构件连接不牢,支承长度不够和支撑失稳等都会使结构丧失整体性而破坏。

(2)承重构件强度不足引起破坏

任何承重构件都有各自的特定功能,以适应承受一定外力作用。对应设计时未考虑抗震设防或抗震设防不足的构件,在强烈地震的作用下,不仅构件的内力增大很多,其受力性质往往也将改变,致使构件因强度不足而破坏。

(3)地基失效

当建筑物地基内含饱和砂层、粉土层时,在强烈地面运动作用下,土中孔隙水压力急剧增高,致使地基土发生液化,地基承载力下降,甚至完全丧失,从而致使上部结构破坏。

技术点睛

在地震时,往往会造成给水管网、煤气管网、供电线路的破坏以及易燃、易爆、有毒物质、核物质容器的破裂,引发水灾、火灾、污染、瘟疫等严重灾害,这些被称作次生灾害。这些次生灾害,有时比地震直接造成的损失还大。在城市,尤其是大城市,这个问题已越来越引起人们的关注。

10.1.5 抗震设防的原则

1. 建筑抗震设防的一般目标

我国建筑抗震设计规范明确给出了"三水准"的设防目标。第一水准:当建筑物遭受低于本地区设防烈度的多遇地震时,一般无损坏不需维修,即"小震不坏";第二水准:当建筑物遭受相当于本地区设防烈度的地震时,一般有损坏但维修后仍可以继续使用,即"中震可修";第三水准:当建筑物遭受高于本地区设防烈度的罕遇地震时,不致倒塌,即"大震不倒"。

2. 抗震设计的基本内容

建筑抗震设计包括3个层次的内容：概念设计（在总体上定性地把握建筑抗震设计的基本原则，例如选择合适的场地，把握合适的建筑体型，利用结构的延性，设置多道防线等）、抗震计算（使用底部剪力法、振型分解反应谱法、时程分析法等对建筑进行定量的抗震计算或验算以保证结构的抗震能力）、抗震构造措施（采用不同等级的抗震构造手段加强或弥补结构的抗震薄弱环节及不足）。

10.1.6 建筑抗震设防分类及标准

我国的建筑抗震设计规范按建筑抗震的重要性分为4类：

①特殊设防类建筑又称甲类建筑，是指使用上有特殊设施，涉及国家公共安全的重大建筑工程和地震时可能发生严重的次生灾害等重大灾难后果的建筑，本类建筑享受的抗震待遇是双高，即享受的抗震构造及结构计算待遇都高于本建筑所在地的抗震设防烈度所对应的标准。

②重点设防类建筑又称乙类建筑，指地震时功能不能中断的生命线工程建筑，如医院、电信大楼，本类建筑享受的抗震待遇是一高一平，即享受的抗震构造待遇高于本建筑所在地的抗震设防烈度所对应的标准，但享受的抗震计算待遇与本建筑所在地的抗震设防烈度所对应的标准持平。

③标准设防类建筑又称丙类建筑，指一般的工业及民用建筑，本类建筑享受的抗震待遇是双平，即享受的抗震构造及结构计算待遇都持平于本建筑所在地的抗震设防烈度所对应的标准。

④适度设防类建筑又称丁类建筑，指使用上人员稀少及地震损坏后不致产生次生灾害的建筑，本类建筑享受的抗震待遇是一低一平，即享受的抗震构造待遇可低于本建筑所在地的抗震设防烈度所对应的标准，六度设防时不再降低，但享受的抗震计算待遇与本建筑所在地的抗震设防烈度所对应的标准持平。

10.2 多层砌体房屋的抗震规定

10.2.1 多层砌体结构的震害特点

1. 砌体结构的抗震整体性能

砌体结构是使用最广泛的一种建筑形式，砌体结构多采用黏土实心砖和混合砂浆砌筑，通过砖块的咬砌达到具有一定整体连接的目的；楼板、梁和其他构件采用预制钢筋混凝土。

整个结构由于组成和连接的原因具有脆性性质（强度低）。抗震设计欠合理的砌体房屋，抗震性能较差，破坏率都比较高。多数砖房的抗破坏能力很低，但具有较高的抗倒塌能力，因此，砌体结构房屋只要进行合理的设计和采取必要的抗震措施，精心施工，仍可在地震区采用。

因结构上的地震作用有很大的不确定性，准确计算结构的地震反应还有困难；另一方面，在实验室内难以真实模拟地震作用。因此必须重视震害的实地考察，找出结构的抗震薄弱环节，总结出有益的抗震措施。

2. 震害现象及特点

(1)墙体的震害

横墙（包括山墙）、纵墙上出现斜向、交叉、水平裂缝，严重时出现倾斜、错动和倒塌现象。当地震作用在墙体内产生的主拉应变超过相应极限拉应变时则产生斜裂缝；在地震的反复作用下，形成了交叉裂缝。高宽比较小的横墙，中部出现水平剪切裂缝（图10.6、图10.7）。

图 10.6　窗间墙及窗肚墙剪切破坏

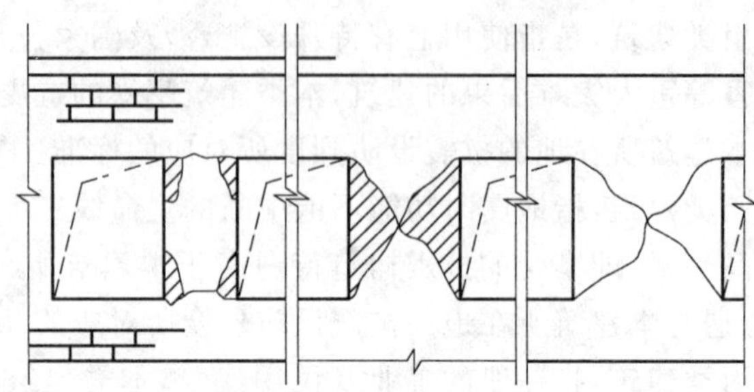

图 10.7　不同高宽比时窗间墙的破坏

交叉裂缝易出现在纵墙的窗间墙或窗肚墙(即窗洞上下间墙)中,原因是墙上压力较小,而墙体抗拉强度较低。在高烈度地震区,承重横墙开裂后,当水平地震力继续作用,由交叉裂缝所分割出的三角形墙体可能被挤出,造成房屋的原地塌落。

水平裂缝多出现在纵墙窗口上下截面处(房屋中段较重,两端较轻);顶层大空间的外纵墙在 7 度时也可出现水平裂缝。产生的原因是:横墙间距过大或楼板水平刚度不足,纵墙产生了过大的平面外变形,导致墙体的平面外失稳而出现水平裂缝。

当采用木屋架时,因屋面构件与山墙之间缺乏可靠锚固,山墙顶部出现水平裂缝、倒八字裂缝,严重者则墙顶部局部倒塌。

(2)墙角的震害

房屋四角以及凸出部分阳角的墙面上,出现纵横两个方向的 V 形斜裂缝(图 10.8、图 10.9),严重时则发生墙体局部倒塌。由于扭转影响会使角部墙体内力及变形效应加剧,此处易产生应力集中,加之其水平约束较弱,抗震能力有限,容易产生上述裂缝和墙角局部塌落。

图 10.8　墙角的破坏图

图 10.9　墙角破坏时的 V 形斜裂缝

(3)横墙连接处的震害

承重横墙的破坏与圈梁的设置情况有密切的联系。地震中破坏时,在上、下圈梁间的墙体发生锯齿形塌落,这说明抗震圈梁对墙体有显著的约束作用(图 10.10)。

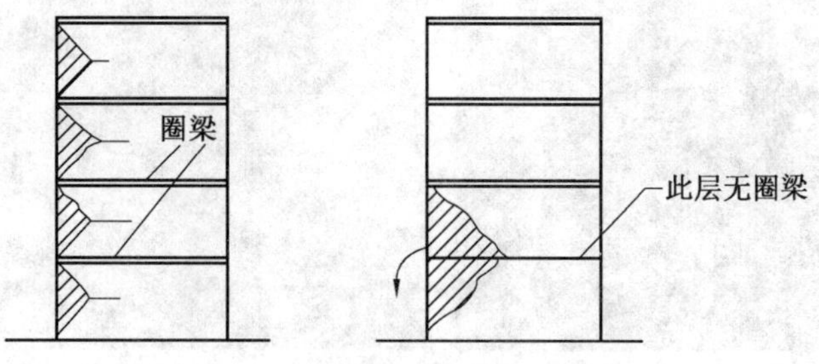

图 10.10　圈梁设置不同时的墙体破坏

施工时纵横墙往往不能同时咬槎砌筑,墙体间缺乏拉结,或虽同时砌筑,但砌筑质量不好,导致墙体间拉结强度低(图 10.11)。在垂直于纵墙的地震力的作用下,纵横墙连接处产生破坏,出现竖向裂缝或纵墙整片倒塌(图 10.12)。地基条件不好时,地震时的不均匀沉降也可产生竖向裂缝。

图 10.11　内墙砌留直缝时外纵墙的倒塌

图 10.12　横墙圈梁间距过大时外纵墙甩出倒塌

(4)楼梯间的震害

楼梯间墙体的震害一般比较重,支承楼梯的横墙破坏更为普遍。因其横墙间距较小,其水平抗剪刚度较大,因而承担较大的水平地震剪力,而其空间刚度相对较小,特别是顶层休息平台以上的外纵墙常为一层半高,且竖向压力较小,楼梯踏步板又削弱了墙体的截面。因此楼梯间的墙体容易产生斜裂缝或交叉裂缝。当楼梯间布置在房屋端部或转角处,因受扭转附加剪力的影响,其震害更为严重,常引起墙体破坏或倒塌。

楼梯本身的震害较轻,预制楼梯在接头处裂开;现浇楼梯与平台梁相接处被拉断。

(5)楼板与屋盖的震害

楼板和屋盖是传递水平地震作用的主要构件,其刚度对房屋抗震性能影响很大。现浇楼盖、屋盖整体性好、水平刚度大,能够将地震剪力较均匀地向各墙体分摊。预制楼盖、屋盖整体性较差,不能够将地震剪力均匀地向各墙体分摊,从而使有的抗侧力构件承受过大的地震剪力先行断裂,然后楼板连接拉裂,墙体开裂、错位倒塌直至预制楼、屋盖掉落。

另外,预制板端部之间及预制板与墙之间的拉结不好也可造成楼、屋盖的脱落。

(6)房屋附属物的震害

地震时由于受到“鞭梢效应”的影响,高出屋面的烟囱、塔楼、楼梯间、水箱间的墙面上出现交叉裂缝、水平裂缝、错动,甚至倒塌及被甩落的现象(图 10.13、图 10.14)。

图 10.13　塔楼甩落

图 10.14　顶部突出建筑主楼层震害加重

技术点睛

鞭梢效应：当建筑物受地震作用时，它顶部的小突出部分由于质量和刚度比较小，在每一个来回的转折瞬间，形成较大的速度，产生较大的位移，就和鞭子的尖一样，这种现象称为鞭梢效应（whipping effect）。在《工程抗震术语标准》（JGJ/T 97—2011）规范中是这样写的：在地震作用下，高层建筑或其他建（构）筑物顶部细长突出部分振幅剧烈增大的现象。

(7)带钢筋混凝土构造柱砌体房屋的震害

房屋砖墙的特定部位设置了不同截面的钢筋混凝土柱，地震时，由于混凝土柱可以提高墙体的抗剪强度，大大地增强了房屋的变形能力，在墙体开裂之后，构造柱与圈梁所形成的约束体系可以有效地限制墙体的散落（图 10.15），使开裂墙体以滑移摩擦等方式消耗地震能量，从而延缓房屋的倒塌时间，或形成了裂而未倒的情况，与未设构造柱的同类房屋相比，震害显著减轻。

图 10.15　构造柱对墙体的约束

10.2.2　多层砌体结构的抗震构造措施

1. 设置钢筋混凝土构造柱

各类多层砖砌体房屋，应按下列要求设置现浇钢筋混凝土构造柱(以下简称构造柱)：

(1)构造柱设置部位，一般情况下应符合表10.5的要求。

(2)外廊式和单面走廊式的多层房屋，应根据房屋增加一层的层数，按表10.1的要求设置构造柱，且单面走廊两侧的纵墙均应按外墙处理。

(3)横墙较少的房屋，应根据房屋增加一层的层数，按表10.5的要求设置构造柱。当横墙较少的房屋为外廊式或单面走廊式时，应按本条(2)款要求设置构造柱；但6度不超过四层、7度不超过三层和8度不超过两层时，应按增加两层的层数对待。

(4)各层横墙很少的房屋，应按增加两层的层数设置构造柱。

(5)采用蒸压灰砂砖和蒸压粉煤灰砖的砌体房屋，当砌体的抗剪强度仅达到普通黏土砖砌体的70%时，应根据增加一层的层数按本条(1)～(4)款要求设置构造柱；但6度不超过四层、7度不超过三层和8度不超过两层时，应按增加两层的层数对待。

表10.1　多层砖砌体房屋构造柱设置要求

<table>
<tr><th colspan="4">房屋层数</th><th colspan="2" rowspan="2">设置部位</th></tr>
<tr><th>6度</th><th>7度</th><th>8度</th><th>9度</th></tr>
<tr><td>四、五</td><td>三、四</td><td>二、三</td><td></td><td rowspan="3">楼、电梯间四角、楼梯斜梯段上下端对应的墙体处；
外墙四角和对应转角；
错层部位横墙与外纵墙交接处；
较大洞口两侧</td><td>隔12 m或单元横墙与外纵墙交接处；
楼梯间对应的另一侧内横墙与外纵墙交接处</td></tr>
<tr><td>六</td><td>五</td><td>四</td><td>二</td><td>隔开间横墙(轴线)与外墙交接处；
山墙与内纵墙交接处</td></tr>
<tr><td>七</td><td>≥六</td><td>≥五</td><td>≥三</td><td>内墙(轴线)与外墙交接处；
内横墙的局部较小墙垛处；
内纵墙与横墙(轴线)交接处</td></tr>
</table>

注：较大洞口，内墙指不小于2.1 m的洞口；外墙在内外墙交接处已设置构造柱时应允许适当放宽，但洞侧墙体应加强。

多层砖砌体房屋的构造柱应符合下列构造要求：

(1)构造柱最小截面可采用180 mm×240 mm(墙厚190 mm时为180 mm×190 mm)，纵向钢筋宜采用$4\phi12$，箍筋间距不宜大于250 mm，且在柱上下端应适当加密；6、7度时超过六层、8度时超过五层和9度时，构造柱纵向钢筋宜采用$4\phi14$，箍筋间距不应大于200 mm；房屋四角的构造柱应适当加大截面及配筋。

(2)构造柱与墙连接处应砌成马牙槎，沿墙高每隔500 mm设$2\phi6$水平钢筋和$\phi4$分布短筋平面内点焊组成的拉结网片或$\phi4$点焊钢筋网片，每边伸入墙内不宜小于1 m。6、7度时底部1/3楼层，8度时底部1/2楼层，9度时全部楼层，上述拉结钢筋网片应沿墙体水平通长设置。

(3)构造柱与圈梁连接处，构造柱的纵筋应在圈梁纵筋内侧穿过，保证构造柱纵筋上下贯通。

(4)构造柱可不单独设置基础，但应伸入室外地面下 500 mm，或与埋深小于 500 mm 的基础圈梁相连。

2. 设置钢筋混凝土圈梁

多层砖砌体房屋的现浇钢筋混凝土圈梁设置应符合下列要求：

(1)装配式钢筋混凝土楼、屋盖或木屋盖的砖房，应按表 10.2 的要求设置圈梁；纵墙承重时，抗震横墙上的圈梁间距应比表内要求适当加密。

(2)现浇或装配整体式钢筋混凝土楼、屋盖与墙体有可靠连接的房屋，应允许不另设圈梁，但楼板沿抗震墙体周边均应加强配筋并应与相应的构造柱钢筋可靠连接。

表 10.2　多层砖砌体房屋现浇钢筋混凝土圈梁设置要求

墙类	烈度		
	6、7	8	9
外墙和内纵墙	屋盖处及每层楼盖处	屋盖处及每层楼盖处	屋盖处及每层楼盖处
内横墙	同上； 屋盖处间距不应大于4.5 m； 楼盖处间距不应大于7.2 m； 构造柱对应部位	同上； 各层所有横墙，且间距不应大于 4.5 m； 构造柱对应部位	同上； 各层所有横墙

(3)圈梁应闭合，遇有洞口圈梁应上下搭接。圈梁宜与预制板设在同一标高处或紧靠板底。

(4)圈梁在满足上述要求的间距内无横墙时，应利用梁或板缝中配筋替代圈梁；圈梁的截面高度不应小于 120 mm，配筋应符合表 10.3 的要求；按抗震设计规范第 3.3.4 条 3 款要求增设的基础圈梁，截面高度不应小于 180 mm，配筋不应少于 4ϕ12。

表 10.3　多层砖砌体房屋圈梁配筋要求

配筋	烈度		
	6、7	8	9
最小纵筋	4ϕ10	4ϕ12	4ϕ14
箍筋最大间距/mm	250	200	150

3. 楼盖、屋盖构件

多层砖砌体房屋的楼、屋盖应符合下列要求：

(1)现浇钢筋混凝土楼板或屋面板伸进纵、横墙内的长度，均不应小于 120 mm。

(2)装配式钢筋混凝土楼板或屋面板，当圈梁未设在板的同一标高时，板端伸进外墙的长度不应小于 120 mm，伸进内墙的长度不应小于 100 mm 或采用硬架支模连接，在梁上不应小丁 80 mm 或采用硬架支模连接。

(3)当板的跨度大于 4.8 m 并与外墙平行时，靠外墙的预制板侧边应与墙或圈梁拉结。

(4)房屋端部大房间的楼盖。6 度时房屋的屋盖和 7～9 度时房屋的楼、屋盖，当圈梁设在板底时，钢筋混凝土预制板应相互拉结，并应与梁、墙或圈梁拉结。

楼、屋盖的钢筋混凝土梁或屋架应与墙、柱(包括构造柱)或圈梁可靠连接；不得采用独立砖柱。跨度不小于 6 m 大梁的支承构件应采用组合砌体等加强措施，并满足承载力要求。

6、7 度时长度大于 7.2 m 的大房间，以及 8、9 度时外墙转角及内外墙交接处，应沿墙高每隔 500 mm配置 2ϕ6 的通长钢筋和ϕ4 分布短筋平面内点焊组成的拉结网片或ϕ4 点焊网片。

4. 加强楼梯间的整体性

楼梯间尚应符合下列要求：

(1)顶层楼梯间墙体应沿墙高每隔 500 mm 设 2ϕ6 通长钢筋和ϕ4 分布短钢筋平面内点焊组成的拉结网片或ϕ4 点焊网片；7～9 度时其他各层楼梯间墙体应在休息平台或楼层半高处设置 60 mm 厚、纵向钢筋不应少于 2ϕ10 的钢筋混凝土带或配筋砖带，配筋砖带不少于 3 皮，每皮的配筋不少于 2ϕ6，砂浆强度等级不应低于 M7.5 且不低于同层墙体的砂浆强度等级。

(2)楼梯间及门厅内墙阳角处的大梁支承长度不应小于 500 mm，并应与圈梁连接。

(3)装配式楼梯段应与平台板的梁可靠连接，8、9 度时不应采用装配式楼梯段；不应采用墙中悬挑式踏步或踏步竖肋插入墙体的楼梯，不应采用无筋砖砌栏板。

(4)突出屋顶的楼、电梯间，构造柱应伸到顶部，并与顶部圈梁连接，所有墙体应沿墙高每隔 500 mm 设 2ϕ6 通长钢筋和ϕ4 分布短筋平面内点焊组成的拉结网片或ϕ4 点焊网片。

技术点睛

采用同一类型的基础抗震构造时，同一结构单元的基础(或桩承台)，宜采用同一类型的基础，地面宜埋在同一标高上，否则应增设基础圈梁并应按 1∶2 的台阶逐步放坡。

5. 其他多层砖砌体房屋的其他构造

坡屋顶房屋的屋架应与顶层圈梁可靠连接，檩条或屋面板应与墙、屋架可靠连接，房屋出入口处的檐口瓦应与屋面构件锚固。采用硬山搁檩时，顶层内纵墙顶宜增砌支承山墙的踏步式墙垛，并设置构造柱。

门窗洞处不应采用砖过梁；过梁支承长度，6～8 度时不应小于 240 mm，9 度时不应小于 360 mm。

预制阳台，6、7 度时应与圈梁和楼板的现浇板带可靠连接，8、9 度时不应采用预制阳台。

后砌的非承重砌体隔墙，烟道、风道、垃圾道等应符合抗震设计规范第 13.3 节的有关规定。

丙类的多层砖砌体房屋，当横墙较少且总高度和层数接近或达到表 10.4 规定限值时，应采取下列加强措施：

(1)房屋的最大开间尺寸不宜大于 6.6 m。

(2)同一结构单元内横墙错位数量不宜超过横墙总数的 1/3，且连续错位不宜多于两道；错位的墙体交接处均应增设构造柱，且楼、屋面板应采用现浇钢筋混凝土板。

(3)横墙和内纵墙上洞口的宽度不宜大于 1.5 m；外纵墙上洞口的宽度不宜大于 2.1 m 或开间尺寸的一半；且内外墙上洞口位置不应影响内外纵墙与横墙的整体连接。

(4)所有纵横墙均应在楼、屋盖标高处设置加强的现浇钢筋混凝土圈梁：圈梁的截面高度不宜小于 150 mm，上下纵筋各不应少于 3ϕ10，箍筋不小于ϕ6，间距不大于 300 mm。

(5)所有纵横墙交接处及横墙的中部，均应增设满足下列要求的构造柱：在纵、横墙内的柱距不宜大于 3.0 m，最小截面尺寸不宜小于 240 mm×240 mm(墙厚 190 mm 时为 240 mm×190 mm)，配筋宜符合表 10.4 的要求。

(6)同一结构单元的楼、屋面板应设置在同一标高处。

(7)房屋底层和顶层的窗台标高处，宜设置沿纵横墙通长的水平现浇钢筋混凝土带；其截面高度不小于 60 mm，宽度不小于墙厚，纵向钢筋不少于 2φ10，横向分布筋的直径不小于 6 mm 且其间距不大于 200 mm。

表 10.4　增设构造柱的纵筋和箍筋设置要求

位置	纵向钢筋			箍筋		
	最大配筋率/%	最小配筋率/%	最小直径/mm	加密区范围/mm	加密区间距/mm	最小直径/mm
角柱	1.8	0.8	14	全高	100	6
边柱			14	上端 700 下端 500		
中柱	1.4	0.6	12			

6. 多层小砌块房屋

多层小砌块房屋应按表 10.5 的要求设置钢筋混凝土芯柱。对外廊式和单面走廊式的多层房屋、横墙较少的房屋，尚应分别按构造柱构造要求的第(2)、(3)、(4)款关于增加层数的对应要求，按表 10.5 的要求设置芯柱。

表 10.5　多层小砌块房屋芯柱设置要求

房屋层数				设置部位	设置数量
6 度	7 度	8 度	9 度		
四、五	三、四	二、三		外墙转角，楼、电梯间四角、楼梯斜梯段上下端对应的墙体处； 大房间内外墙交接处； 错层部位横墙与外纵墙交接处； 隔 12 m 或单元横墙与外纵墙交接处	外墙转角，灌实 3 个孔； 内外墙交接处，灌实 4 个孔； 楼梯斜梯段上下端对应的墙体处，灌实 2 个孔
六	五	四		同上； 隔开间横墙(轴线)与外纵墙交接处	
七	六	五	二	同上； 各内墙(轴线)与外纵墙交接处； 内纵墙与横墙(轴线)交接处和洞口两侧	外墙转角，灌实 5 个孔； 内外墙交接处，灌实 4 个孔； 内墙交接处，灌实 2 个孔； 洞口两侧各灌实 1 个孔
	七	≥六	≥三	同上； 横墙内芯柱间距不大于 2 m	外墙转角，灌实 7 个孔； 内外墙交接处，灌实 5 个孔； 内墙交接处，灌实 4～5 个孔； 洞口两侧各灌实 1 个孔

注：外墙转角、内外墙交接处、楼电梯间四角等部位，应允许采用钢筋混凝土构造柱替代部分芯柱。

多层小砌块房屋的现浇钢筋混凝土圈梁的设置位置应按多层砖砌体房屋圈梁的要求执行，圈梁宽度不应小于 190 mm，配筋不应少于 4φ12，箍筋间距不应大于 200 mm。

丙类的多层小砌块房屋，当横墙较少且总高度和层数接近或达到表 10.6 规定限值时，加强措施同同种情况下的多层砖砌体房屋；其中，墙体中部的构造柱可采用芯柱替代，芯柱的灌孔数量不应少于2孔，每孔插筋的直径不应小于18 mm。

表10.6　房屋的层数和总高度限值(m)

房屋类型		最小抗震墙厚度/mm	烈度和设计基本地震加速度											
			6		7				8				9	
			0.05g		0.10g		0.15g		0.20g		0.30g		0.40g	
			高度	层数	高度	层数	高度	层数	高度	层数	高度	层数	高度	层数
多层砌体房屋	普通砖	240	21	7	21	7	21	7	18	6	15	5	12	4
	多孔砖	240	21	7	21	7	18	6	18	6	15	5	9	3
	多孔砖	190	21	7	18	6	15	5	15	5	12	4	—	—
	小砌块	190	21	7	21	7	18	6	18	6	15	5	9	3

注：①房屋的总高度是指室外地面到主要屋面板板顶或檐口的高度，半地下室从地下室室内地面算起，全地下室和嵌固条件好的半地下室应允许从室外地面算起；对带阁楼的坡屋面应算到山尖墙的1/2高度处。

②室内外高差大于0.6 m时，房屋总高度应允许比表中的数据适当增加，但增加量应小于1.0 m。

③乙类的多层砌体房屋仍按本地区的设防烈度查表，其层数应减少一层总高度应降低3 m；不应采用底部框架-抗震墙砌体房屋。

小砌块房屋的其他抗震构造措施，尚应符合抗震设计规范第7.3.5条至第7.3.13条有关要求。其中，墙体的拉结钢筋网片间距应符合本节的相应规定，分别取600 mm和400 mm。

一、填空题

1.震源在地表的投影位置称为________，震源到地面的垂直距离称为________。

2.某一场地土的覆盖层厚度为80 m，场地土的等效剪切波速为200 m/s，则该场地的场地类别为________。

3.丙类钢筋混凝土房屋应根据抗震设防烈度、________和查表采用不同的抗震等级。

4.某地区的抗震设防烈度为8度，则其多遇地震烈度为________，罕遇地震烈度为________。

5.7度区一多层砌体房屋，采用普通黏土砖砌筑，则其房屋的总高度不宜超过________ m，层数不宜超过________层。

二、简答题

1.工程结构抗震设防的三个水准是什么？如何通过两阶段设计方法来实现？

2.砌体结构的震害特点是什么？

3.地震破坏的现象有哪些？建筑物的破坏有哪些？

4.什么是基本烈度与设防烈度？建筑物如何确定设防烈度。

5.什么是“强柱弱梁”、“强剪弱弯”原则？

依据“强柱弱梁”、“强剪弱弯”的原则，在学校教学楼的设计中是如何将原则体现的？根据我国的《建筑抗震设计规范》(GB 50011—2010)，查找对框架柱采用的抗震构造措施并将其写出。

参考文献

[1] 中华人民共和国住房和城乡建设部. GB 50010—2010 混凝土结构设计规范[S]. 北京:中国建筑工业出版社,2010.

[2] 中华人民共和国住房和城乡建设部. JGJ 3—2010 高层建筑混凝土结构技术规程[S]. 北京:中国建筑工业出版社,2010.

[3] 中华人民共和国住房和城乡建设部. GB 50009—2012 建筑结构荷载规范[S]. 北京:中国建筑工业出版社,2010.

[4] 中华人民共和国住房和城乡建设部. GB 50068—2001 建筑结构可靠度设计统一标准[S]. 北京:中国建筑工业出版社,2001.

[5] 中华人民共和国住房和城乡建设部. GB 50011—2010 建筑抗震设计规范[S]. 北京:中国建筑工业出版社,2010.

[6] 中华人民共和国住房和城乡建设部. GB 50003—2011 砌体结构设计规范[S]. 北京:中国建筑工业出版社,2011.

[7] 中华人民共和国住房和城乡建设部. 11G101 混凝土结构施工图平面整体表示方法制图规则和构造详图[S]. 北京:中国计划出版社,2011.

[8] 罗向荣. 建筑结构[M]. 北京:中国环境出版社,2012.

[9] 沈蒲生. 混凝土结构设计新规范解读[M]. 北京:机械工业出版社,2011.

[10] 岑欣华. 建筑力学与结构基础[M]. 北京:中国建筑工业出版社,2006.

国家改革和发展示范学校建设项目

课程改革实践教材

全国土木类专业实用型规划教材

建筑结构实训手册

JIANZHU JIEGOU SHIXUN SHOUCE

主　编　周琳霞

副主编　郭凤妍　史丽男　房俊静

李永斌

编　者　蒲红娟　乔明灿　孙秋苓

哈爾濱工業大學出版社

HARBIN INSTITUTE OF TECHNOLOGY PRESS

结构设计总说明（一）

1 工程概况

地理位置	某市西南地块				
地下层数	2		地上层数	28	
房屋高度	85.15m		室内外高差	0.30m	
高程系	黄海高程		±0.000对应高程值	86.000	
设计使用年限	50年		建筑结构安全等级	二级	
上部结构形式	剪力墙结构		基础形式	桩筏基础	
抗震设防类别	丙类		地基	天然地基	
抗震设防烈度	7度		设计基本地震加速度值	0.15g	
设计地震分组	第二组		水平地震影响系数最大值	多遇地震	罕遇地震
结构阻尼比	0.05			0.12	0.72
地下室防水等级	二级		抗震等级：结构构件	抗震计算	构造措施
人防工程	无		剪力墙、框架梁（地下一层及以上）	二级	一级
耐火等级	地下室	地上部分	剪力墙、框架梁（地下二层）	三级	二级
	一级	一级	框支框架		

耐火极限（小时）	承重墙	承重柱	梁	楼板	楼梯
	3.0	3.0	2.0	1.5	1.5

混凝土结构的环境类别	标高±0.000以下与水或土壤接触的部分为二a类；标高±0.000以上阳台、雨篷等室外露天构件为二b类；卫生间、地下室等室内潮湿环境为二a类；其它室内环境为一类。

2 设计依据

2.1 与建设单位签订的设计合同。

2.2 国家及地方相关的现行主要设计标准、规范和规程

《建筑工程设计文件编制深度规定》	（2008年版）
《建筑结构制图标准》	GB/T 50105-2010
《建筑设计防火规范》	GB 50016-2006
《工程结构可靠性设计统一标准》	GB 50153-2008
《建筑结构可靠度设计统一标准》	GB 50068-2001
《建筑结构荷载规范》	GB 50009-2012
《混凝土结构设计规范》	GB 50010-2010
《建筑地基基础设计规范》	GB 50007-2011
《建筑工程抗震设防分类标准》	GB 50223-2008
《建筑抗震设计规范》	GB 50011-2010
《地下工程防水技术规范》	GB 50108-2008
《高层建筑混凝土结构技术规程》	JGJ 3-2010

2.3 建设单位提供的设计任务书、初步设计文件。

2.4 其它专业提供的相关资料

2.5《工程勘察报告（详勘阶段）》，

设计院提供。

2.6《试桩工程检测报告》（地基基础类）

建筑工程质量检验测试中心站有限公司提供。

3 建设场地工程地质概况

3.1 地形、地貌：地貌单元为黄河冲洪积平原，地形平坦，场地内最大高差达1.23m。

3.2 地质构成见《地质概况表》。

地质概况表

土层号	岩土分类名称	厚度（m）	f_{ak}（kPa）	E_{s1-2}（MPa）	干湿度	状态	q_{sik}（kPa）	q_{pk}（kPa）
1	耕植土	0.5	110	6.1	稍湿~湿	稍密		
2	粉砂	0.8~6.6	150	13.5	饱水	稍密~中密	50	
3	粉质粘土	0.4~3.9	110	4.0		可塑~软塑	60	
4	粉土	0.2~5.7	130	8.2	湿	中密	66	
5	粉质粘土	2.6~7.0	120	4.2		可塑~软塑	55	
6	粉砂	0.2~5.7	245	22	湿	中密	88	3000
7	细砂	0.2~19.0	300	28	饱水	密实	88	6000
7-1	粉土	0.5~1.9	230	9.1	湿	密实	80	
8	粉质粘土	3.0~6.0	220	8.2	饱水	可塑~硬塑		
9	粉土	0.5~9.0	240	16.5	湿	密实		
10	细砂	最大9.8	300	28	饱水	密实		

注：q_{sik}、q_{pk}分别为预应力管桩i层土桩侧阻力标准值和桩端阻力标准值。

3.3 水文概况：拟建场地地下水埋深在自然地面下约1.5~2.6m左右，地下水位标高82.56m，属孔隙潜水类型，其动态变化主要受季节性降水影响。按正常情况上部潜水年变幅在1.0m，近3~5年最高水位标高为84.0m。建议抗浮水位标高按84.0m进行设计。

3.4 地下水腐蚀性：对混凝土结构有微腐蚀性，对钢筋混凝土结构中的钢筋在干湿交替情况下有弱腐蚀性。

3.5 土的腐蚀性：对混凝土结构有微腐蚀性，对钢筋混凝土结构中的钢筋有弱腐蚀性。

3.6 地基土湿陷性：无。

3.7 建筑场地类别：场地类别为Ⅲ类，特征周期为0.55s。

3.8 地基的液化等级：场地内2、4层土具轻微液化性。

3.9 地基土的冻结深度：0.30m。

3.10 不良地质现象：在场地内无活动断裂，对本工程不会造成影响。除此之外，本场地不存在震陷、断裂、滑坡、泥石流等影响整体稳定的不良地质作用，本场属于稳定场地，适宜建筑。

4 建筑结构荷载

4.1 基本雪压：（kN/m²） 0.40（50年重现期）

4.2 基本风压：（kN/m²） 0.45（50年重现期）

4.3 地面粗糙度类别：B类

4.4 楼（屋）面面层、顶棚、吊顶荷载：按建筑施工图中设计楼（屋）面、顶棚、吊顶做法厚度与对应材料容重乘积取值。装修后荷载不得大于该值。

4.5 墙体荷载：按建筑施工图中墙体做法厚度与对应材料容重乘积取值。装修后荷载不得大于该值。

4.6 楼、屋面均布活荷载标准值：（kN/m²）

部位	客厅	卧室	厨房	卫生间	阳台	楼梯	前室	走道	储藏室	水泵房	闷顶
标准值	2.0	2.0	2.0	2.5	2.5	3.5	3.5	3.5	5.0	5.0	2.0

部位	配电间	风机房	自行车库	电梯机房	上人屋面	不上人屋面	地下室顶板
标准值	10.0	7.0	3.0	7.0	2.0	0.5	5.0

4.7 栏杆顶部水平荷载：（kN/m） 1.0

4.8 栏杆顶部竖向荷载：（kN/m） 不考虑

4.9 施工及检修荷载（作用在最不利位置）：（kN） 1.0

挑檐、悬挑雨篷、悬挑板等承载力计算时，沿板宽每隔1m考虑；抗倾覆计算时，沿板宽每隔2.5m~3.0m考虑。

4.10 屋顶水箱荷载（含水箱自重）：（kN） 不考虑

4.11 电梯吊钩荷载：（kN） 30

5 结构分析

5.1 上部结构采用中国建筑科学研究院开发的《多层及高层建筑结构空间有限元分析与设计软件SATWE》进行分析计算。

5.2 地基基础采用中国建筑科学研究院开发的《独基、条基、钢筋混凝土地基梁、桩基础和筏板基础设计软件 JCCAD》进行分析计算。

5.3 本工程计算模型中上部结构的嵌固部位为主楼地下室结构顶板顶面处。

6 地基基础设计

6.1 地基基础设计等级为乙级。

6.2 基础为天然地基上的桩筏基础。

6.3 地基基础设计其它说明详见基础图。

7 建筑材料

7.1 混凝土强度等级

部位 \ 构件名称 强度等级	垫层	基础	墙	柱	梁、连梁	楼板	楼梯	构造柱、圈梁
标高 14.130及以下	C15	C35	C40	C40	C40	C40	C40	C20
14.130~31.530			C35	C35	C35	C35	C35	C20
标高 31.530以上			C30	C30	C30	C30	C30	C20

7.2 混凝土材料要求

混凝土强度等级	C15	C20	C25	C30	C35	C40	C45	C50
轴心抗压强度标准值（MPa）	10.0	13.4	16.7	20.1	23.4	26.8	29.6	32.4
轴心抗压强度设计值（MPa）	7.2	9.6	11.9	14.3	16.7	19.1	21.1	23.1

7.3 混凝土抗渗等级：地下室外墙、地下车库顶板、地下室抗水板、筏板混凝土抗渗等级为P8。

7.4 混凝土耐久性要求

环境类别	最大水灰比	最大氯离子含量	最大碱含量（kg/m³）
一类	0.60	0.30%	不限制
二a类	0.55	0.20%	3.0
二b类	0.50	0.15%	3.0

注：1. 氯离子含量系指其占胶凝材料总量的百分比。

2. 二b类环境中的混凝土应使用引气剂。

3. 如使用非碱活性骨料时，对混凝土中的碱含量可不作限制。

7.5 普通钢筋

级别	符号	屈服强度标准值（MPa）	抗拉强度设计值（MPa）	抗压强度设计值（MPa）
HPB300	Φ	300	270	270
HRB335	Φ	335	300	300
HRB400	Φ	400	360	360

注：1. 钢筋的强度标准值应具有不小于95%的保证率。

2. 抗震等级为一、二、三级的框架和斜撑构件（含梯段），其纵向受力钢筋采用普通钢筋时，钢筋的抗拉强度实测值与屈服强度实测值的比值不应小于1.25，钢筋的屈服强度实测值与屈服强度标准值的比值不应大于1.3，且钢筋在最大拉力下的总伸长率实测值不应小于9%。

7.6 钢结构材料：钢结构构件、螺栓、预埋件——Q235B。

7.7 焊条：HPB钢筋间、钢构件间连接——E43系列；

HRB钢筋间连接——E50系列.焊缝高度除注明外均不小于6mm。

7.8 填充墙

部位	块体种类	块体强度等级	块体容重（kN/m³）	砂浆种类	砂浆强度等级
±0.000以下室外	混凝土普通砖	MU20	24.0	水泥砂浆	M7.5
±0.000以下室内	加气混凝土砌块	A3.5	7.0	水泥砂浆	M5
±0.000以上	加气混凝土砌块	A3.5	7.0	混合砂浆	M5

8 基本构造要求

8.1 钢筋的混凝土保护层厚度：基础底面、侧面—50mm，地下室外墙外侧—35mm，基础顶面、剪力墙、柱、梁、板根据所处环境类别按标准图集11G101-1、11G101-3选用。

8.2 框架梁、框架柱、剪力墙钢筋锚固长度为l_{aE}，非框架梁、非框架柱、现浇板顶钢筋锚固长度l_a、l_{aE}及l_a见11G101-1。

8.3 钢筋的搭接长度

8.3.1 框架梁、框架柱、剪力墙纵向钢筋搭接长度为l_{lE}，非框架梁、非框架柱、板中纵向钢筋搭接长度为L_l。

8.3.2 搭接长度应根据搭接区段内搭接接头面积百分率按下表施工，任何情况下搭接长度不得小于300。

8.3.3 同一连接区段内钢筋搭接接头面积百分率，梁及板不大于25%，柱及墙不大于50%。

同一连接区段内钢筋搭接接头面积百分率（%）	25	50	100
搭接长度修正系数	1.2	1.4	1.6

注：搭接区段长度为1.3倍搭接长度。

8.4 钢筋的接头

8.4.1 水平钢筋连接：楼板、墙中钢筋采用搭接连接；基础中钢筋、梁中直径ø22纵筋采用等强度机械连接，连接接头性能等级为二级；梁中其它纵筋采用闪光对焊连接。

8.4.2 竖向钢筋连接：墙中钢筋采用搭接连接，柱、暗柱中钢筋采用焊接连接。

8.5 墙、柱、梁基本构造

8.5.1 主次梁交叉处，在主梁上次梁两侧各附加3根箍筋，附加箍筋的形状及肢数均与梁内箍筋相同，间距50。

8.5.2 现浇板下梁高度>450mm时，梁的两个侧面应沿高度配置纵向构造钢筋（腰筋），纵向构造钢筋图中已注明的按图纸施工；图中未注明的纵向构造钢筋每侧配筋率不小于0.1%，规格不小于Φ10，间距不大于200mm。

8.5.3 当主次梁高度相同时，次梁下部钢筋应置于主梁下部钢筋之上。

8.5.4 跨度>4m的梁的模板均应起拱0.2%；悬挑长度>1.5m的悬挑梁的模板应按悬挑长度的0.1%起拱。

8.5.5 当梁边与柱或墙边平齐时，梁外侧纵向钢筋应稍微弯折，置于柱或墙主筋的内侧。

8.5.6 梁上不得随意开洞或穿管，开洞及预埋铁件应按设计要求设置，经检验合格后方可浇筑，预留孔洞不得后凿，不得损坏梁内钢筋。

8.6 板基本构造

8.6.1 板内下部钢筋应伸至梁中心线，且不小于5倍钢筋直径。

8.6.2 双向板的底部钢筋，短跨钢筋在下排，长跨钢筋在上排。

8.6.3 板顶负筋的分布钢筋，板厚100mm为Φ6@180；板厚110mm为Φ6@170；板厚120mm为Φ6@150；板厚130mm~150mm为Φ8@220。

8.6.4 现浇板内钢筋遇边长或直径300mm的洞口时应绕过，不得截断。

8.6.5 当板面高差30mm时，钢筋应在支座处断开并各自锚固；高差<30mm时，可在支座处设1：6弯折通长配筋。

8.6.6 卫生间顶标高均比楼层板顶标高降低，电井间标高抬高，标高变化详见结构平面图。

8.6.7 各设备管道间在每层楼层处预留双层双向钢筋8@200，板厚100，待设备及管线安装完毕再浇筑与楼板同强度等级混凝土。

8.6.8 上下水管道及设备孔洞必须按各专业施工图要求予留，不得后凿。

8.6.9 现浇板内电气埋管应置于板的中部，且埋管的混凝土保护层不应小于30mm。

8.6.10 跨度>4m的楼板的模板均应起拱0.2%。

8.7 填充墙基本构造

8.7.1 填充墙沿高度方向每隔500~600mm设2Φ6锚拉钢筋，锚拉筋沿墙体通长设置。

8.7.2 墙长不大于5m时，墙顶应与梁顶或板顶斜砌顶紧；墙长大于5m时，墙顶与梁或板应有拉结，具体拉结做法详见河南省标准11YG002第70页。

8.7.3 墙长超过5m或层高的2倍时，在墙内设置构造柱，构造柱间距不大于4m。构造柱断面尺寸为墙厚X200，纵筋4Φ12，箍筋Φ6@200。

8.7.4 墙高超过4m时，墙体半高处设置与剪力墙或框架柱连接且沿墙全长贯通的钢筋混凝土水平系梁。系梁断面尺寸为墙厚X200，纵筋为4Φ10，箍筋为Φ6@200。

8.7.5 除注明外，挑梁端部填充墙内设墙厚X200构造柱，主筋4Φ12，箍筋Φ6@200。

8.7.6 填充墙门窗洞口根据建筑门窗尺寸选用河南省标准图《钢筋混凝土过梁》11YG301中过梁，洞口上方墙体高度≤1米时为1级，洞口上方墙体高度>1米时为2级。当洞口一侧或两侧为混凝土墙或柱时，该过梁改为现浇过梁，现浇过梁与墙或柱交界处应凿毛并刷界面剂，严格按施工缝要求施工。

8.7.7 楼梯间和人流通道的填充墙，应采用钢丝网水泥砂浆面层，砂浆面层内配DHW 2.5X50.8X50.8镀锌钢丝网，钢丝网与墙面采用射钉拉结，拉结间距为508X508。

建设单位 OWNER

设计单位 INSTITUTION

资质证书 LICENSE NO.

合作设计 CODESIGN

总图示意 KEY PLAN

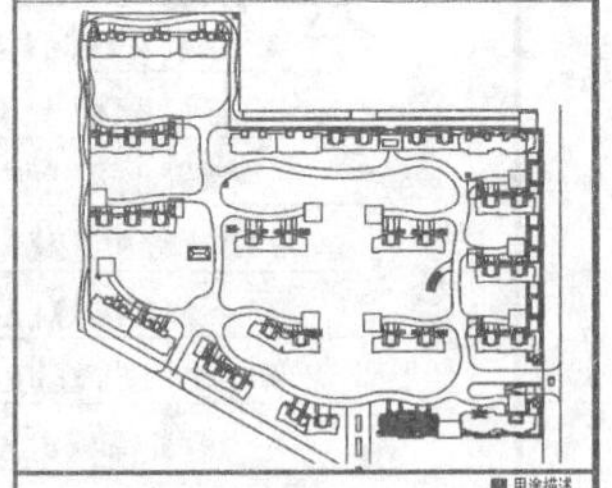

用途描述 USE DESCRIPTION

1	本版图纸用于办理人防地下室设计要求核定。	
2	本版图纸用于办理建设工程规划许可。	
3	本版图纸用于办理建设工程面积预测。	
4	本版图纸用于施工。	✓

出图章 APPROVAL STAMP

注册章 REGISTRATION STAMP

签署 SIGNATURE

项目总负责人 PROJECT MANAGER			工程号 PROJECT NO.	
			图别 DRAWING TYPE	结施
审核人 APPROVED BY			总张数 TOTAL PAGES	32
专业负责人 PROFESSIONAL IN CHARGE			总张次 PAGE NUMBER	01
			子项张数	
校对人 CHECKED BY			子项张次	
设计人 DESIGNED BY			版号 REV.	1
			日期 DATE	

会签 SIGNATURE

总图 GENERAL LAYOUT		给排水 WATER SUP. & DRA.	
建筑 ARCHITECTURE		暖通 HVAC	
结构 STRUCTURE		电气 ELECTRICAL	

项目名称 PROJECT NAME

子项名称 BUILDING NAME

2#住宅楼

图纸名称 DRAWING TITLE

结构设计总说明(一)

结构设计总说明（二）

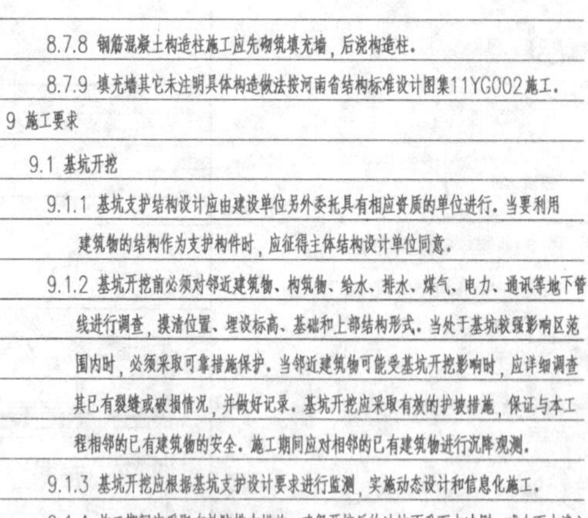

8.7.8 钢筋混凝土构造柱施工应先砌筑填充墙，后浇构造柱。

8.7.9 填充墙其它未注明具体构造做法按河南省结构标准设计图集11YG002施工。

9 施工要求

9.1 基坑开挖

9.1.1 基坑支护结构设计应由建设单位另外委托具有相应资质的单位进行。当要利用建筑物的结构作为支护构件时，应征得主体结构设计单位同意。

9.1.2 基坑开挖前必须对邻近建筑物、构筑物、给水、排水、煤气、电力、通讯等地下管线进行调查，摸清位置、埋设标高、基础和上部结构形式。当处于基坑较强影响区范围内时，必须采取可靠措施保护。当邻近建筑物可能受基坑开挖影响时，应详细调查其已有裂缝或破损情况，并做好记录。基坑开挖应采取有效的护坡措施，保证与本工程相邻的已有建筑物的安全。施工期间应对相邻的已有建筑物进行沉降观测。

9.1.3 基坑开挖应根据基坑支护设计要求进行监测，实施动态设计和信息化施工。

9.1.4 施工期间应采取有效防排水措施，确保开挖后的边坡不受雨水冲刷，减少雨水渗入土体。

9.1.5 挖出土方宜随挖随运，每班土方应当班运出，不应堆在坑边，尽量减少坑边的地面堆载，基坑堆载应控制在10kN/m²以下。

9.1.6 基坑开挖应对称均匀分层开挖，先中间后四周，不应沿基坑四周一次开挖到底，应防止挖土机械开挖面坡度过陡。运输车辆运输荷载引起土体位移、底面隆起等异常现象发生。

9.1.7 采用机械开挖基坑时，须保持坑底土体原状结构. 根据土体情况和挖土机械类型，应保留200~300mm土层由人工挖除铲平。每班停班后机械应停在1：2坡度以外处。

9.1.8 基坑土方开挖应严格按设计要求进行，不得超挖。基坑周边堆载不得超过设计规定。土方开挖完成后应立即施工垫层，对基坑进行封闭，防止水浸和暴露，并应及时进行地下结构施工。

9.1.9 基槽（坑）开挖到底后，垫层施工前，应进行基槽（坑）检验。验槽应通知设计及勘察单位参加，当发现地质条件与勘察报告和设计文件不一致、或遇到异常情况时，应结合地质条件提出处理意见。

9.2 土方工程

9.2.1 土方回填前应清除基底的垃圾、树根等杂物，抽除坑穴积水、淤泥，验收基底标高。

9.2.2 填方土料不得使用淤泥、耕土、冻土、膨胀性土及有机质含量大于5%的土。

9.2.3 基础底面以下回填土压实系数不小于0.97，地坪垫层以下及基础底面标高以上回填土压实系数不小于0.94。

9.3 钢筋混凝土

9.3.1 钢筋及混凝土原材料质量必须符合有关国家标准的规定。

9.3.2 钢筋的加工、连接、安装、混凝土配合比设计及混凝土的浇筑必须符合有关标准的规定。

9.3.3 在施工中，当需要以强度等级较高的钢筋代替原设计中的纵向受力钢筋时，应按照钢筋受拉承载力设计值相等的原则换算，并应满足最小配筋率要求。钢筋的品种、级别或规格变更应办理设计变更文件。

9.3.4 在浇筑混凝土之前，应进行钢筋隐蔽工程验收。

9.3.5 混凝土构件模板拆除时间应符合《混凝土结构工程施工质量验收规范》有关要求。

9.4 砌体填充墙

9.4.1 砌体填充墙施工质量控制等级为B级。

9.4.2 填充墙施工应先砌墙后浇构造柱。

9.5 后浇带与施工缝

9.5.1 沉降后浇带、伸缩后浇带留设位置详见基础图和各层结构平面图。

9.5.2 沉降后浇带应在主体结构（包括填充墙）完成，且后浇带两侧结构沉降稳定后方可浇筑；伸缩后浇带应在后浇带两侧混凝土浇筑60天后方可浇筑。

9.5.3 后浇带混凝土应比两侧混凝土强度等级提高一级并加强养护。

9.5.4 图中注明裙房、地下车库后施工的，施工缝应留设在距主楼外墙外侧约1m处。

9.5.5 后浇带浇筑或施工裙房、地下车库前，应将新老混凝土界面处清理干净、去除浮渣并刷混凝土界面剂后方可继续施工。

9.6 沉降观测

9.6.1 本工程沉降观测等级为二级。

9.6.2 沉降观测点的位置设置详见柱、墙平法施工图。

9.6.3 沉降观测每施工一层应观测一次；主体工程完成后，在装修期间，每个月观测一次；工程竣工后，第一年内每隔3~4个月观测一次，第二年每隔4~6个月观测一次，第三年以后每年观测一次，直至稳定为止。当建筑突然发生大量沉降、不均匀沉降或严重裂缝时，应立即通知设计单位，并进行逐日或2~3天一次的连续观测。

9.6.4 沉降稳定的标准为：最后100天沉降速率小于0.01mm/天。

10 设计配合

10.1 楼梯栏杆、门窗安装及建筑所需之预埋件均详相关建筑施工图。

10.2 避雷系统利用柱、墙纵向钢筋作为引下线，利用基础纵向钢筋作为导线，施工时务必将引下线及导线钢筋焊接连接，具体位置及详细做法详见相关电气施工图要求。

10.3 电梯设备基础、预埋件及设备洞口待电梯型号确定后，经设计单位确认方可施工。

10.4 钢结构工程由建设单位另外委托具有相应资质的单位设计，并向主体结构设计提供支座反力，经主体结构设计单位确认方可施工。

11 其他

11.1 图中尺寸单位除注明外，标高为米，长度为毫米，角度为度。

11.2 本工程梁、柱、墙及基础施工图采用平面表达法绘制，图中未注明梁、柱、墙及基础构造均按《混凝土结构施工图平面整体表示方法制图规则和构造详图》（11G101-1）及（11G101-3）施工。

11.3 ±0.000标高对应的高程与本总说明第1条不符时，应经设计单位确认后方可施工。

11.4 各房间使用功能详见建施图，未经技术鉴定或设计许可，不得改变结构的用途和使用环境。

11.5 本设计图纸须经图纸审查机构审查合格、取得施工许可证并经建设单位、监理单位、设计单位、施工单位四方共同进行图纸会审后，方可用于工程的施工。

11.6 本设计图纸未尽事宜，除应严格按照有关规范、标准进行施工外，各参建方应及时沟通，共同协商，妥善解决。

12 所采用的标准图集

《混凝土结构施工图平面整体表示方法制图规则和构造详图》（现浇混凝土框架、剪力墙、梁、板）	11G101-1
《混凝土结构施工图平面整体表示方法制图规则和构造详图》（现浇混凝土板式楼梯）	11G101-2
《混凝土结构施工图平面整体表示方法制图规则和构造详图》（独立基础、条形基础、筏形基础及桩基承台）	11G101-3
《河南省工程建设标准设计》（2011系列结构标准设计图集）	DBJT19-01-2012

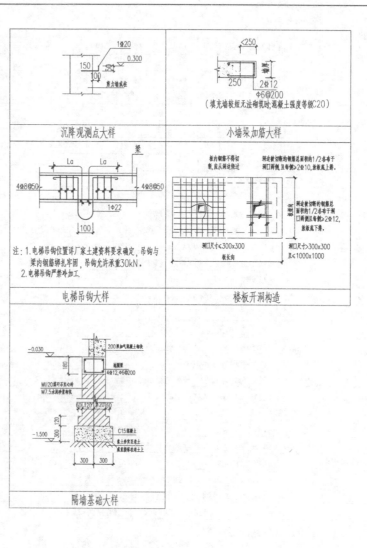

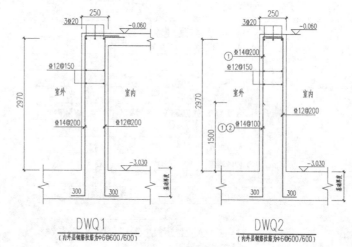

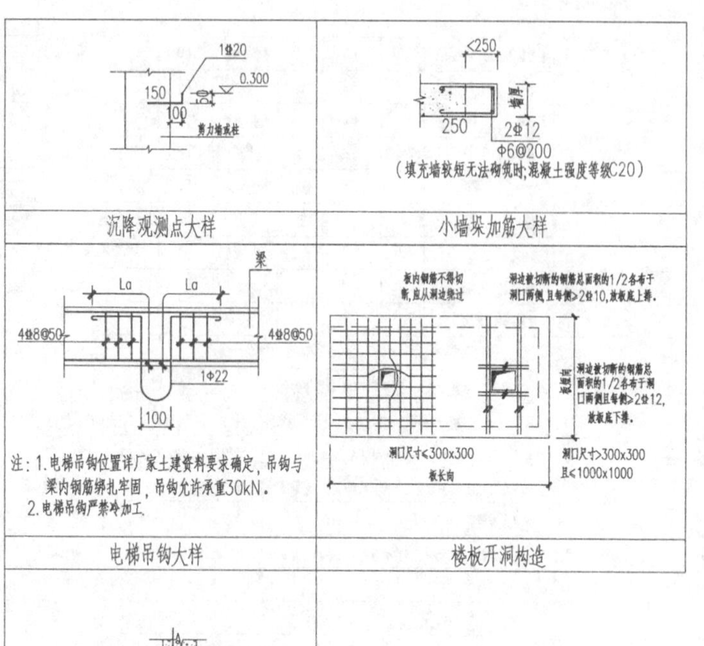

沉降观测点大样

小墙垛加筋大样

电梯吊钩大样

楼板开洞构造

隔墙基础大样

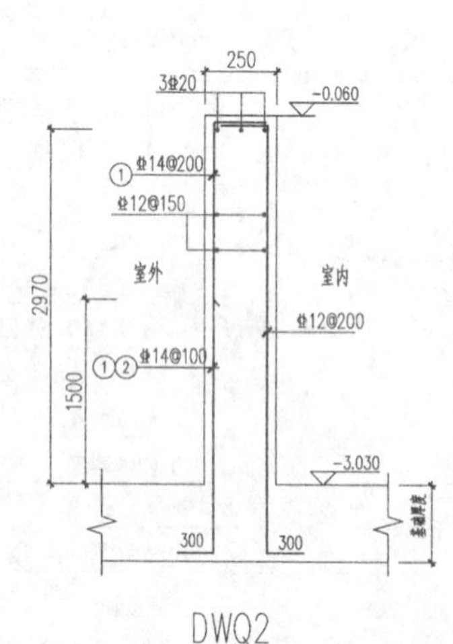
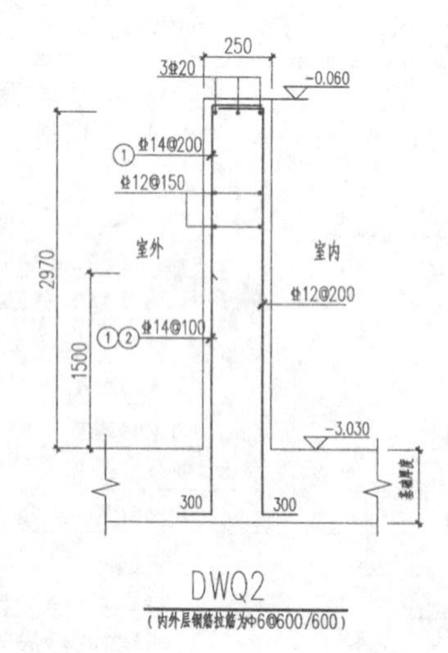

DWQ1

（内外层钢筋拉筋为Φ6@600/600）

DWQ2

（内外层钢筋拉筋为Φ6@600/600）

	用途描述	
1	本版图纸用于办理人防地下室设计要求核定。	
2	本版图纸用于办理建设工程规划许可。	
3	本版图纸用于办理建设工程面积预测。	
4	本版图纸用于施工。	✓

签署				
项目总负责人			工程号	
			图别	结施
审核人			总张数	32
专业负责人			总张次	02
			子项张数	
校对人			子项张次	
设计人			版号	1
			日期	

会签			
总图		给排水	
建筑		暖通	
结构		电气	

项目名称

子项名称

2#住宅楼

图纸名称

结构设计总说明（二）

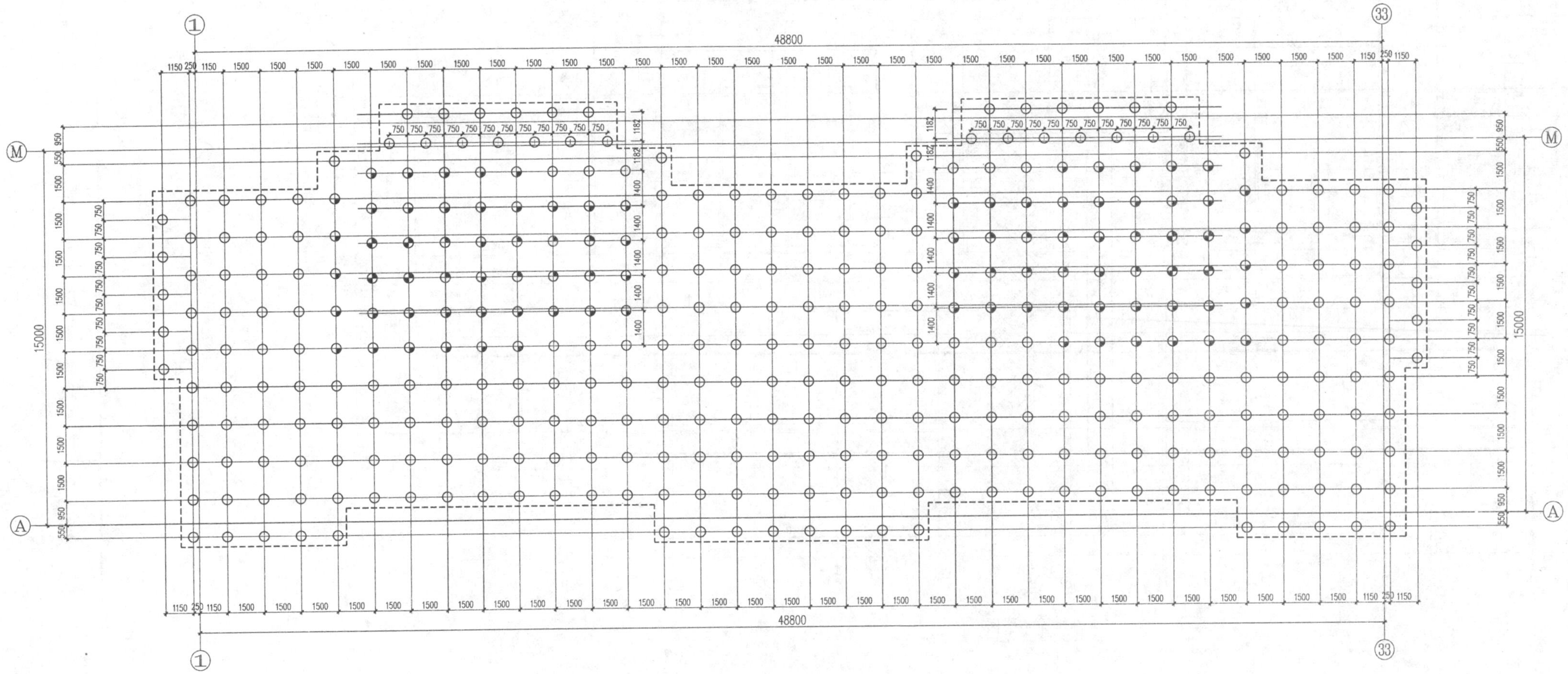

48800

① ㉝ Ⓜ Ⓐ

15000

桩位平面布置图

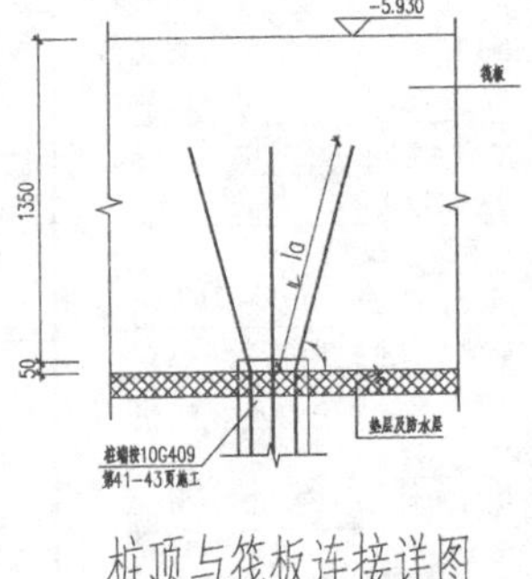

桩顶与筏板连接详图

注：本详图中未注明筏板钢筋见基础筏板。

桩统计表			
桩编号	图例	桩顶标高(m)	有效桩长(m)
ZH1	⦶	−7.28	12.50
ZH2	◕	−10.10	12.50
ZH3	◔	−9.10	12.50
ZH4	◑	随坡	12.50

说明：

1. 本工程±0.000相对应的绝对高程是86.000m。
2. 本工程预制静压桩选用国标10G409《预应力混凝土管桩》中PHC 400 AB 95-xx，预制桩的制作、运输、施工应按国家规范和国标图集要求进行。桩端持力层为第7层细砂，桩端进入持力层的长度不小于800mm，其单桩竖向承载力特征值不小于1150kN。
3. 工程桩的施工工艺及施工参数应与试桩相同。施工时对终止压桩力应做详细准确的记录。在满足进入持力层深度的条件下，以最大压桩力为主控指标。施工时应合理安排施工时间及施工顺序，以减少对周围环境的影响，并加强监测。
4. 管桩拼接采用端板焊接连接，连接位置应避免在液化土层中和在同一水平面；截桩宜采用锯桩器，严禁采用大锤横向敲击截桩或强行扳拉截桩。
5. 桩与筏板的连结，详见国标10G409《预应力混凝土管桩》第41、42页（内壁刷水泥净浆）。桩顶进入筏板50mm，主筋锚固长度不小于la且不小于35d。
6. 工程桩的检测应根据《建筑基桩检测技术规范》（JGJ 106-2014）的有关规定进行。应先采用低应变动力检测进行桩身质量检验，检测桩数不少于总桩数的20%，单桩竖向抗压承载力静载试验检测桩数不少于总桩数的1%，且不少于3根。
7. 未说明处按现行国家规范、标准图集执行。

建设单位 OWNER

设计单位 ARCHITECTURE

资质证书 LICENSE NO.

合作设计 ASSOCIATE

总图示意 KEY PLAN

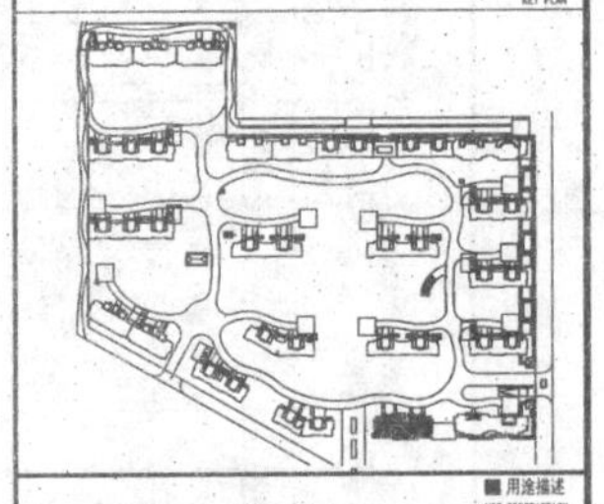

用途描述 USE DESCRIPTION

1	本版图纸用于办理人防地下室设计要求核定。	
2	本版图纸用于办理建设工程规划许可。	
3	本版图纸用于办理建设工程面积预测。	
4	本版图纸用于施工。	✓

出图章 APPROVAL STAMP

注册章 REGISTRATION STAMP

签署 SIGNATURE

项目总负责人 PROJECT MANAGER			工程号 PROJECT NO.	
			图别 DRAWING TYPE	结施
审核人 APPROVED BY			总张数 TOTAL PAGES	32
专业负责人 PROFESSIONAL IN CHARGE			总张次 PAGE NUMBER	03
			子项张数 PAGE NUMBER OF SUB.	
校对人 CHECKED BY			子项张次 PAGE NUMBER OF SUB.	
设计人 DESIGNED BY			版号 REV.	1
			日期 DATE	

会签 SIGNATURE

总图 GENERAL LAYOUT		给排水 WATER SUP. & DRA.	
建筑 ARCHITECTURE		暖通 HVAC	
结构 STRUCTURE		电气 ELECTRICAL	

项目名称 PROJECT NAME

子项名称 BUILDING NAME

2#住宅楼

图纸名称 DRAWING TITLE

桩位平面布置图

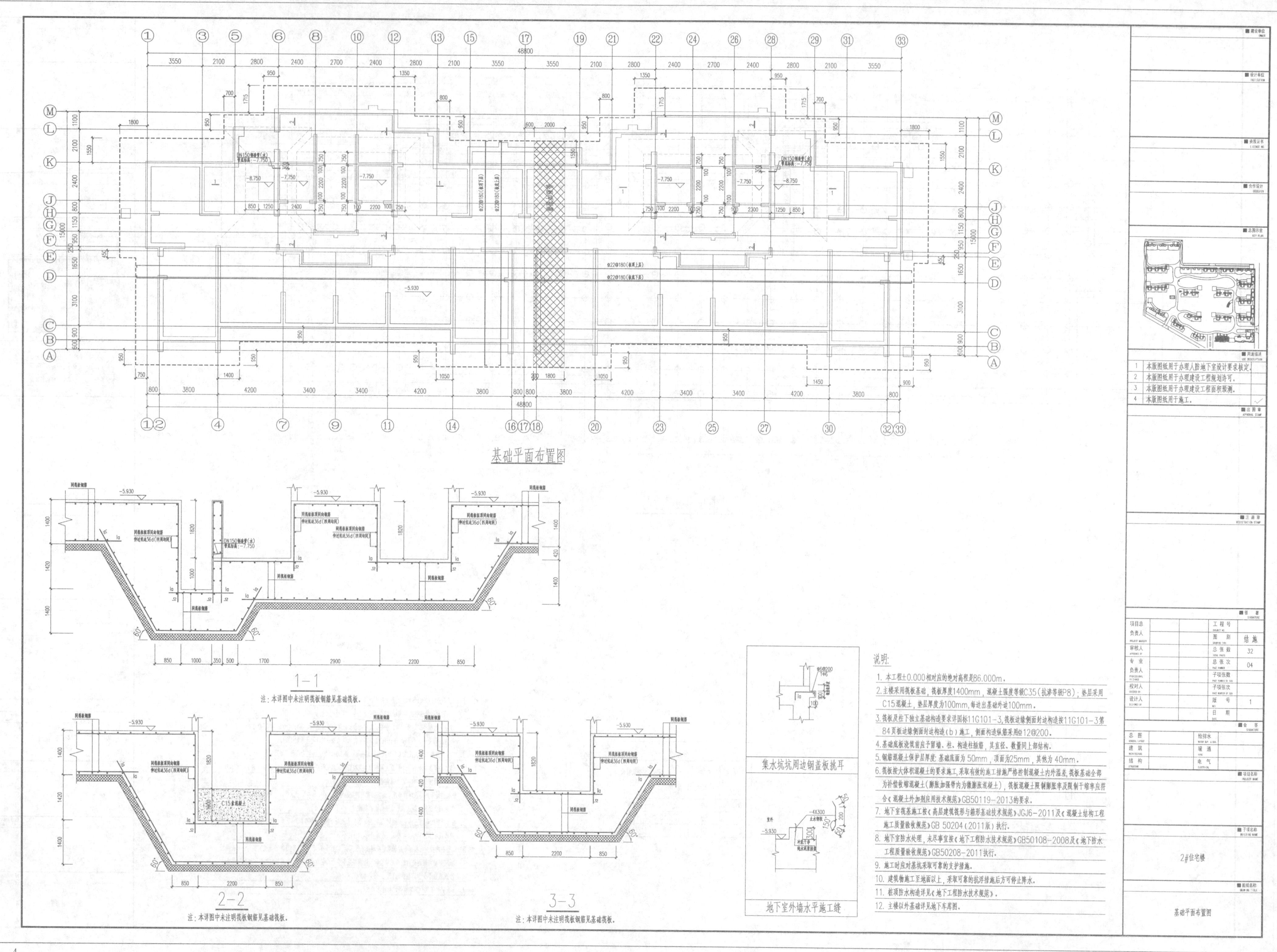
基础平面布置图
1-1
注：本详图中未注明筏板钢筋见基础筏板。
2-2
注：本详图中未注明筏板钢筋见基础筏板。
3-3
注：本详图中未注明筏板钢筋见基础筏板。
集水坑坑周边钢盖板挑耳
地下室外墙水平施工缝
说明:
1. 本工程±0.000相对应的绝对高程是86.000m。
2. 主楼采用筏板基础，筏板厚度1400mm，混凝土强度等级C35(抗渗等级P8)；垫层采用C15混凝土，垫层厚度为100mm，每边出基础外边100mm。
3. 筏板及柱下独立基础构造要求详国标11G101-3，筏板边缘侧面封边构造按11G101-3第84页板边缘侧面封边构造(b)施工，侧面构造纵筋采用⌀12@200。
4. 基础底板浇筑前应予留墙、柱、构造柱插筋，其直径、数量同上部结构。
5. 钢筋混凝土保护层厚度：基础底面为50mm，顶面为25mm，其他为40mm。
6. 筏板按大体积混凝土的要求施工，采取有效的施工措施严格控制混凝土内外温差，筏板基础全部为补偿收缩混凝土(膨胀加强带内为微膨胀混凝土)，筏板混凝土限制膨胀率及限制干缩率应符合《混凝土外加剂应用技术规范》GB50119-2013的要求。
7. 地下室筏基施工按《高层建筑筏形与箱形基础技术规范》JGJ6-2011及《混凝土结构工程施工质量验收规范》GB 50204(2011版)执行。
8. 地下室防水处理，未尽事宜按《地下工程防水技术规范》GB50108-2008及《地下防水工程质量验收规范》GB50208-2011执行。
9. 施工时应对基坑采取可靠的支护措施。
10. 建筑物施工至地面以上，采取可靠的抗浮措施后方可停止降水。
11. 桩顶防水构造详见《地下工程防水技术规范》。
12. 主楼以外基础详见地下车库图。
用途描述
1 本版图纸用于办理人防地下室设计要求核定。
2 本版图纸用于办理建设工程规划许可。
3 本版图纸用于办理建设工程面积预测。
4 本版图纸用于施工。
出图章
注册章
签署
项目总负责人
审核人
专业负责人
校对人
设计人
工程号
图别 结施
总张数 32
总张次 04
子项张数
子项张次
版号 1
日期
会签
总图
建筑
结构
给排水
暖通
电气
项目名称
子项名称
2#住宅楼
图纸名称
基础平面布置图

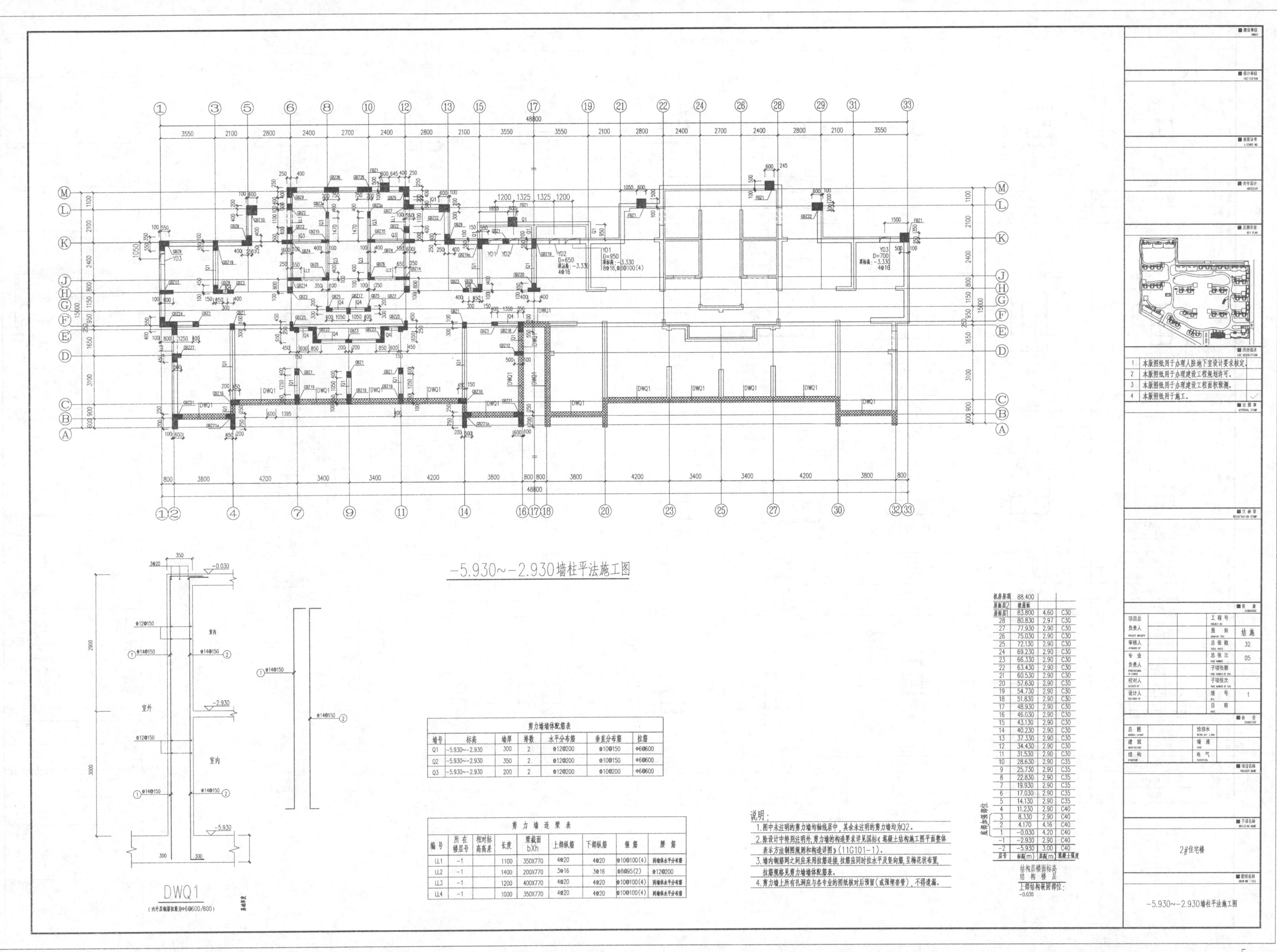

剪力墙墙体配筋表						
墙号	标高	墙厚	排数	水平分布筋	垂直分布筋	拉筋
Q1	-5.930~-2.930	300	2	⌀12@200	⌀10@150	Φ6@600
Q2	-5.930~-2.930	350	2	⌀12@200	⌀10@150	Φ6@600
Q3	-5.930~-2.930	200	2	⌀12@200	⌀10@200	Φ6@600

剪力墙连梁表								
编号	所在楼层号	相对标高高差	长度	梁截面 bXh	上部纵筋	下部纵筋	箍筋	腰筋
LL1	-1		1100	350X770	4⌀20	4⌀20	⌀10@100(4)	同墙体水平分布筋
LL2	-1		1400	200X770	3⌀16	3⌀16	⌀8@95(2)	⌀12@200
LL3	-1		1200	400X770	4⌀20	4⌀20	⌀10@100(4)	同墙体水平分布筋
LL4	-1		1000	350X770	4⌀20	4⌀20	⌀10@100(4)	同墙体水平分布筋

说明：

1. 图中未注明的剪力墙均轴线居中，其余未注明的剪力墙均为Q2。
2. 除设计中特别注明外，剪力墙的构造要求详见国标《混凝土结构施工图平面整体表示方法制图规则和构造详图》(11G101-1)。
3. 墙内钢筋网之间应采用拉筋连接，拉筋应同时拉水平及竖向筋，呈梅花状布置，拉筋规格见剪力墙墙体配筋表。
4. 剪力墙上所有孔洞应与各专业的图纸核对后预留(或预埋套管)，不得遗漏。

层号	标高(m)	层高(m)	混凝土强度
机房屋顶	88.400		
屋面层2	坡屋面		
屋面层1	83.800	4.60	C30
28	80.830	2.97	C30
27	77.930	2.90	C30
26	75.030	2.90	C30
25	72.130	2.90	C30
24	69.230	2.90	C30
23	66.330	2.90	C30
22	63.430	2.90	C30
21	60.530	2.90	C30
20	57.630	2.90	C30
19	54.730	2.90	C30
18	51.830	2.90	C30
17	48.930	2.90	C30
16	46.030	2.90	C30
15	43.130	2.90	C30
14	40.230	2.90	C30
13	37.330	2.90	C30
12	34.430	2.90	C30
11	31.530	2.90	C30
10	28.630	2.90	C35
9	25.730	2.90	C35
8	22.830	2.90	C35
7	19.930	2.90	C35
6	17.030	2.90	C35
5	14.130	2.90	C35
4	11.230	2.90	C40
3	8.330	2.90	C40
2	4.170	4.16	C40
1	-0.030	4.20	C40
-1	-2.930	2.90	C40
-2	-5.930	3.00	C40

底部加强部位

结构层楼面标高
结构楼层

上部结构嵌固部位：
-0.030

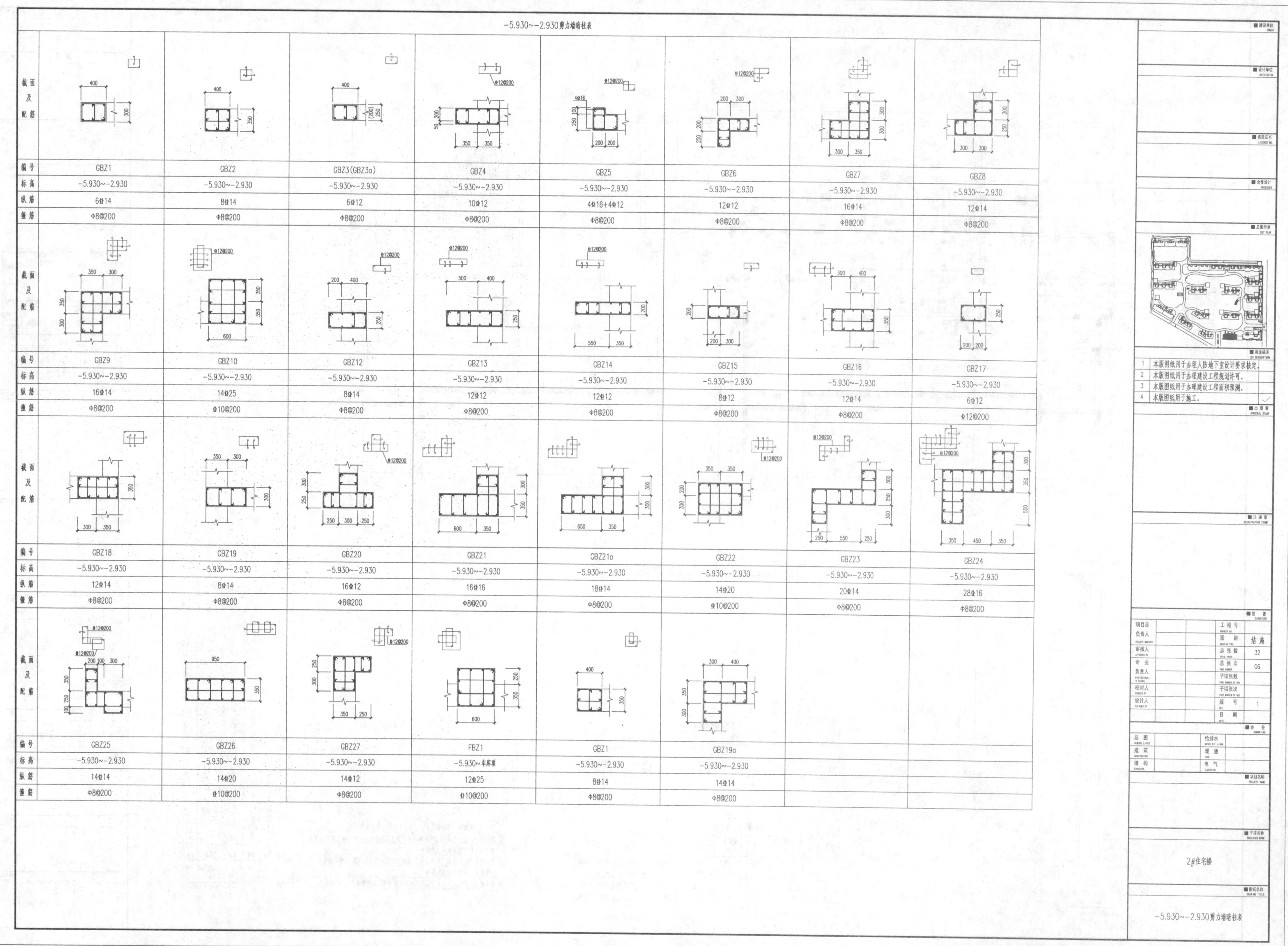

-5.930~-2.930剪力墙暗柱表
截面及配筋
编号
标高
纵筋
箍筋
GBZ1
-5.930~-2.930
6⌀14
Φ8@200
GBZ2
-5.930~-2.930
8⌀14
Φ8@200
GBZ3(GBZ3a)
-5.930~-2.930
6⌀12
Φ8@200
GBZ4
-5.930~-2.930
10⌀12
Φ8@200
GBZ5
-5.930~-2.930
4⌀16+4⌀12
Φ8@200
GBZ6
-5.930~-2.930
12⌀12
Φ8@200
GBZ7
-5.930~-2.930
16⌀14
Φ8@200
GBZ8
-5.930~-2.930
12⌀14
Φ8@200
GBZ9
-5.930~-2.930
16⌀14
Φ8@200
GBZ10
-5.930~-2.930
14⌀25
⌀10@200
GBZ12
-5.930~-2.930
8⌀14
Φ8@200
GBZ13
-5.930~-2.930
12⌀12
Φ8@200
GBZ14
-5.930~-2.930
12⌀12
Φ8@200
GBZ15
-5.930~-2.930
8⌀12
Φ8@200
GBZ16
-5.930~-2.930
12⌀14
Φ8@200
GBZ17
-5.930~-2.930
6⌀12
⌀12@200
GBZ18
-5.930~-2.930
12⌀14
Φ8@200
GBZ19
-5.930~-2.930
8⌀14
Φ8@200
GBZ20
-5.930~-2.930
16⌀12
Φ8@200
GBZ21
-5.930~-2.930
16⌀16
Φ8@200
GBZ21a
-5.930~-2.930
18⌀14
Φ8@200
GBZ22
-5.930~-2.930
14⌀20
⌀10@200
GBZ23
-5.930~-2.930
20⌀14
Φ8@200
GBZ24
-5.930~-2.930
28⌀16
Φ8@200
GBZ25
-5.930~-2.930
14⌀14
Φ8@200
GBZ26
-5.930~-2.930
14⌀20
⌀10@200
GBZ27
-5.930~-2.930
14⌀12
Φ8@200
FBZ1
-5.930~车库顶
12⌀25
⌀10@200
GBZ1
-5.930~-2.930
8⌀14
Φ8@200
GBZ19a
-5.930~-2.930
14⌀14
Φ8@200
1 本版图纸用于办理人防地下室设计要求核定。
2 本版图纸用于办理建设工程规划许可。
3 本版图纸用于办理建设工程面积预测。
4 本版图纸用于施工。
项目总负责人
审核人
专业负责人
校对人
设计人
工程号
图别 结施
总张数 32
总张次 06
子项张数
子项张次
版号 1
日期
总图
建筑
结构
给排水
暖通
电气
2#住宅楼
-5.930~-2.930剪力墙暗柱表

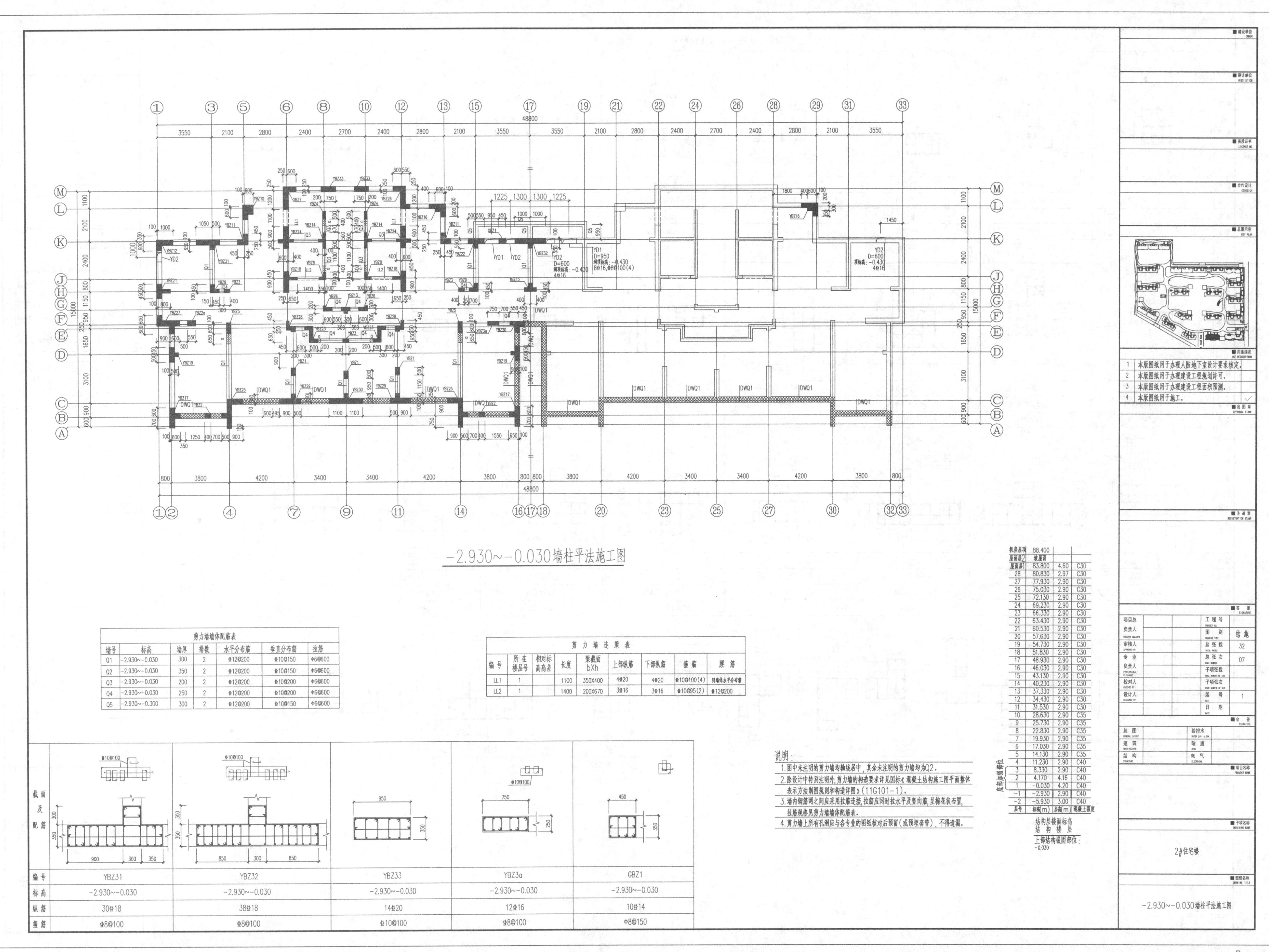

-2.930~-0.030墙柱平法施工图

剪力墙墙体配筋表						
墙号	标高	墙厚	排数	水平分布筋	垂直分布筋	拉筋
Q1	-2.930~-0.030	300	2	⌀12@200	⌀10@150	Φ6@600
Q2	-2.930~-0.030	350	2	⌀12@200	⌀10@150	Φ6@600
Q3	-2.930~-0.030	200	2	⌀12@200	⌀10@200	Φ6@600
Q4	-2.930~-0.030	250	2	⌀12@200	⌀10@200	Φ6@600
Q5	-2.930~-0.300	300	2	⌀12@200	⌀10@150	Φ6@600

剪力墙连梁表								
编号	所在楼层号	相对标高高差	长度	梁截面 bXh	上部纵筋	下部纵筋	箍筋	腰筋
LL1	1		1100	350X400	4⌀20	4⌀20	⌀10@100(4)	同墙体水平分布筋
LL2	1		1400	200X670	3⌀16	3⌀16	⌀10@95(2)	⌀12@200

说明：

1. 图中未注明的剪力墙均轴线居中，其余未注明的剪力墙均为Q2.
2. 除设计中特别注明外，剪力墙的构造要求详见国标《混凝土结构施工图平面整体表示方法制图规则和构造详图》(11G101-1).
3. 墙内钢筋网之间应采用拉筋连接，拉筋应同时拉水平及竖向筋，呈梅花状布置，拉筋规格见剪力墙墙体配筋表.
4. 剪力墙上所有孔洞应与各专业的图纸核对后预留(或预埋套管)，不得遗漏.

层号	标高(m)	层高(m)	混凝土强度
机房屋顶	88.400		
屋面层2	坡屋面		
屋面层1	83.800	4.60	C30
28	80.830	2.97	C30
27	77.930	2.90	C30
26	75.030	2.90	C30
25	72.130	2.90	C30
24	69.230	2.90	C30
23	66.330	2.90	C30
22	63.430	2.90	C30
21	60.530	2.90	C30
20	57.630	2.90	C30
19	54.730	2.90	C30
18	51.830	2.90	C30
17	48.930	2.90	C30
16	46.030	2.90	C30
15	43.130	2.90	C30
14	40.230	2.90	C30
13	37.330	2.90	C30
12	34.430	2.90	C30
11	31.530	2.90	C30
10	28.630	2.90	C35
9	25.730	2.90	C35
8	22.830	2.90	C35
7	19.930	2.90	C35
6	17.030	2.90	C35
5	14.130	2.90	C35
4	11.230	2.90	C40
3	8.330	2.90	C40
2	4.170	4.16	C40
1	-0.030	4.20	C40
-1	-2.930	2.90	C40
-2	-5.930	3.00	C40

底部加强部位

结构层楼面标高
结构楼层

上部结构嵌固部位：
-0.030

截面及配筋					
编号	YBZ31	YBZ32	YBZ33	YBZ3a	GBZ1
标高	-2.930~-0.030	-2.930~-0.030	-2.930~-0.030	-2.930~-0.030	-2.930~-0.030
纵筋	30⌀18	38⌀18	14⌀20	12⌀16	10⌀14
箍筋	⌀8@100	⌀8@100	⌀10@100	⌀8@100	Φ8@150

1. 本版图纸用于办理人防地下室设计要求核定。
2. 本版图纸用于办理建设工程规划许可。
3. 本版图纸用于办理建设工程面积预测。
4. 本版图纸用于施工。

项目总负责人			工程号	
			图别	结施
审核人			总张数	32
专业负责人			总张次	07
			子项张数	
校对人			子项张次	
设计人			版号	1
			日期	

会签：总图、建筑、结构、给排水、暖通、电气

项目名称

子项名称：2#住宅楼

图纸名称：-2.930~-0.030墙柱平法施工图

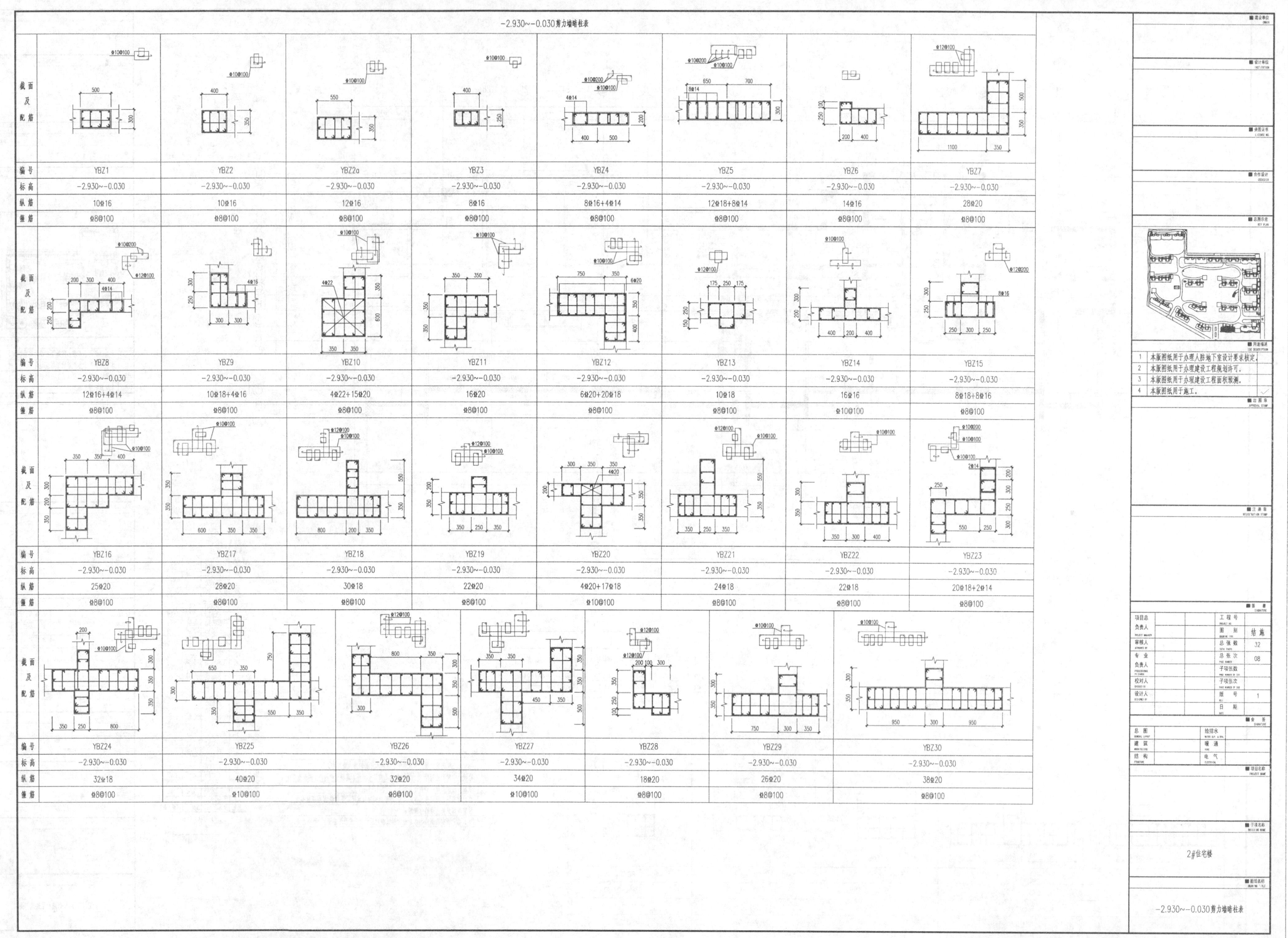

-2.930~-0.030剪力墙暗柱表
截面及配筋
编号 YBZ1 YBZ2 YBZ2a YBZ3 YBZ4 YBZ5 YBZ6 YBZ7
标高 -2.930~-0.030
纵筋 10⌀16 10⌀16 12⌀16 8⌀16 8⌀16+4⌀14 12⌀18+8⌀14 14⌀16 28⌀20
箍筋 ⌀8@100 ⌀8@100 ⌀8@100 ⌀8@100 ⌀8@100 ⌀8@100 ⌀8@100 ⌀8@100
编号 YBZ8 YBZ9 YBZ10 YBZ11 YBZ12 YBZ13 YBZ14 YBZ15
标高 -2.930~-0.030
纵筋 12⌀16+4⌀14 10⌀18+4⌀16 4⌀22+15⌀20 16⌀20 6⌀20+20⌀18 10⌀18 16⌀16 8⌀18+8⌀16
箍筋 ⌀8@100 ⌀8@100 ⌀8@100 ⌀8@100 ⌀8@100 ⌀8@100 ⌀10@100 ⌀8@100
编号 YBZ16 YBZ17 YBZ18 YBZ19 YBZ20 YBZ21 YBZ22 YBZ23
标高 -2.930~-0.030
纵筋 25⌀20 28⌀20 30⌀18 22⌀20 4⌀20+17⌀18 24⌀18 22⌀18 20⌀18+2⌀14
箍筋 ⌀8@100 ⌀8@100 ⌀8@100 ⌀8@100 ⌀10@100 ⌀8@100 ⌀8@100 ⌀8@100
编号 YBZ24 YBZ25 YBZ26 YBZ27 YBZ28 YBZ29 YBZ30
标高 -2.930~-0.030
纵筋 32⌀18 40⌀20 32⌀20 34⌀20 18⌀20 26⌀20 38⌀20
箍筋 ⌀8@100 ⌀10@100 ⌀8@100 ⌀10@100 ⌀8@100 ⌀8@100 ⌀8@100
建设单位
设计单位
勘察设计
合作设计
总图示意
1 本版图纸用于办理人防地下室设计要求核定。
2 本版图纸用于办理建设工程规划许可。
3 本版图纸用于办理建设工程面积预测。
4 本版图纸用于施工。
出图章
注册章
签署
项目总负责人 审核人 专业负责人 校对人 设计人
工程号
图别 结施
总张数 32
总张次 08
子项张数
子项张次
版号 1
日期
会签
总图 建筑 结构 给排水 暖通 电气
项目名称
子项名称
2#住宅楼
图纸名称
-2.930~-0.030剪力墙暗柱表

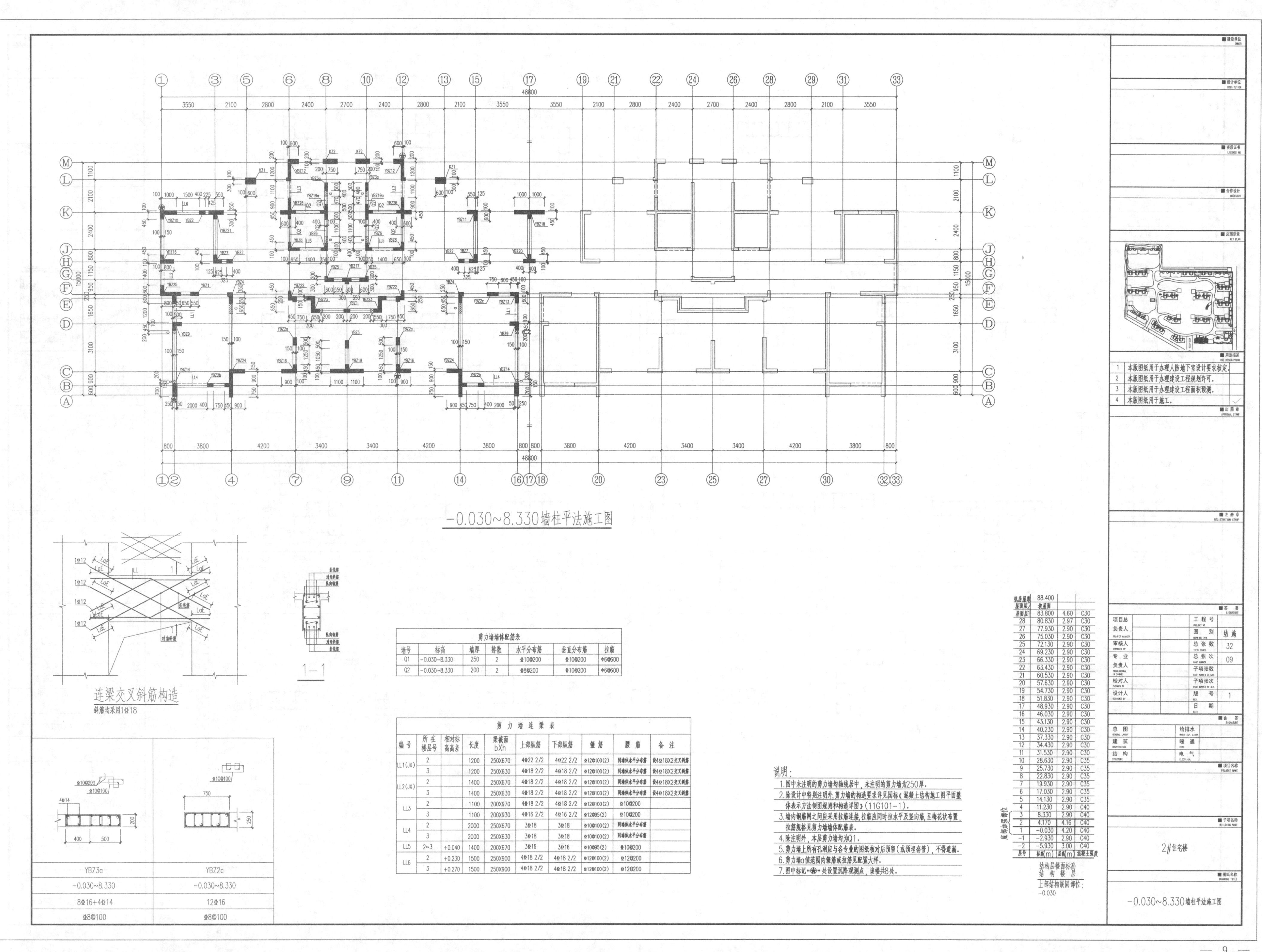

剪力墙墙体配筋表

墙号	标高	墙厚	排数	水平分布筋	垂直分布筋	拉筋
Q1	-0.030~8.330	250	2	⌀10@200	⌀10@200	Φ6@600
Q2	-0.030~8.330	200	2	⌀8@200	⌀10@200	Φ6@600

剪力墙连梁表

编号	所在楼层号	相对标高高差	长度	梁截面 bXh	上部纵筋	下部纵筋	箍筋	腰筋	备注
LL1(JX)	2		1200	250X670	4⌀22 2/2	4⌀22 2/2	⌀12@100(2)	同墙体水平分布筋	设4⌀18X2交叉斜筋
	3		1200	250X630	4⌀18 2/2	4⌀18 2/2	⌀12@100(2)	同墙体水平分布筋	设4⌀18X2交叉斜筋
LL2(JX)	2		1400	250X670	4⌀18 2/2	4⌀18 2/2	⌀12@100(2)	同墙体水平分布筋	设4⌀18X2交叉斜筋
	3		1400	250X630	4⌀18 2/2	4⌀18 2/2	⌀12@100(2)	同墙体水平分布筋	设4⌀18X2交叉斜筋
LL3	2		1100	200X970	4⌀18 2/2	4⌀18 2/2	⌀12@100(2)	⌀10@200	
	3		1100	200X930	4⌀16 2/2	4⌀16 2/2	⌀12@95(2)	⌀10@200	
LL4	2		2000	250X670	3⌀18	3⌀18	⌀10@100(2)	同墙体水平分布筋	
	3		2000	250X630	3⌀18	3⌀18	⌀10@100(2)	同墙体水平分布筋	
LL5	2~3	+0.040	1400	200X670	3⌀16	3⌀16	⌀10@95(2)	⌀10@200	
LL6	2	+0.230	1500	250X900	4⌀18 2/2	4⌀18 2/2	⌀12@100(2)	⌀12@200	
	3	+0.270	1500	250X900	4⌀18 2/2	4⌀18 2/2	⌀12@100(2)	⌀12@200	

层号	标高(m)	层高(m)	混凝土强度
机房屋顶	88.400		
屋面层2	坡屋面		
屋面层1	83.800	4.60	C30
28	80.830	2.97	C30
27	77.930	2.90	C30
26	75.030	2.90	C30
25	72.130	2.90	C30
24	69.230	2.90	C30
23	66.330	2.90	C30
22	63.430	2.90	C30
21	60.530	2.90	C30
20	57.630	2.90	C30
19	54.730	2.90	C30
18	51.830	2.90	C30
17	48.930	2.90	C30
16	46.030	2.90	C30
15	43.130	2.90	C30
14	40.230	2.90	C30
13	37.330	2.90	C30
12	34.430	2.90	C30
11	31.530	2.90	C30
10	28.630	2.90	C35
9	25.730	2.90	C35
8	22.830	2.90	C35
7	19.930	2.90	C35
6	17.030	2.90	C35
5	14.130	2.90	C35
4	11.230	2.90	C40
3	8.330	2.90	C40
2	4.170	4.16	C40
1	-0.030	4.20	C40
-1	-2.930	2.90	C40
-2	-5.930	3.00	C40

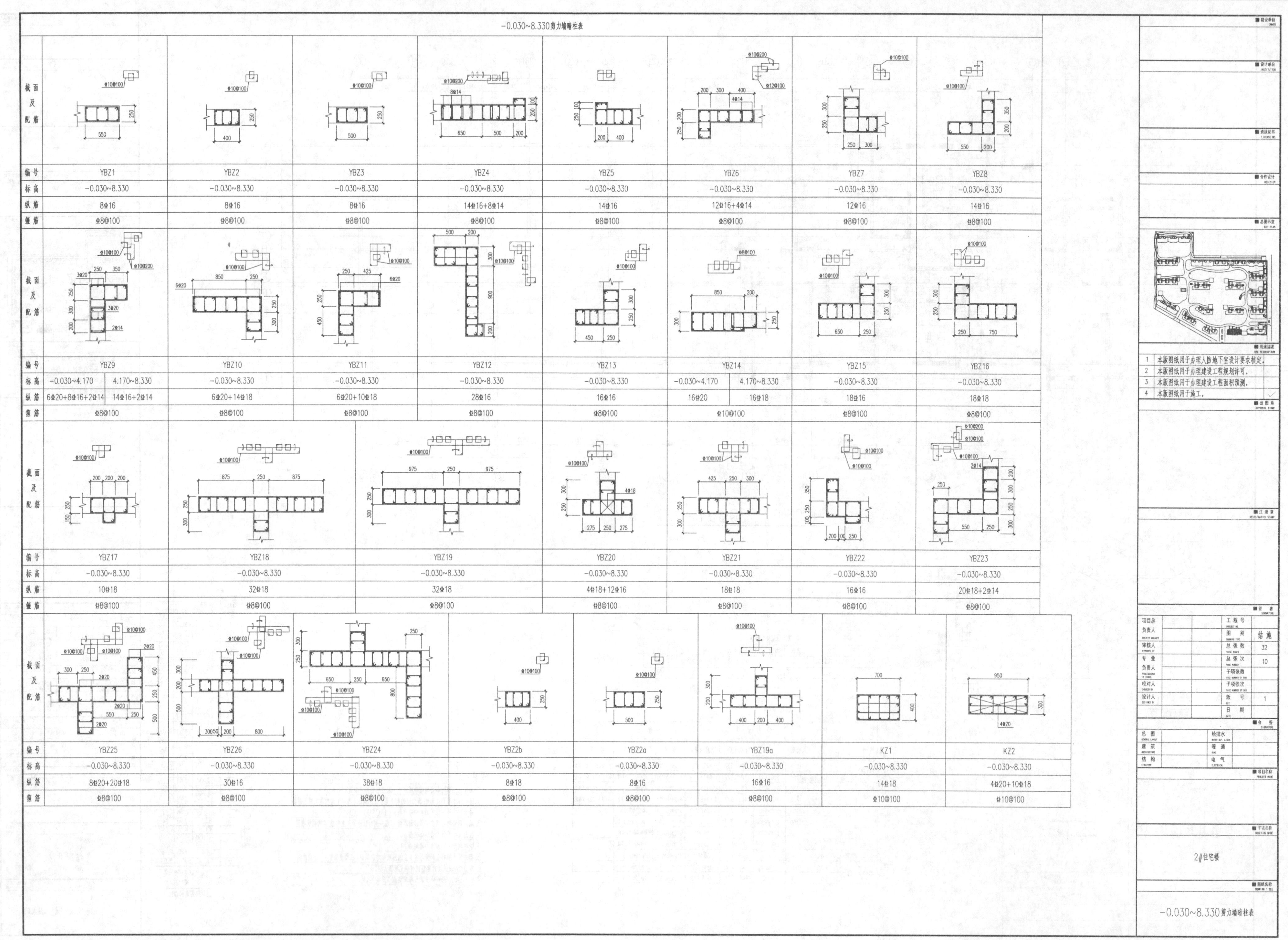

-0.030~8.330剪力墙暗柱表

编号	YBZ1	YBZ2	YBZ3	YBZ4	YBZ5	YBZ6	YBZ7	YBZ8
标高	-0.030~8.330	-0.030~8.330	-0.030~8.330	-0.030~8.330	-0.030~8.330	-0.030~8.330	-0.030~8.330	-0.030~8.330
纵筋	8Φ16	8Φ16	8Φ16	14Φ16+8Φ14	14Φ16	12Φ16+4Φ14	12Φ16	14Φ16
箍筋	Φ8@100	Φ8@100	Φ8@100	Φ8@100	Φ8@100	Φ8@100	Φ8@100	Φ8@100

编号	YBZ9		YBZ10	YBZ11	YBZ12	YBZ13	YBZ14		YBZ15	YBZ16
标高	-0.030~4.170	4.170~8.330	-0.030~8.330	-0.030~8.330	-0.030~8.330	-0.030~8.330	-0.030~4.170	4.170~8.330	-0.030~8.330	-0.030~8.330
纵筋	6Φ20+8Φ16+2Φ14	14Φ16+2Φ14	6Φ20+14Φ18	6Φ20+10Φ18	28Φ16	16Φ16	16Φ20	16Φ18	18Φ16	18Φ16
箍筋	Φ8@100		Φ8@100	Φ8@100	Φ8@100	Φ8@100	Φ10@100		Φ8@100	Φ8@100

编号	YBZ17	YBZ18	YBZ19	YBZ20	YBZ21	YBZ22	YBZ23
标高	-0.030~8.330	-0.030~8.330	-0.030~8.330	-0.030~8.330	-0.030~8.330	-0.030~8.330	-0.030~8.330
纵筋	10Φ18	32Φ18	32Φ18	4Φ18+12Φ16	18Φ18	16Φ16	20Φ18+2Φ14
箍筋	Φ8@100	Φ8@100	Φ8@100	Φ8@100	Φ8@100	Φ8@100	Φ8@100

编号	YBZ25	YBZ26	YBZ24	YBZ2b	YBZ2a	YBZ19a	KZ1	KZ2
标高	-0.030~8.330	-0.030~8.330	-0.030~8.330	-0.030~8.330	-0.030~8.330	-0.030~8.330	-0.030~8.330	-0.030~8.330
纵筋	8Φ20+20Φ18	30Φ16	38Φ18	8Φ18	8Φ16	16Φ16	14Φ18	4Φ20+10Φ18
箍筋	Φ8@100	Φ8@100	Φ8@100	Φ8@100	Φ8@100	Φ8@100	Φ10@100	Φ10@100

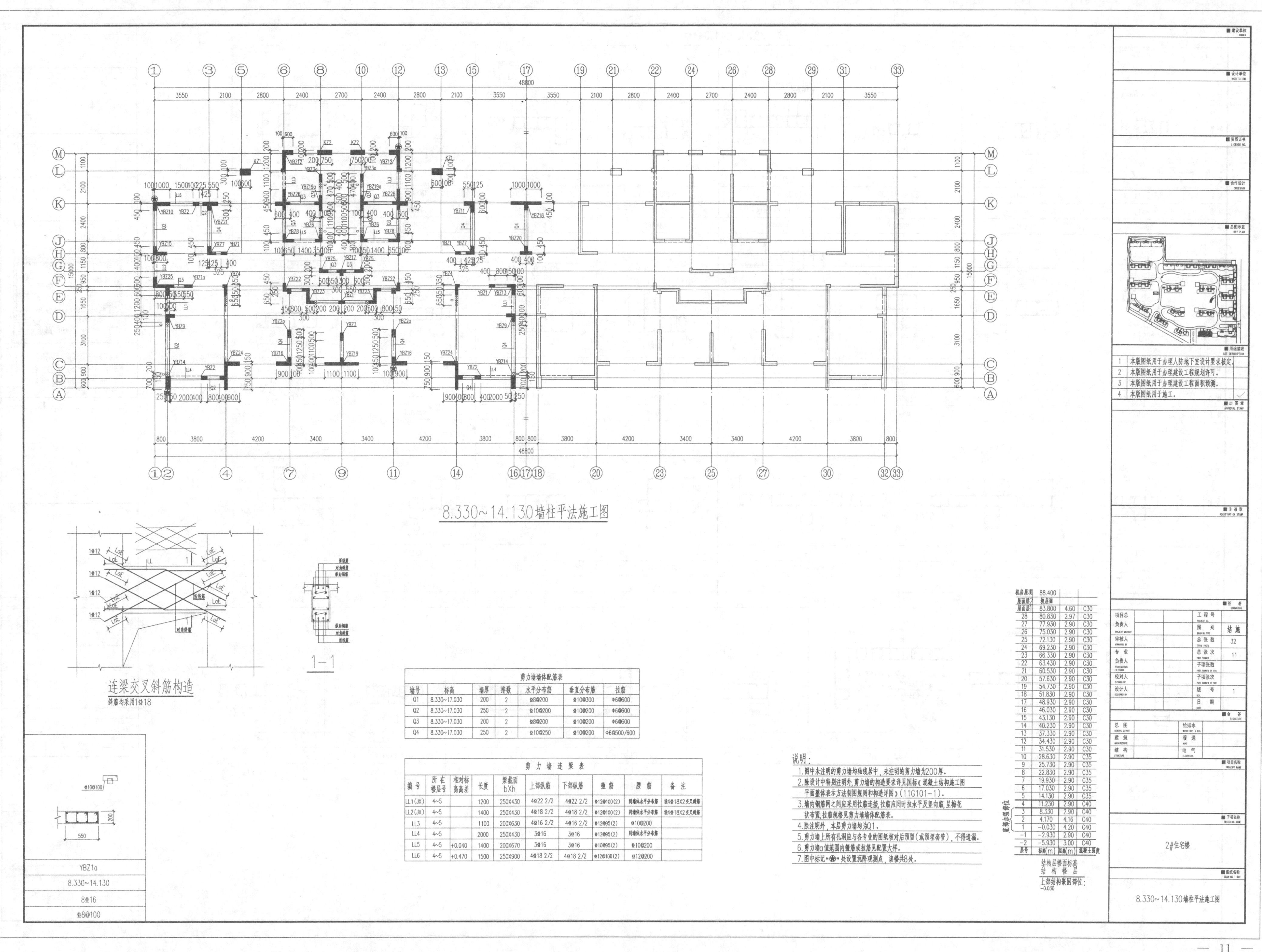

剪力墙墙体配筋表						
墙号	标高	墙厚	排数	水平分布筋	垂直分布筋	拉筋
Q1	8.330~17.030	200	2	⌀8@200	⌀10@300	Φ6@600
Q2	8.330~17.030	250	2	⌀10@200	⌀10@200	Φ6@600
Q3	8.330~17.030	200	2	⌀8@200	⌀10@200	Φ6@600
Q4	8.330~17.030	250	2	⌀10@250	⌀10@200	Φ6@500/600

剪力墙连梁表									
编号	所在楼层号	相对标高高差	长度	梁截面 bXh	上部纵筋	下部纵筋	箍筋	腰筋	备注
LL1(JX)	4~5		1200	250X430	4⌀22 2/2	4⌀22 2/2	⌀12@100(2)	同墙体水平分布筋	设4⌀18X2交叉斜筋
LL2(JX)	4~5		1400	250X430	4⌀18 2/2	4⌀18 2/2	⌀12@100(2)	同墙体水平分布筋	设4⌀18X2交叉斜筋
LL3	4~5		1100	200X630	4⌀16 2/2	4⌀16 2/2	⌀12@95(2)	⌀10@200	
LL4	4~5		2000	250X430	3⌀16	3⌀16	⌀12@95(2)	同墙体水平分布筋	
LL5	4~5	+0.040	1400	200X670	3⌀16	3⌀16	⌀10@95(2)	⌀10@200	
LL6	4~5	+0.470	1500	250X900	4⌀18 2/2	4⌀18 2/2	⌀12@100(2)	⌀12@200	

说明：

1. 图中未注明的剪力墙均轴线居中，未注明的剪力墙为200厚。
2. 除设计中特别注明外，剪力墙的构造要求详见国标《混凝土结构施工图平面整体表示方法制图规则和构造详图》(11G101-1)。
3. 墙内钢筋网之间应采用拉筋连接，拉筋应同时拉水平及竖向筋，呈梅花状布置，拉筋规格见剪力墙墙体配筋表。
4. 除注明外，本层剪力墙均为Q1。
5. 剪力墙上所有孔洞应与各专业的图纸核对后预留(或预埋套管)，不得遗漏。
6. 剪力墙a值范围内箍筋或拉筋见配置大样。
7. 图中标记"⊛"处设置沉降观测点，该楼共8处。

层号	标高(m)	层高(m)	混凝土强度
机房屋顶	88.400		
屋面层2	坡屋面		
屋面层1	83.800	4.60	C30
28	80.830	2.97	C30
27	77.930	2.90	C30
26	75.030	2.90	C30
25	72.130	2.90	C30
24	69.230	2.90	C30
23	66.330	2.90	C30
22	63.430	2.90	C30
21	60.530	2.90	C30
20	57.630	2.90	C30
19	54.730	2.90	C30
18	51.830	2.90	C30
17	48.930	2.90	C30
16	46.030	2.90	C30
15	43.130	2.90	C30
14	40.230	2.90	C30
13	37.330	2.90	C30
12	34.430	2.90	C30
11	31.530	2.90	C30
10	28.630	2.90	C35
9	25.730	2.90	C35
8	22.830	2.90	C35
7	19.930	2.90	C35
6	17.030	2.90	C35
5	14.130	2.90	C35
4	11.230	2.90	C40
3	8.330	2.90	C40
2	4.170	4.16	C40
1	-0.030	4.20	C40
-1	-2.930	2.90	C40
-2	-5.930	3.00	C40

底部加强部位（1~3层）

结构层楼面标高
结构楼层

上部结构嵌固部位：-0.030

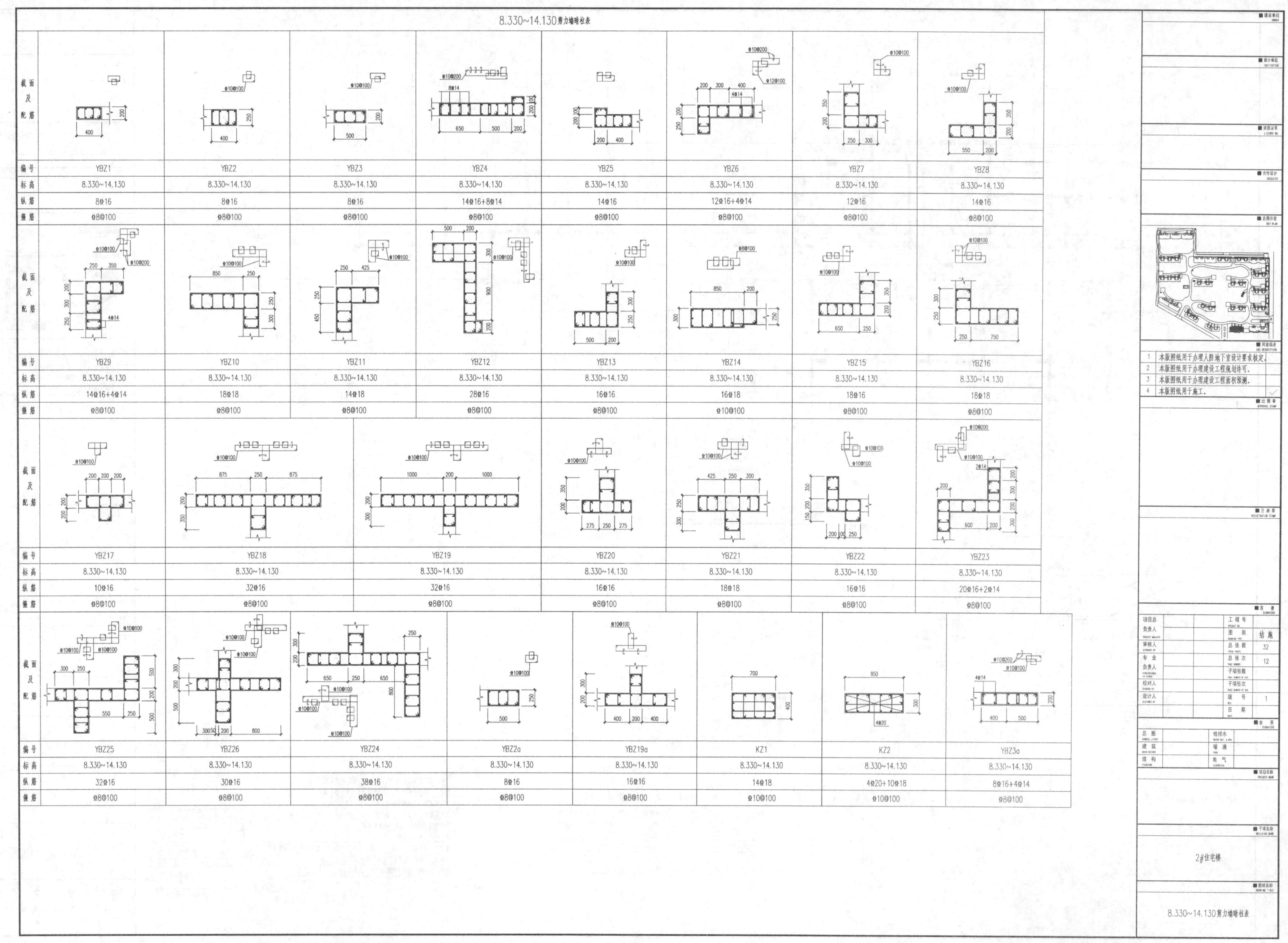

8.330~14.130剪力墙暗柱表

编号	YBZ1	YBZ2	YBZ3	YBZ4	YBZ5	YBZ6	YBZ7	YBZ8
标高	8.330~14.130	8.330~14.130	8.330~14.130	8.330~14.130	8.330~14.130	8.330~14.130	8.330~14.130	8.330~14.130
纵筋	8Φ16	8Φ16	8Φ16	14Φ16+8Φ14	14Φ16	12Φ16+4Φ14	12Φ16	14Φ16
箍筋	Φ8@100	Φ8@100	Φ8@100	Φ8@100	Φ8@100	Φ8@100	Φ8@100	Φ8@100

编号	YBZ9	YBZ10	YBZ11	YBZ12	YBZ13	YBZ14	YBZ15	YBZ16
标高	8.330~14.130	8.330~14.130	8.330~14.130	8.330~14.130	8.330~14.130	8.330~14.130	8.330~14.130	8.330~14.130
纵筋	14Φ16+4Φ14	18Φ18	14Φ18	28Φ16	16Φ16	16Φ18	18Φ16	18Φ18
箍筋	Φ8@100	Φ8@100	Φ8@100	Φ8@100	Φ8@100	Φ10@100	Φ8@100	Φ8@100

编号	YBZ17	YBZ18	YBZ19	YBZ20	YBZ21	YBZ22	YBZ23
标高	8.330~14.130	8.330~14.130	8.330~14.130	8.330~14.130	8.330~14.130	8.330~14.130	8.330~14.130
纵筋	10Φ16	32Φ16	32Φ16	16Φ16	18Φ18	16Φ16	20Φ16+2Φ14
箍筋	Φ8@100	Φ8@100	Φ8@100	Φ8@100	Φ8@100	Φ8@100	Φ8@100

编号	YBZ25	YBZ26	YBZ24	YBZ2a	YBZ19a	KZ1	KZ2	YBZ3a
标高	8.330~14.130	8.330~14.130	8.330~14.130	8.330~14.130	8.330~14.130	8.330~14.130	8.330~14.130	8.330~14.130
纵筋	32Φ16	30Φ16	38Φ16	8Φ16	16Φ16	14Φ18	4Φ20+10Φ18	8Φ16+4Φ14
箍筋	Φ8@100	Φ8@100	Φ8@100	Φ8@100	Φ8@100	Φ10@100	Φ10@100	Φ8@100

1 本版图纸用于办理人防地下室设计要求核定。
2 本版图纸用于办理建设工程规划许可。
3 本版图纸用于办理建设工程面积预测。
4 本版图纸用于施工。

工程号 | 图别 结施 | 总张数 32 | 总张次 12 | 版号 1

2#住宅楼

8.330~14.130剪力墙暗柱表

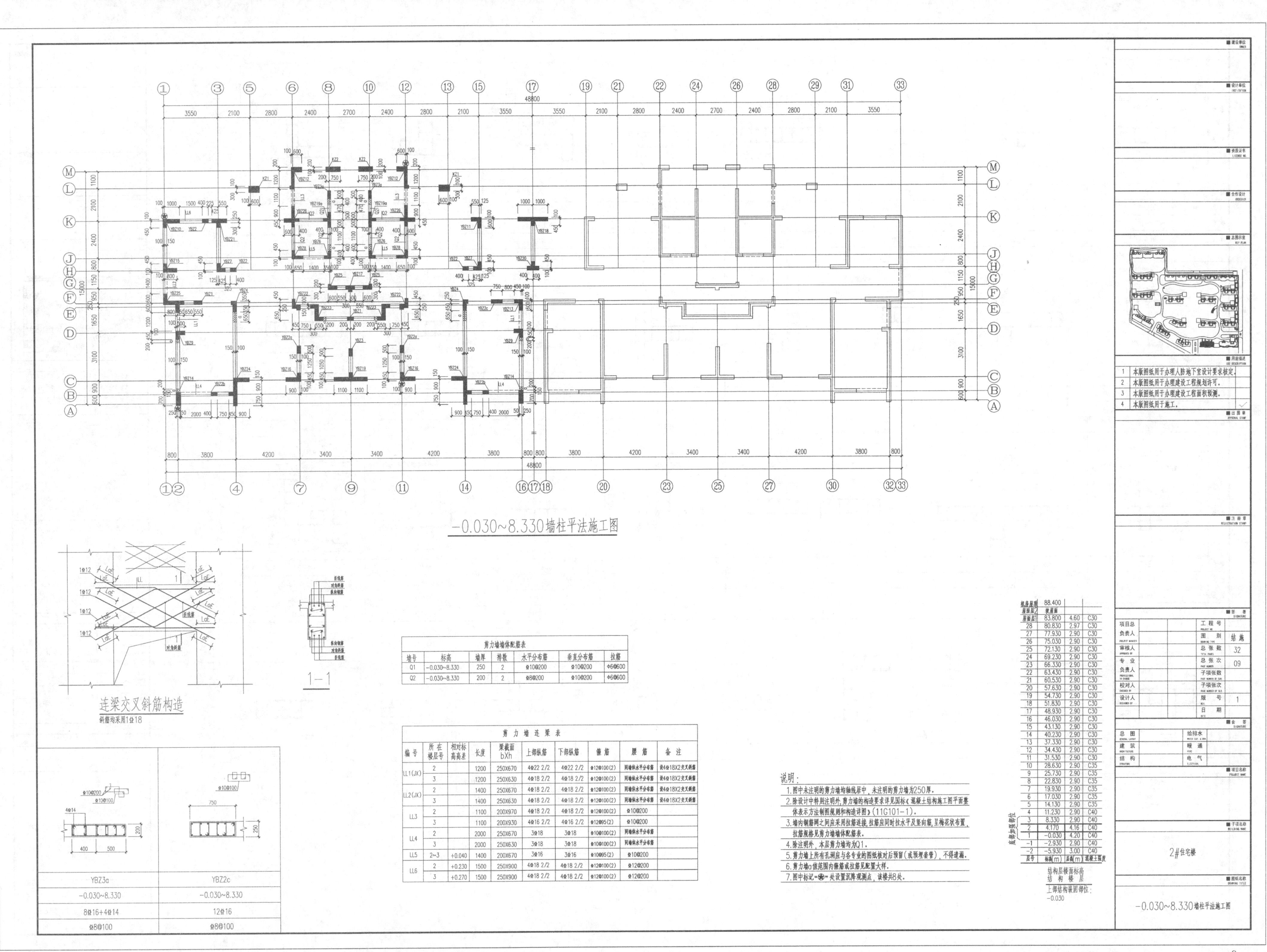

剪力墙墙体配筋表

墙号	标高	墙厚	排数	水平分布筋	垂直分布筋	拉筋
Q1	-0.030~8.330	250	2	⌀10@200	⌀10@200	Φ6@600
Q2	-0.030~8.330	200	2	⌀8@200	⌀10@200	Φ6@600

剪力墙连梁表

编号	所在楼层号	相对标高高差	长度	梁截面 bXh	上部纵筋	下部纵筋	箍筋	腰筋	备注
LL1(JX)	2		1200	250X670	4⌀22 2/2	4⌀22 2/2	⌀12@100(2)	同墙体水平分布筋	设4⌀18X2交叉斜筋
	3		1200	250X630	4⌀18 2/2	4⌀18 2/2	⌀12@100(2)	同墙体水平分布筋	设4⌀18X2交叉斜筋
LL2(JX)	2		1400	250X670	4⌀18 2/2	4⌀18 2/2	⌀12@100(2)	同墙体水平分布筋	设4⌀18X2交叉斜筋
	3		1400	250X630	4⌀18 2/2	4⌀18 2/2	⌀12@100(2)	同墙体水平分布筋	设4⌀18X2交叉斜筋
LL3	2		1100	200X970	4⌀18 2/2	4⌀18 2/2	⌀12@100(2)	⌀10@200	
	3		1100	200X930	4⌀16 2/2	4⌀16 2/2	⌀12@95(2)	⌀10@200	
LL4	2		2000	250X670	3⌀18	3⌀18	⌀10@100(2)	同墙体水平分布筋	
	3		2000	250X630	3⌀18	3⌀18	⌀10@100(2)	同墙体水平分布筋	
LL5	2~3	+0.040	1400	200X670	3⌀16	3⌀16	⌀10@95(2)	⌀10@200	
LL6	2	+0.230	1500	250X900	4⌀18 2/2	4⌀18 2/2	⌀12@100(2)	⌀12@200	
	3	+0.270	1500	250X900	4⌀18 2/2	4⌀18 2/2	⌀12@100(2)	⌀12@200	

说明：

1. 图中未注明的剪力墙均轴线居中，未注明的剪力墙为250厚。
2. 除设计中特别注明外，剪力墙的构造要求详见国标《混凝土结构施工图平面整体表示方法制图规则和构造详图》(11G101-1)。
3. 墙内钢筋网之间应采用拉筋连接，拉筋应同时拉水平及竖向筋，呈梅花状布置，拉筋规格见剪力墙墙体配筋表。
4. 除注明外，本层剪力墙均为Q1。
5. 剪力墙上所有孔洞应与各专业的图纸核对后预留(或预埋套管)，不得遗漏。
6. 剪力墙a值范围内箍筋或拉筋见配置大样。
7. 图中标记"⊛"处设置沉降观测点，该楼共8处。

层号	标高(m)	层高(m)	混凝土强度
机房屋顶	88.400		
屋面层2	坡屋面		
屋面层1	83.800	4.60	C30
28	80.830	2.97	C30
27	77.930	2.90	C30
26	75.030	2.90	C30
25	72.130	2.90	C30
24	69.230	2.90	C30
23	66.330	2.90	C30
22	63.430	2.90	C30
21	60.530	2.90	C30
20	57.630	2.90	C30
19	54.730	2.90	C30
18	51.830	2.90	C30
17	48.930	2.90	C30
16	46.030	2.90	C30
15	43.130	2.90	C30
14	40.230	2.90	C30
13	37.330	2.90	C30
12	34.430	2.90	C30
11	31.530	2.90	C30
10	28.630	2.90	C35
9	25.730	2.90	C35
8	22.830	2.90	C35
7	19.930	2.90	C35
6	17.030	2.90	C35
5	14.130	2.90	C35
4	11.230	2.90	C40
3	8.330	2.90	C40
2	4.170	4.16	C40
1	-0.030	4.20	C40
-1	-2.930	2.90	C40
-2	-5.930	3.00	C40

底部加强部位：3、2、1

结构层楼面标高
结构楼层

上部结构嵌固部位：-0.030

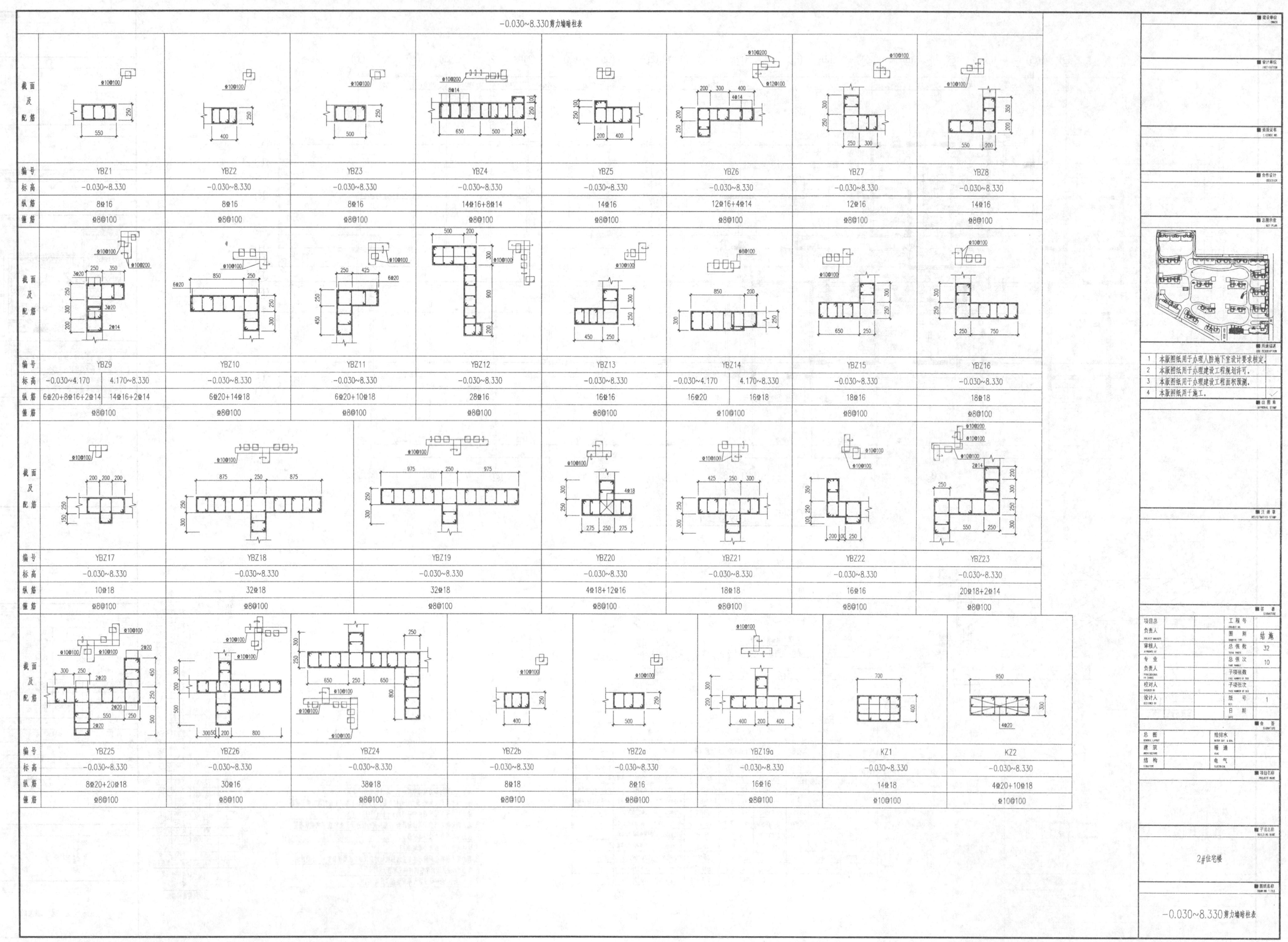

-0.030~8.330剪力墙暗柱表

截面及配筋								
编号	YBZ1	YBZ2	YBZ3	YBZ4	YBZ5	YBZ6	YBZ7	YBZ8
标高	-0.030~8.330	-0.030~8.330	-0.030~8.330	-0.030~8.330	-0.030~8.330	-0.030~8.330	-0.030~8.330	-0.030~8.330
纵筋	8Φ16	8Φ16	8Φ16	14Φ16+8Φ14	14Φ16	12Φ16+4Φ14	12Φ16	14Φ16
箍筋	Φ8@100	Φ8@100	Φ8@100	Φ8@100	Φ8@100	Φ8@100	Φ8@100	Φ8@100

截面及配筋										
编号	YBZ9		YBZ10	YBZ11	YBZ12	YBZ13	YBZ14		YBZ15	YBZ16
标高	-0.030~4.170	4.170~8.330	-0.030~8.330	-0.030~8.330	-0.030~8.330	-0.030~8.330	-0.030~4.170	4.170~8.330	-0.030~8.330	-0.030~8.330
纵筋	6Φ20+8Φ16+2Φ14	14Φ16+2Φ14	6Φ20+14Φ18	6Φ20+10Φ18	28Φ16	16Φ16	16Φ20	16Φ18	18Φ16	18Φ18
箍筋	Φ8@100		Φ8@100	Φ8@100	Φ8@100	Φ8@100	Φ10@100		Φ8@100	Φ8@100

截面及配筋							
编号	YBZ17	YBZ18	YBZ19	YBZ20	YBZ21	YBZ22	YBZ23
标高	-0.030~8.330	-0.030~8.330	-0.030~8.330	-0.030~8.330	-0.030~8.330	-0.030~8.330	-0.030~8.330
纵筋	10Φ18	32Φ18	32Φ18	4Φ18+12Φ16	18Φ18	16Φ16	20Φ18+2Φ14
箍筋	Φ8@100	Φ8@100	Φ8@100	Φ8@100	Φ8@100	Φ8@100	Φ8@100

截面及配筋								
编号	YBZ25	YBZ26	YBZ24	YBZ2b	YBZ2a	YBZ19a	KZ1	KZ2
标高	-0.030~8.330	-0.030~8.330	-0.030~8.330	-0.030~8.330	-0.030~8.330	-0.030~8.330	-0.030~8.330	-0.030~8.330
纵筋	8Φ20+20Φ18	30Φ16	38Φ18	8Φ18	8Φ16	16Φ16	14Φ18	4Φ20+10Φ18
箍筋	Φ8@100	Φ8@100	Φ8@100	Φ8@100	Φ8@100	Φ8@100	Φ10@100	Φ10@100

	用途描述	
1	本版图纸用于办理人防地下室设计要求核定。	
2	本版图纸用于办理建设工程规划许可。	
3	本版图纸用于办理建设工程面积预测。	
4	本版图纸用于施工。	√

签署			
项目总负责人		工程号	
		图别	结施
审核人		总张数	32
专业负责人		总张次	10
		子项张数	
校对人		子项张次	
设计人		版号	1
		日期	

会签			
总图		给排水	
建筑		暖通	
结构		电气	

项目名称

子项名称

2#住宅楼

图纸名称

-0.030~8.330剪力墙暗柱表

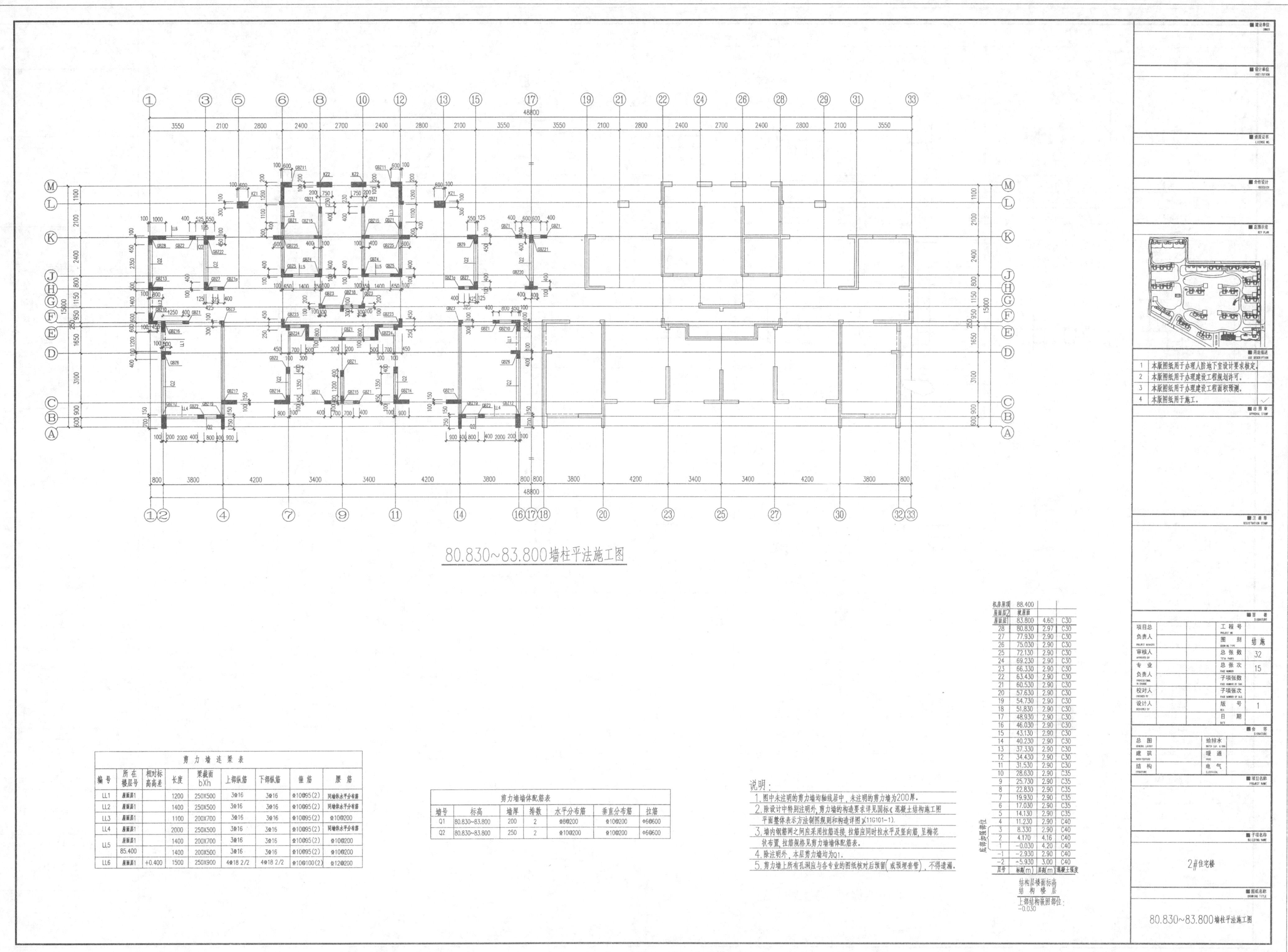

剪力墙连梁表								
编号	所在楼层号	相对标高高差	长度	梁截面 bXh	上部纵筋	下部纵筋	箍筋	腰筋
LL1	屋面层1		1200	250X500	3Φ16	3Φ16	Φ10@95(2)	同墙体水平分布筋
LL2	屋面层1		1400	250X500	3Φ16	3Φ16	Φ10@95(2)	同墙体水平分布筋
LL3	屋面层1		1100	200X700	3Φ16	3Φ16	Φ10@95(2)	Φ10@200
LL4	屋面层1		2000	250X500	3Φ16	3Φ16	Φ10@95(2)	同墙体水平分布筋
LL5	屋面层1		1400	200X700	3Φ16	3Φ16	Φ10@95(2)	Φ10@200
	85.400		1400	200X500	3Φ16	3Φ16	Φ10@95(2)	Φ10@200
LL6	屋面层1	+0.400	1500	250X900	4Φ18 2/2	4Φ18 2/2	Φ10@100(2)	Φ12@200

剪力墙墙体配筋表						
墙号	标高	墙厚	排数	水平分布筋	垂直分布筋	拉筋
Q1	80.830~83.800	200	2	Φ8@200	Φ10@200	Φ6@600
Q2	80.830~83.800	250	2	Φ10@200	Φ10@200	Φ6@600

说明：

1. 图中未注明的剪力墙均轴线居中，未注明的剪力墙为200厚。
2. 除设计中特别注明外，剪力墙的构造要求详见国标《混凝土结构施工图平面整体表示方法制图规则和构造详图》(11G101-1)。
3. 墙内钢筋网之间应采用拉筋连接，拉筋应同时拉水平及竖向筋，呈梅花状布置，拉筋规格见剪力墙墙体配筋表。
4. 除注明外，本层剪力墙均为Q1。
5. 剪力墙上所有孔洞应与各专业的图纸核对后预留（或预埋套管），不得遗漏。

层号	标高(m)	层高(m)	混凝土强度
机房屋顶	88.400		
屋面层2	坡屋面		
屋面层1	83.800	4.60	C30
28	80.830	2.97	C30
27	77.930	2.90	C30
26	75.030	2.90	C30
25	72.130	2.90	C30
24	69.230	2.90	C30
23	66.330	2.90	C30
22	63.430	2.90	C30
21	60.530	2.90	C30
20	57.630	2.90	C30
19	54.730	2.90	C30
18	51.830	2.90	C30
17	48.930	2.90	C30
16	46.030	2.90	C30
15	43.130	2.90	C30
14	40.230	2.90	C30
13	37.330	2.90	C30
12	34.430	2.90	C30
11	31.530	2.90	C30
10	28.630	2.90	C35
9	25.730	2.90	C35
8	22.830	2.90	C35
7	19.930	2.90	C35
6	17.030	2.90	C35
5	14.130	2.90	C35
4	11.230	2.90	C40
3	8.330	2.90	C40
2	4.170	4.16	C40
1	-0.030	4.20	C40
-1	-2.930	2.90	C40
-2	-5.930	3.00	C40

底部加强部位：3、2、1

结构层楼面标高
结构楼层

上部结构嵌固部位：-0.030

80.830~83.800剪力墙暗柱表

截面及配筋								
编号	GBZ1	GBZ2	GBZ3	GBZ4	GBZ5	GBZ6	GBZ7	GBZ8
标高	80.830~83.800	80.830~83.800	80.830~83.800	80.830~83.800	80.830~83.800	80.830~83.800	80.830~83.800	80.830~83.800
纵筋	6Φ14	6Φ14	4Φ20+4Φ14	12Φ14	14Φ14	12Φ14	12Φ14	4Φ16+14Φ14
箍筋	Φ8@150	Φ8@150	Φ8@150	Φ8@150	Φ8@150	Φ8@150	Φ8@150	Φ8@150
截面及配筋								
编号	GBZ9	GBZ10	GBZ11	GBZ12	GBZ13	GBZ14	GBZ15	GBZ16
标高	80.830~83.800	80.830~83.800	80.830~83.800	80.830~83.800	80.830~83.800	80.830~83.800	80.830~83.800	80.830~83.800
纵筋	6Φ16+10Φ14	14Φ14	26Φ16	14Φ14	16Φ14	4Φ16+12Φ14	8Φ14	10Φ14
箍筋	Φ8@150	Φ8@150	Φ8@150	Φ8@150	Φ8@150	Φ8@150	Φ8@150	Φ8@150
截面及配筋								
编号	GBZ17	GBZ18	GBZ19	GBZ20	GBZ21	GBZ22	GBZ23	GBZ24
标高	80.830~83.800	80.830~83.800	80.830~83.800	80.830~83.800	80.830~83.800	80.830~83.800	80.830~83.800	80.830~83.800
纵筋	14Φ14	4Φ20+2Φ14	14Φ14	4Φ16+8Φ14	8Φ14	14Φ14	6Φ18+6Φ22+6Φ14	20Φ14
箍筋	Φ8@150	Φ8@150	Φ8@150	Φ8@150	Φ8@150	Φ8@150	Φ8@100	Φ8@150
截面及配筋								
编号	GBZ25	KZ1	KZ2	GBZ1a				
标高	80.830~83.800	80.830~83.800	80.830~83.800	80.830~83.800				
纵筋	10Φ14	14Φ18	4Φ20+10Φ18	6Φ16				
箍筋	Φ8@150	Φ10@100	Φ10@100	Φ8@150				

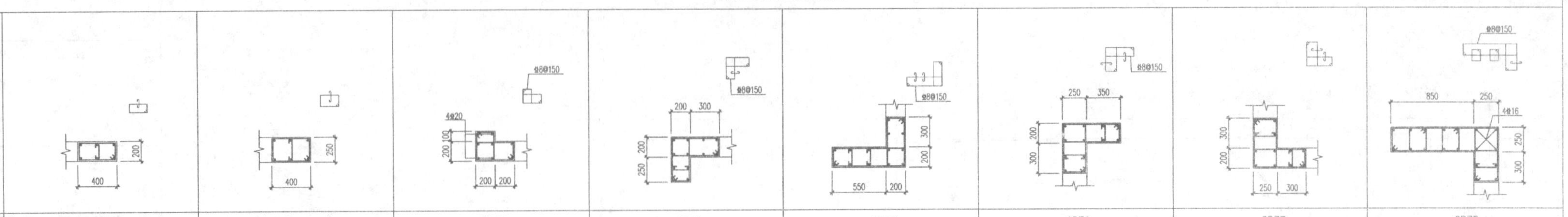

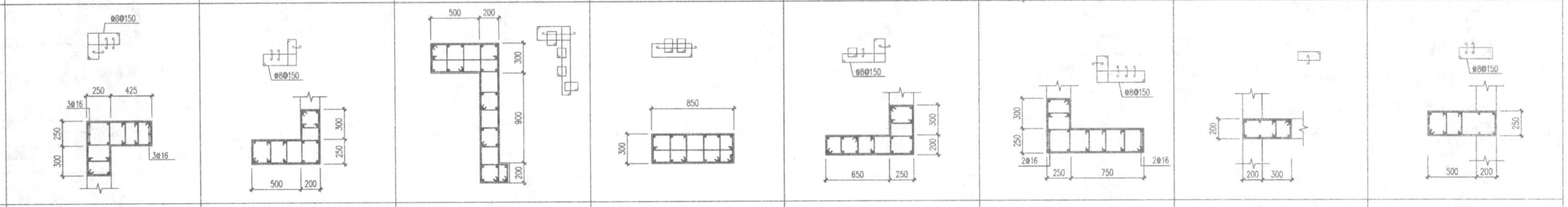

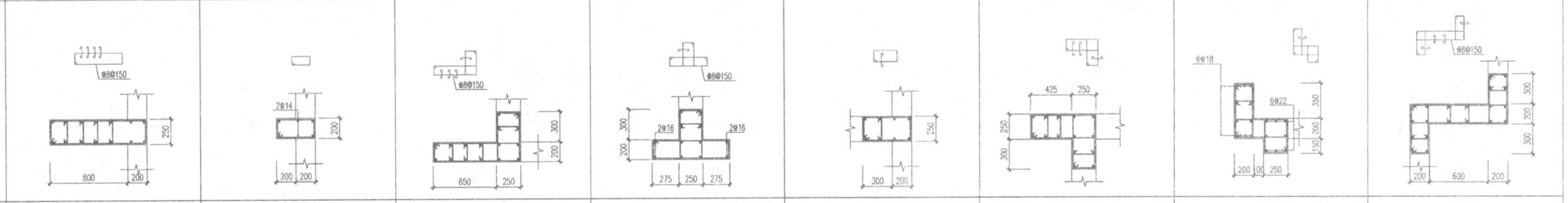

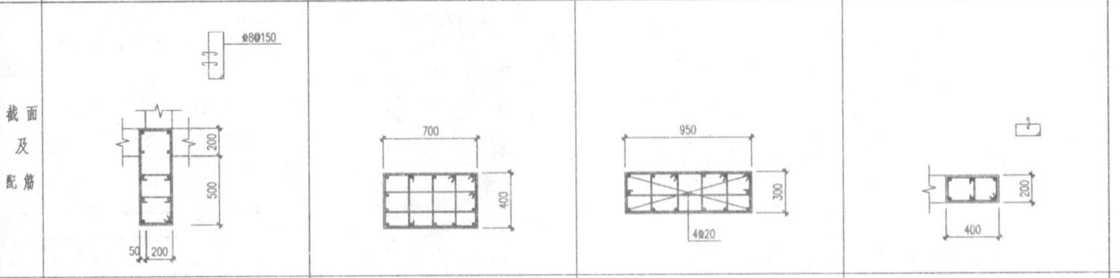

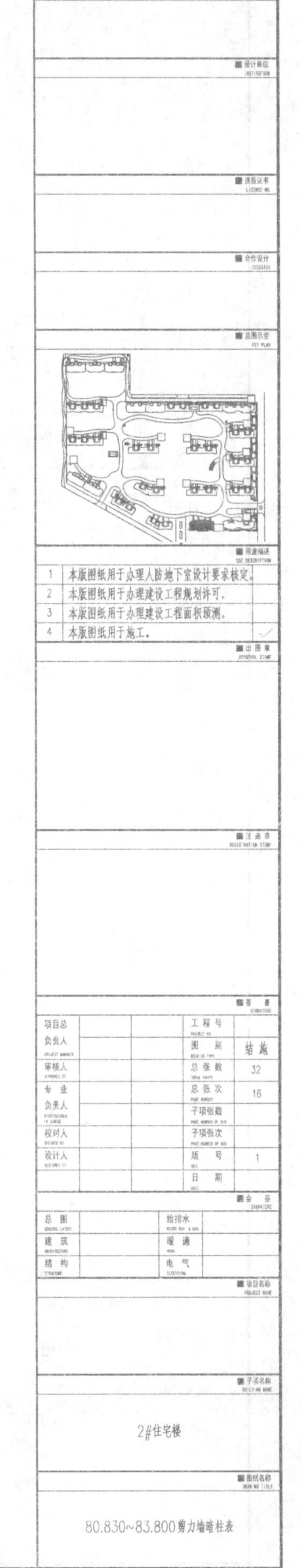

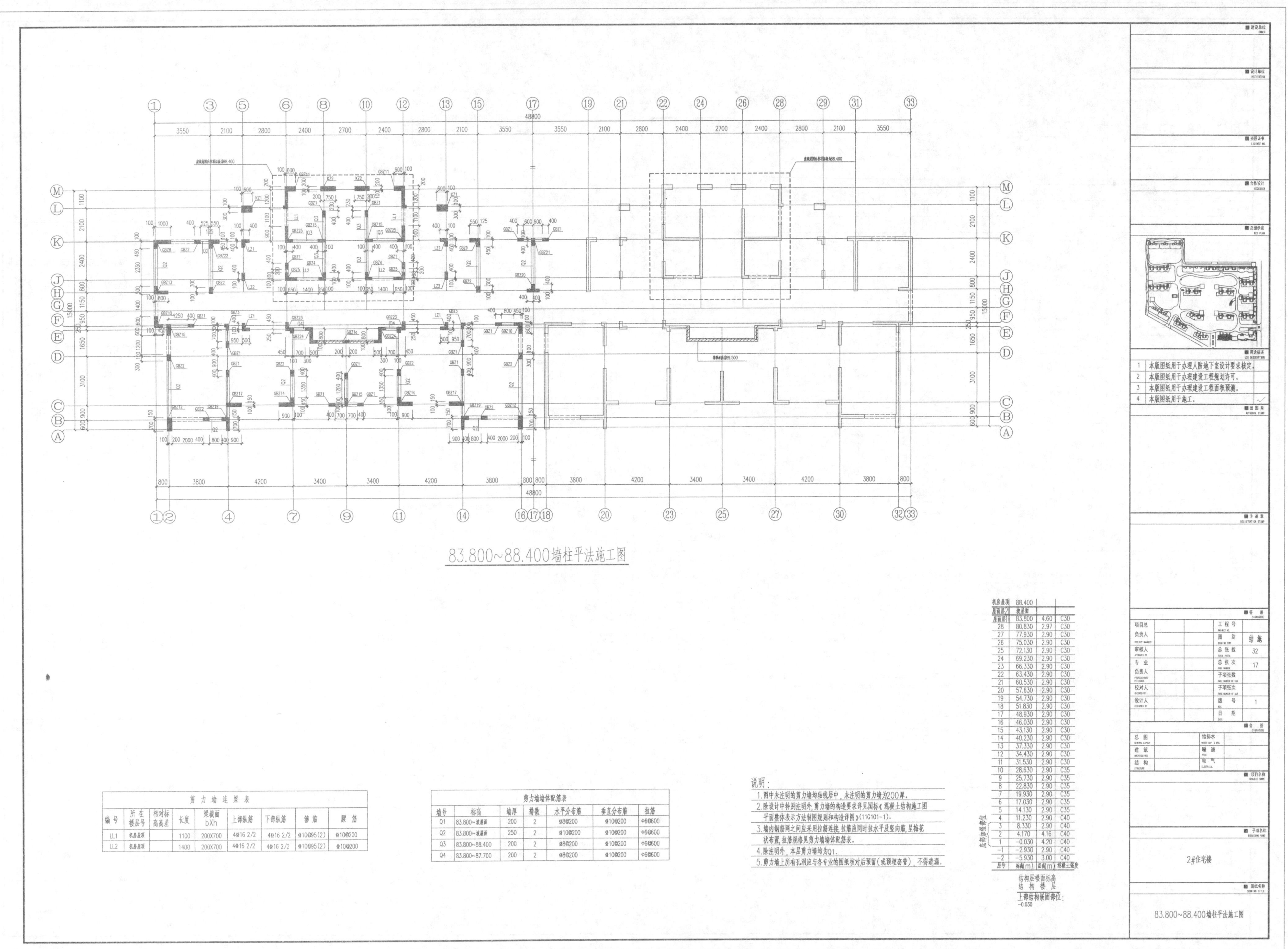

83.800~88.400墙柱平法施工图

剪力墙连梁表								
编号	所在楼层号	相对标高高差	长度	梁截面 bXh	上部纵筋	下部纵筋	箍筋	腰筋
LL1	机房屋顶		1100	200X700	4⌀16 2/2	4⌀16 2/2	⌀10@95(2)	⌀10@200
LL2	机房屋顶		1400	200X700	4⌀16 2/2	4⌀16 2/2	⌀10@95(2)	⌀10@200

剪力墙墙体配筋表						
墙号	标高	墙厚	排数	水平分布筋	垂直分布筋	拉筋
Q1	83.800~坡屋面	200	2	⌀8@200	⌀10@200	Φ6@600
Q2	83.800~坡屋面	250	2	⌀10@200	⌀10@200	Φ6@600
Q3	83.800~88.400	200	2	⌀8@200	⌀10@200	Φ6@600
Q4	83.800~87.700	200	2	⌀8@200	⌀10@200	Φ6@600

说明：

1. 图中未注明的剪力墙均轴线居中，未注明的剪力墙为200厚。
2. 除设计中特别注明外，剪力墙的构造要求详见国标《混凝土结构施工图平面整体表示方法制图规则和构造详图》(11G101-1)。
3. 墙内钢筋网之间应采用拉筋连接，拉筋应同时拉水平及竖向筋，呈梅花状布置，拉筋规格见剪力墙墙体配筋表。
4. 除注明外，本层剪力墙均为Q1。
5. 剪力墙上所有孔洞应与各专业的图纸核对后预留（或预埋套管），不得遗漏。

层号	标高(m)	层高(m)	混凝土强度
机房屋顶	88.400		
屋面层2	坡屋面		
屋面层1	83.800	4.60	C30
28	80.830	2.97	C30
27	77.930	2.90	C30
26	75.030	2.90	C30
25	72.130	2.90	C30
24	69.230	2.90	C30
23	66.330	2.90	C30
22	63.430	2.90	C30
21	60.530	2.90	C30
20	57.630	2.90	C30
19	54.730	2.90	C30
18	51.830	2.90	C30
17	48.930	2.90	C30
16	46.030	2.90	C30
15	43.130	2.90	C30
14	40.230	2.90	C30
13	37.330	2.90	C30
12	34.430	2.90	C30
11	31.530	2.90	C30
10	28.630	2.90	C35
9	25.730	2.90	C35
8	22.830	2.90	C35
7	19.930	2.90	C35
6	17.030	2.90	C35
5	14.130	2.90	C35
4	11.230	2.90	C40
3	8.330	2.90	C40
2	4.170	4.16	C40
1	-0.030	4.20	C40
-1	-2.930	2.90	C40
-2	-5.930	3.00	C40

底部加强部位：3、2、1

结构层楼面标高
结构楼层

上部结构嵌固部位：-0.030

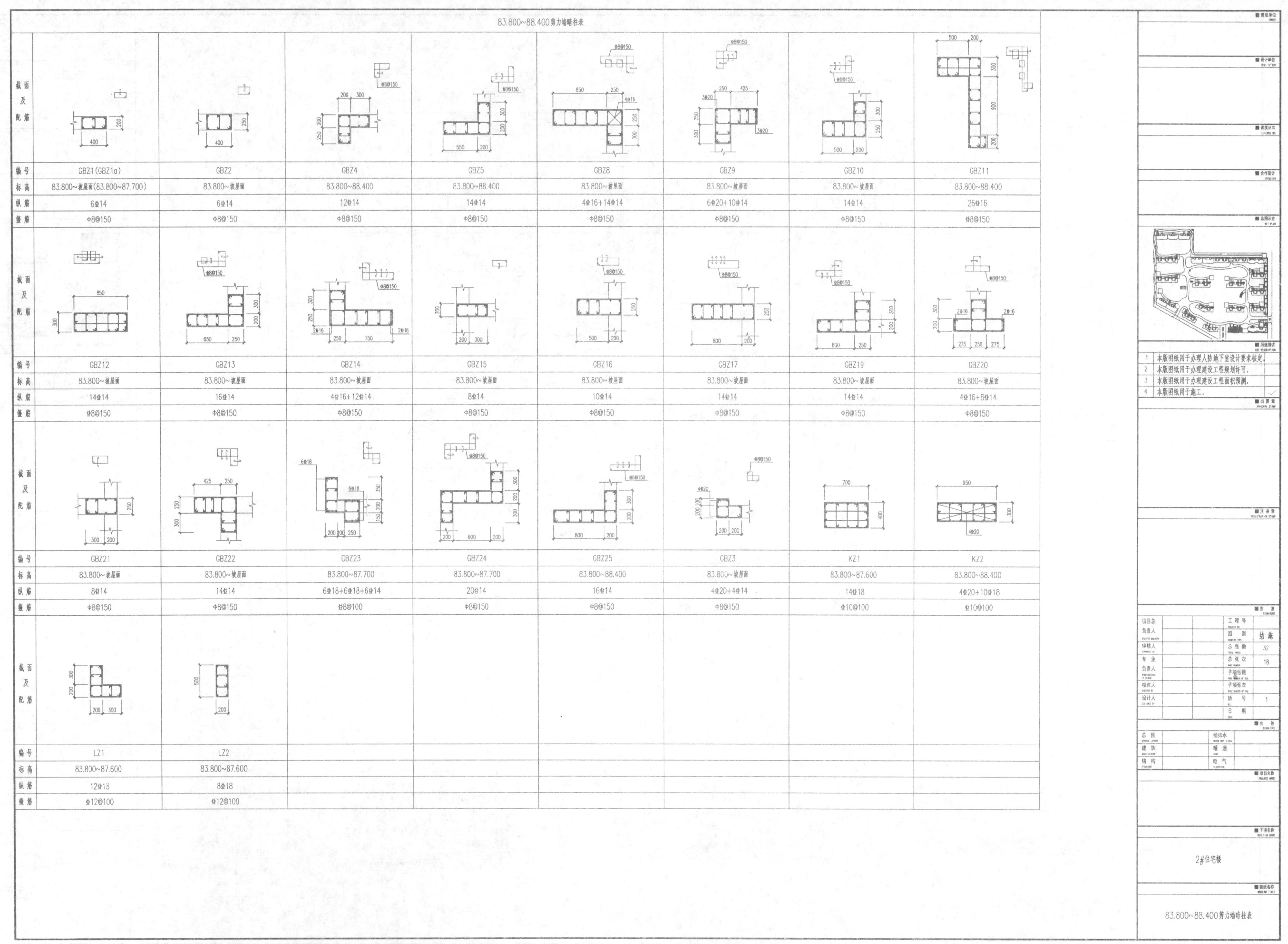

83.800~88.400剪力墙暗柱表

编号	GBZ1(GBZ1a)	GBZ2	GBZ4	GBZ5	GBZ8	GBZ9	GBZ10	GBZ11
标高	83.800~坡屋面(83.800~87.700)	83.800~坡屋面	83.800~88.400	83.800~88.400	83.800~坡屋面	83.800~坡屋面	83.800~坡屋面	83.800~88.400
纵筋	6Φ14	6Φ14	12Φ14	14Φ14	4Φ16+14Φ14	6Φ20+10Φ14	14Φ14	26Φ16
箍筋	Φ8@150	Φ8@150	Φ8@150	Φ8@150	Φ8@150	Φ8@150	Φ8@150	Φ8@150

编号	GBZ12	GBZ13	GBZ14	GBZ15	GBZ16	GBZ17	GBZ19	GBZ20
标高	83.800~坡屋面	83.800~坡屋面	83.800~坡屋面	83.800~坡屋面	83.800~坡屋面	83.800~坡屋面	83.800~坡屋面	83.800~坡屋面
纵筋	14Φ14	16Φ14	4Φ16+12Φ14	8Φ14	10Φ14	14Φ14	14Φ14	4Φ16+8Φ14
箍筋	Φ8@150	Φ8@150	Φ8@150	Φ8@150	Φ8@150	Φ8@150	Φ8@150	Φ8@150

编号	GBZ21	GBZ22	GBZ23	GBZ24	GBZ25	GBZ3	KZ1	KZ2
标高	83.800~坡屋面	83.800~坡屋面	83.800~87.700	83.800~87.700	83.800~88.400	83.800~坡屋面	83.800~87.600	83.800~88.400
纵筋	8Φ14	14Φ14	6Φ18+6Φ18+6Φ14	20Φ14	16Φ14	4Φ20+4Φ14	14Φ18	4Φ20+10Φ18
箍筋	Φ8@150	Φ8@150	Φ8@100	Φ8@150	Φ8@150	Φ8@150	Φ10@100	Φ10@100

编号	LZ1	LZ2
标高	83.800~87.600	83.800~87.600
纵筋	12Φ18	8Φ18
箍筋	Φ12@100	Φ12@100

地下一层梁平法施工图
一层梁平法施工图
机房屋顶 88.400
屋面层2 坡屋面
屋面层 83.800 4.60 C30
28 80.830 2.97 C30
27 77.930 2.90 C30
26 75.030 2.90 C30
25 72.130 2.90 C30
24 69.230 2.90 C30
23 66.330 2.90 C30
22 63.430 2.90 C30
21 60.530 2.90 C30
20 57.630 2.90 C30
19 54.730 2.90 C30
18 51.830 2.90 C30
17 48.930 2.90 C30
16 46.030 2.90 C30
15 43.130 2.90 C30
14 40.230 2.90 C30
13 37.330 2.90 C30
12 34.430 2.90 C30
11 31.530 2.90 C30
10 28.630 2.90 C35
9 25.730 2.90 C35
8 22.830 2.90 C35
7 19.930 2.90 C35
6 17.030 2.90 C35
5 14.130 2.90 C35
4 11.230 2.90 C40
3 8.330 2.90 C40
2 4.170 4.16 C40
1 -0.030 4.20 C40
-1 -2.930 2.90 C40
-2 -5.930 3.00 C40
层号 标高(m) 层高(m) 混凝土强度
结构层楼面标高
结构楼层
说明：
1.梁定位除注明外均为轴线居中或与墙柱一边齐。
2.梁配筋图采用国标《混凝土结构施工图平面整体表示方法制图规则和构造详图》(11G101-1)的表示方法并与之配套使用。
3.主次梁交叉处除注明外，主梁上(次梁两侧)应附加箍筋不小于2x3D间距50mm，D为主梁箍筋直径;未注明吊筋为2⌀12。
4.图中跨度与高度比值小于5的框架梁按连梁构造施工。
5.当KL一端垂直支撑在墙或梁上时,该端按L构造;当L一端与墙柱顺接时，该端按照KL构造。
用途描述
1 本版图纸用于办理人防地下室设计要求核定。
2 本版图纸用于办理建设工程规划许可。
3 本版图纸用于办理建设工程面积预测。
4 本版图纸用于施工。
出图章
2#住宅楼
地下一层梁平法施工图
一层梁平法施工图

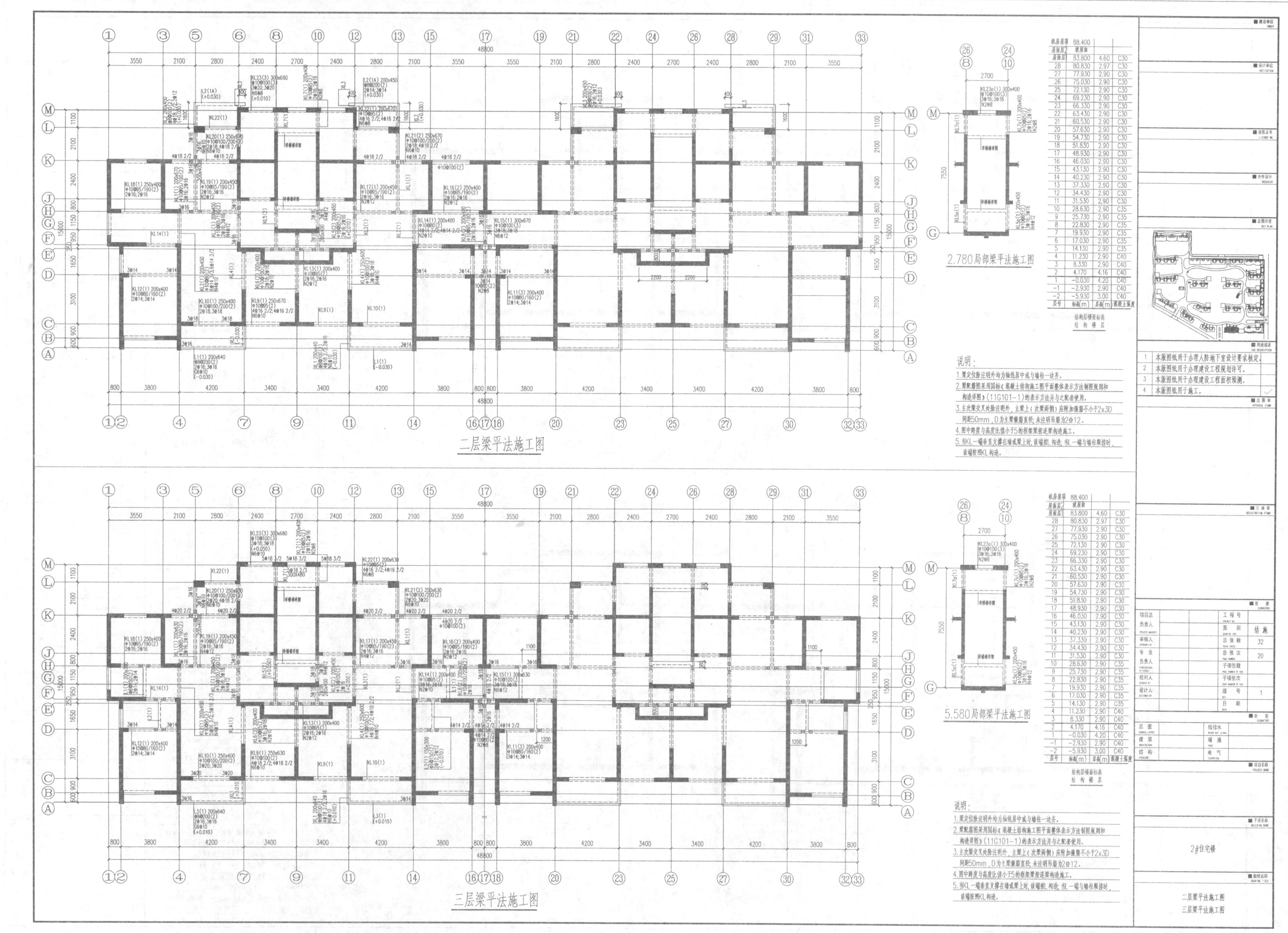
二层梁平法施工图
三层梁平法施工图
2.780局部梁平法施工图
5.580局部梁平法施工图
机房屋顶 88.400
屋面层2 坡屋面
屋面层1 83.800 4.60 C30
28 80.830 2.97 C30
27 77.930 2.90 C30
26 75.030 2.90 C30
25 72.130 2.90 C30
24 69.230 2.90 C30
23 66.330 2.90 C30
22 63.430 2.90 C30
21 60.530 2.90 C30
20 57.630 2.90 C30
19 54.730 2.90 C30
18 51.830 2.90 C30
17 48.930 2.90 C30
16 46.030 2.90 C30
15 43.130 2.90 C30
14 40.230 2.90 C30
13 37.330 2.90 C30
12 34.430 2.90 C30
11 31.530 2.90 C30
10 28.630 2.90 C35
9 25.730 2.90 C35
8 22.830 2.90 C35
7 19.930 2.90 C35
6 17.030 2.90 C35
5 14.130 2.90 C35
4 11.230 2.90 C40
3 8.330 2.90 C40
2 4.170 4.16 C40
1 -0.030 4.20 C40
-1 -2.930 2.90 C40
-2 -5.930 3.00 C40
层号 标高(m) 层高(m) 混凝土强度
结构层楼面标高
结构楼层
说明:
1.梁定位除注明外均为轴线居中或与墙柱一边齐.
2.梁配筋图采用国标《混凝土结构施工图平面整体表示方法制图规则和构造详图》(11G101-1)的表示方法并与之配套使用.
3.主次梁交叉处除注明外，主梁上(次梁两侧)应附加箍筋不小于2x3D间距50mm，D为主梁箍筋直径;未注明吊筋为2⌀12.
4.图中跨度与高度比值小于5的框架梁按连梁构造施工.
5.当KL一端垂直支撑在墙或梁上时,该端按L构造;当L一端与墙柱顺接时,该端按照KL构造.
1 本版图纸用于办理人防地下室设计要求核定。
2 本版图纸用于办理建设工程规划许可。
3 本版图纸用于办理建设工程面积预测。
4 本版图纸用于施工。
图别 结施
总张数 32
总张次 20
版号 1
2#住宅楼
二层梁平法施工图
三层梁平法施工图

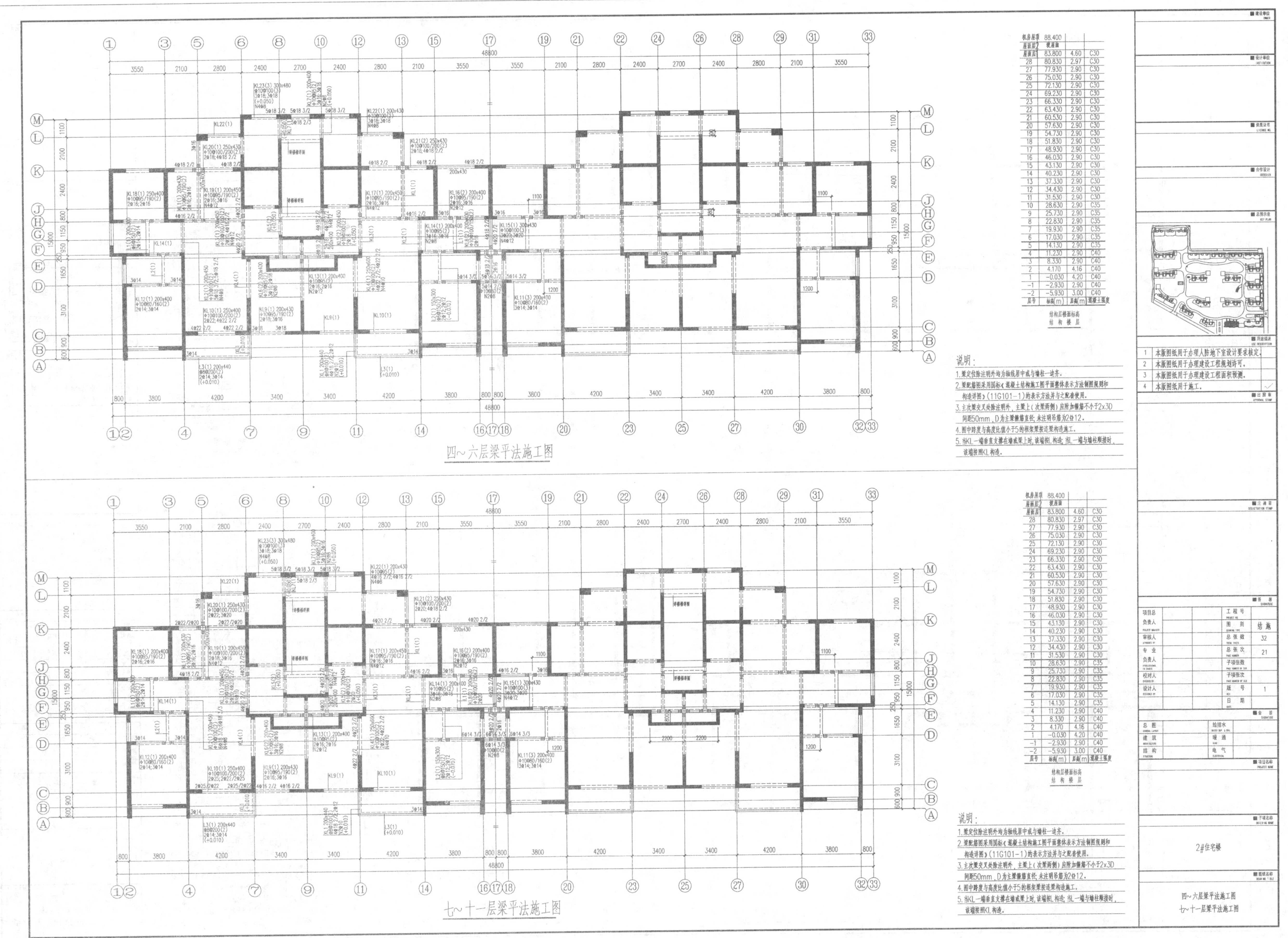
四～六层梁平法施工图
七～十一层梁平法施工图
机房屋顶 88.400
屋面层2 坡屋面
屋面层1 83.800 4.60 C30
28 80.830 2.97 C30
27 77.930 2.90 C30
26 75.030 2.90 C30
25 72.130 2.90 C30
24 69.230 2.90 C30
23 66.330 2.90 C30
22 63.430 2.90 C30
21 60.530 2.90 C30
20 57.630 2.90 C30
19 54.730 2.90 C30
18 51.830 2.90 C30
17 48.930 2.90 C30
16 46.030 2.90 C30
15 43.130 2.90 C30
14 40.230 2.90 C30
13 37.330 2.90 C30
12 34.430 2.90 C30
11 31.530 2.90 C30
10 28.630 2.90 C35
9 25.730 2.90 C35
8 22.830 2.90 C35
7 19.930 2.90 C35
6 17.030 2.90 C35
5 14.130 2.90 C35
4 11.230 2.90 C40
3 8.330 2.90 C40
2 4.170 4.16 C40
1 −0.030 4.20 C40
−1 −2.930 2.90 C40
−2 −5.930 3.00 C40
层号 标高(m) 层高(m) 混凝土强度
结构层楼面标高
结构楼层
说明：
1.梁定位除注明外均为轴线居中或与墙柱一边齐。
2.梁配筋图采用国标《混凝土结构施工图平面整体表示方法制图规则和构造详图》(11G101-1)的表示方法并与之配套使用。
3.主次梁交叉处除注明外，主梁上(次梁两侧)应附加箍筋不小于2x3D间距50mm，D为主梁箍筋直径;未注明吊筋为2⏀12。
4.图中跨度与高度比值小于5的框架梁按连梁构造施工。
5.当KL一端垂直支撑在墙或梁上时,该端按L构造;当L一端与墙柱顺接时,该端按照KL构造。
1 本版图纸用于办理人防地下室设计要求核定。
2 本版图纸用于办理建设工程规划许可。
3 本版图纸用于办理建设工程面积预测。
4 本版图纸用于施工。
结施
32
21
1
2#住宅楼
四～六层梁平法施工图
七～十一层梁平法施工图

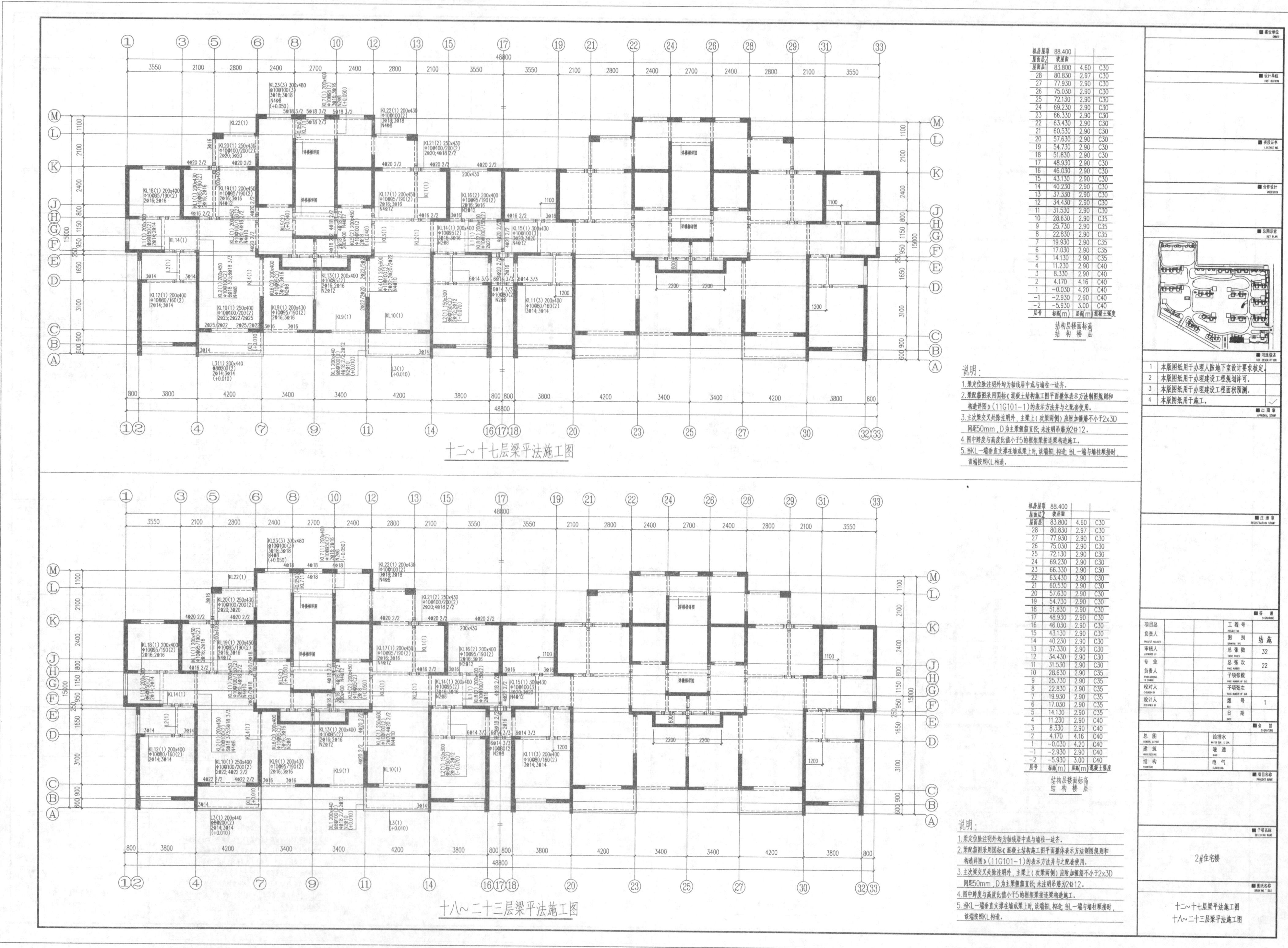

层号	标高(m)	层高(m)	混凝土强度
机房屋顶	88.400		
屋面层2	坡屋面		
屋面层1	83.800	4.60	C30
28	80.830	2.97	C30
27	77.930	2.90	C30
26	75.030	2.90	C30
25	72.130	2.90	C30
24	69.230	2.90	C30
23	66.330	2.90	C30
22	63.430	2.90	C30
21	60.530	2.90	C30
20	57.630	2.90	C30
19	54.730	2.90	C30
18	51.830	2.90	C30
17	48.930	2.90	C30
16	46.030	2.90	C30
15	43.130	2.90	C30
14	40.230	2.90	C30
13	37.330	2.90	C30
12	34.430	2.90	C30
11	31.530	2.90	C30
10	28.630	2.90	C35
9	25.730	2.90	C35
8	22.830	2.90	C35
7	19.930	2.90	C35
6	17.030	2.90	C35
5	14.130	2.90	C35
4	11.230	2.90	C40
3	8.330	2.90	C40
2	4.170	4.16	C40
1	-0.030	4.20	C40
-1	-2.930	2.90	C40
-2	-5.930	3.00	C40

结构层楼面标高
结构楼层

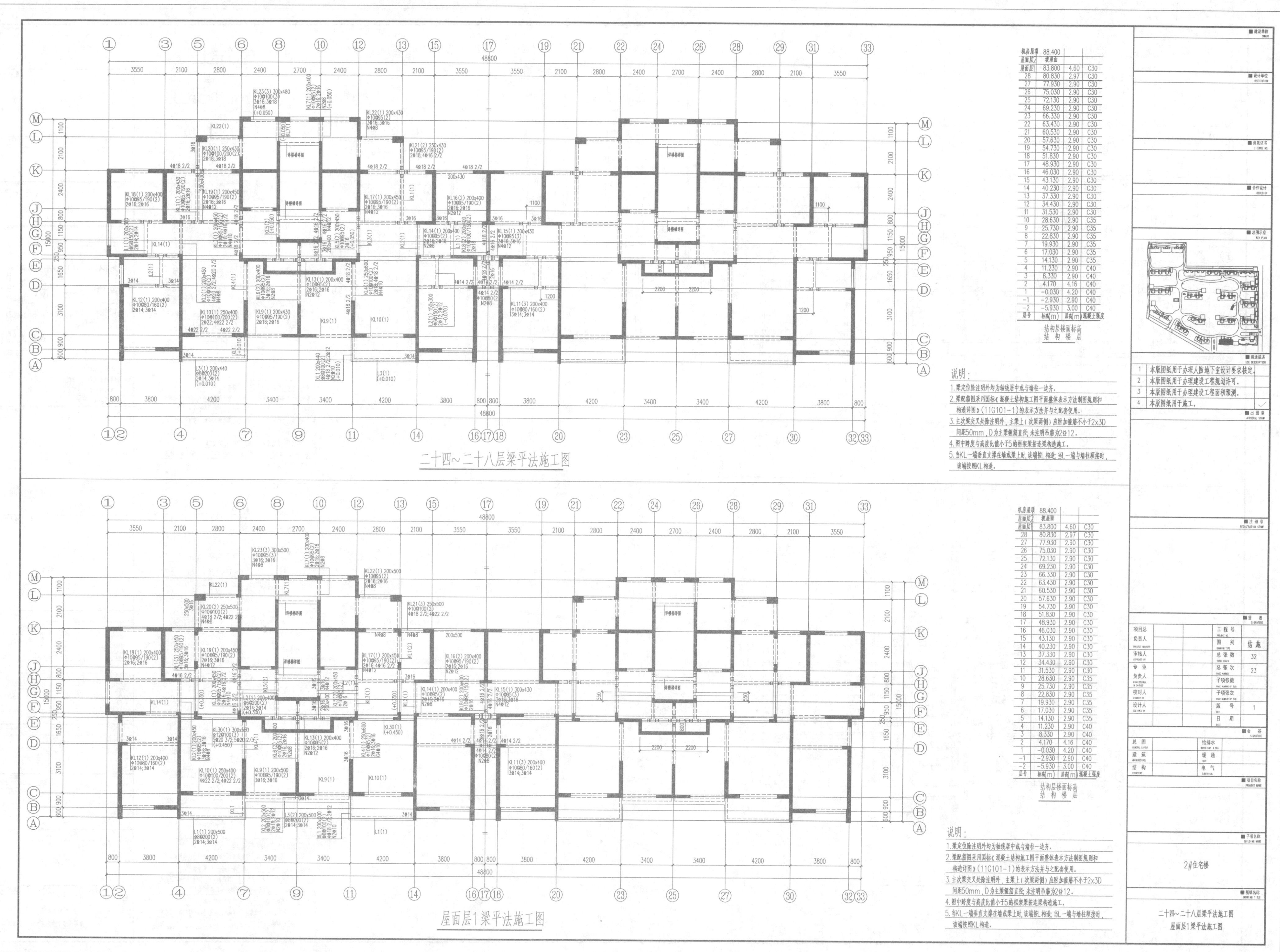

层号	标高(m)	层高(m)	混凝土强度
机房屋顶	88.400		
屋面层2	坡屋面		
屋面层1	83.800	4.60	C30
28	80.830	2.97	C30
27	77.930	2.90	C30
26	75.030	2.90	C30
25	72.130	2.90	C30
24	69.230	2.90	C30
23	66.330	2.90	C30
22	63.430	2.90	C30
21	60.530	2.90	C30
20	57.630	2.90	C30
19	54.730	2.90	C30
18	51.830	2.90	C30
17	48.930	2.90	C30
16	46.030	2.90	C30
15	43.130	2.90	C30
14	40.230	2.90	C30
13	37.330	2.90	C30
12	34.430	2.90	C30
11	31.530	2.90	C30
10	28.630	2.90	C35
9	25.730	2.90	C35
8	22.830	2.90	C35
7	19.930	2.90	C35
6	17.030	2.90	C35
5	14.130	2.90	C35
4	11.230	2.90	C40
3	8.330	2.90	C40
2	4.170	4.16	C40
1	-0.030	4.20	C40
-1	-2.930	2.90	C40
-2	-5.930	3.00	C40

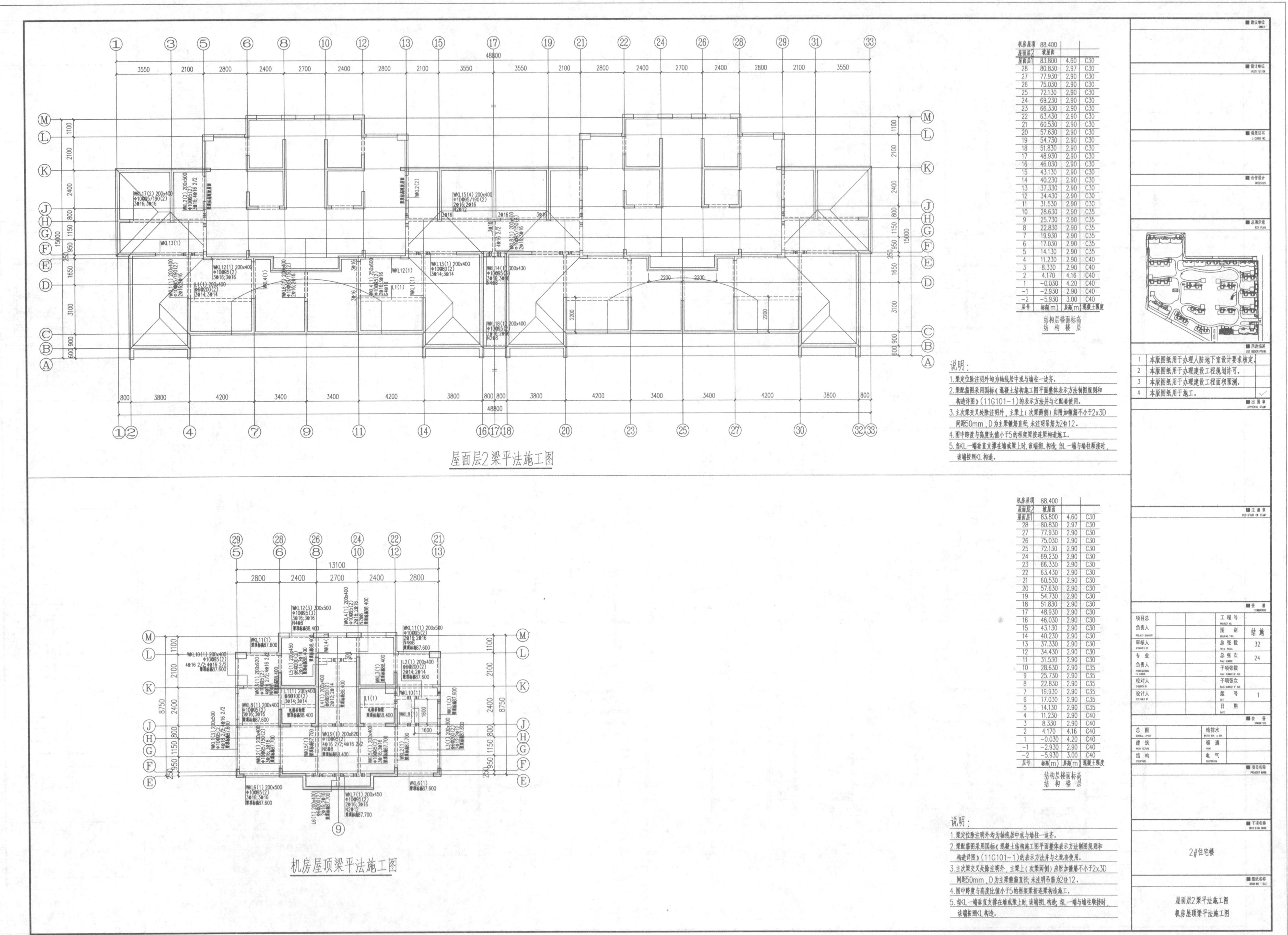

屋面层2梁平法施工图
机房屋顶梁平法施工图
结构层楼面标高
结构层高
说明：
1.梁定位除注明外均为轴线居中或与墙柱一边齐。
2.梁配筋图采用国标《混凝土结构施工图平面整体表示方法制图规则和构造详图》(11G101-1)的表示方法并与之配套使用。
3.主次梁交叉处除注明外，主梁上（次梁两侧）应附加箍筋不小于2x3D间距50mm，D为主梁箍筋直径;未注明吊筋为2Φ12。
4.图中跨度与高度比值小于5的框架梁按连梁构造施工。
5.当KL一端垂直支撑在墙或梁上时,该端按L构造;当L一端与墙柱相接时,该端按照KL构造。
2#住宅楼
屋面层2梁平法施工图
机房屋顶梁平法施工图

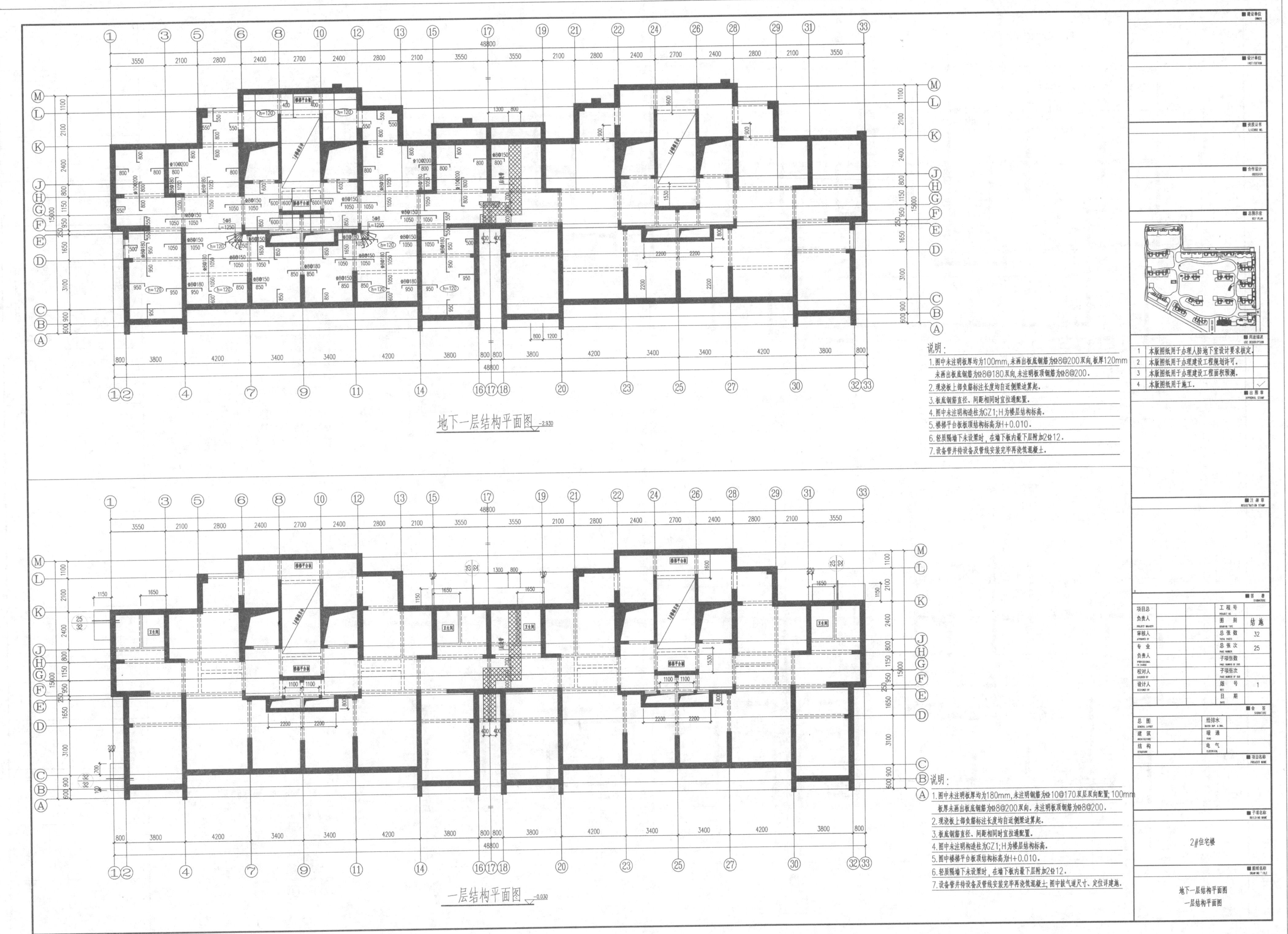
地下一层结构平面图 -2.930
说明：
1.图中未注明板厚均为100mm，未画出板底钢筋为⌀8@200双向，板厚120mm
未画出板底钢筋为⌀8@180双向，未注明板顶钢筋为⌀8@200。
2.现浇板上部负筋标注长度均自近侧梁边算起。
3.板底钢筋直径、间距相同时宜拉通配置。
4.图中未注明构造柱为GZ1；H为楼层结构标高。
5.楼梯平台板板顶结构标高为H+0.010。
6.轻质隔墙下未设梁时，在墙下板内最下层附加2⌀12。
7.设备管井待设备及管线安装完毕再浇筑混凝土。
一层结构平面图 -0.030
说明：
1.图中未注明板厚均为180mm，未注明钢筋为⌀10@170双层双向配置；100mm
板厚未画出板底钢筋为⌀8@200双向。未注明板顶钢筋为⌀8@200。
2.现浇板上部负筋标注长度均自近侧梁边算起。
3.板底钢筋直径、间距相同时宜拉通配置。
4.图中未注明构造柱为GZ1；H为楼层结构标高。
5.图中楼梯平台板顶结构标高为H+0.010。
6.轻质隔墙下未设梁时，在墙下板内最下层附加2⌀12。
7.设备管井待设备及管线安装完毕再浇筑混凝土；图中拔气道尺寸、定位详建施。
1 本版图纸用于办理人防地下室设计要求核定。
2 本版图纸用于办理建设工程规划许可。
3 本版图纸用于办理建设工程面积预测。
4 本版图纸用于施工。
2#住宅楼
地下一层结构平面图
一层结构平面图
结施
32
25
1

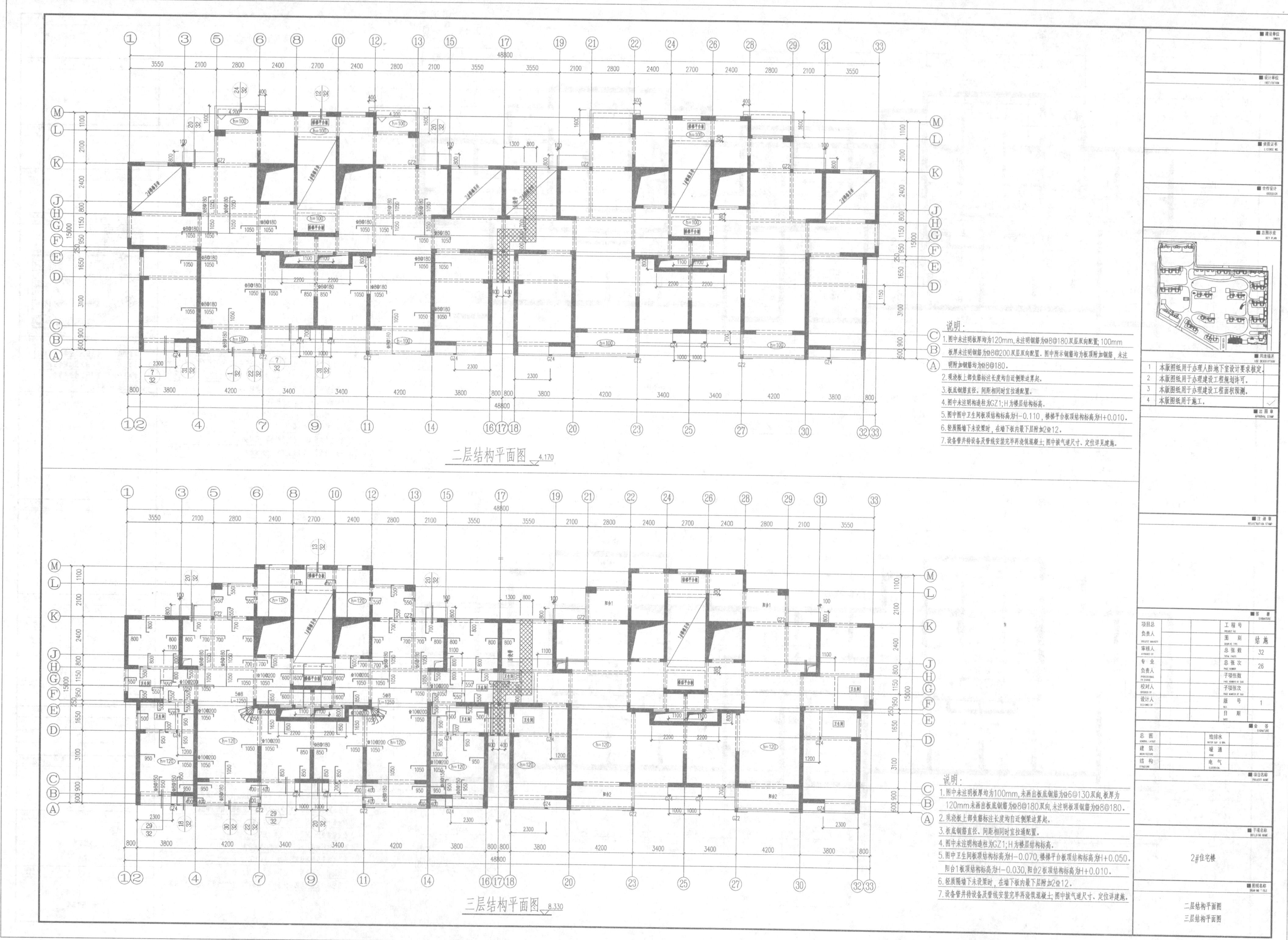

二层结构平面图 4.170
说明：
1.图中未注明板厚均为120mm,未注明钢筋为⌀8@180双层双向配置;100mm板厚未注明钢筋为⌀8@200双层双向配置。图中所示钢筋均为板顶附加钢筋，未注明附加钢筋均为⌀8@180。
2.现浇板上部负筋标注长度均自近侧梁边算起。
3.板底钢筋直径、间距相同时宜拉通配置。
4.图中未注明构造柱为GZ1;H为楼层结构标高。
5.图中图中卫生间板顶结构标高为H−0.110，楼梯平台板顶结构标高为H+0.010。
6.轻质隔墙下未设梁时，在墙下板内最下层附加2⌀12。
7.设备管井待设备及管线安装完毕再浇筑混凝土;图中拔气道尺寸、定位详见建施。
三层结构平面图 8.330
说明：
1.图中未注明板厚均为100mm,未画出板底钢筋为⌀6@130双向,板厚为120mm未画出板底钢筋为⌀8@180双向,未注明板顶钢筋为⌀8@180。
2.现浇板上部负筋标注长度均自近侧梁边算起。
3.板底钢筋直径、间距相同时宜拉通配置。
4.图中未注明构造柱为GZ1;H为楼层结构标高。
5.图中卫生间板顶结构标高为H−0.070,楼梯平台板顶结构标高为H+0.050。阳台1板顶结构标高为H−0.030,阳台2板顶结构标高为H+0.010。
6.轻质隔墙下未设梁时，在墙下板内最下层附加2⌀12。
7.设备管井待设备及管线安装完毕再浇筑混凝土;图中拔气道尺寸、定位详建施。
用途描述 USE DESCRIPTION
1 本版图纸用于办理人防地下室设计要求核定。
2 本版图纸用于办理建设工程规划许可。
3 本版图纸用于办理建设工程面积预测。
4 本版图纸用于施工。 ✓
出图章 APPROVAL STAMP
签署 SIGNATURE
项目总负责人
审核人
专业负责人
校对人
设计人
工程号
图别 结施
总张数 32
总张次 26
子项张数
子项张次
版号 1
日期
会签 SIGNATURE
总图
建筑
结构
给排水
暖通
电气
项目名称 PROJECT NAME
2#住宅楼
图纸名称
二层结构平面图
三层结构平面图

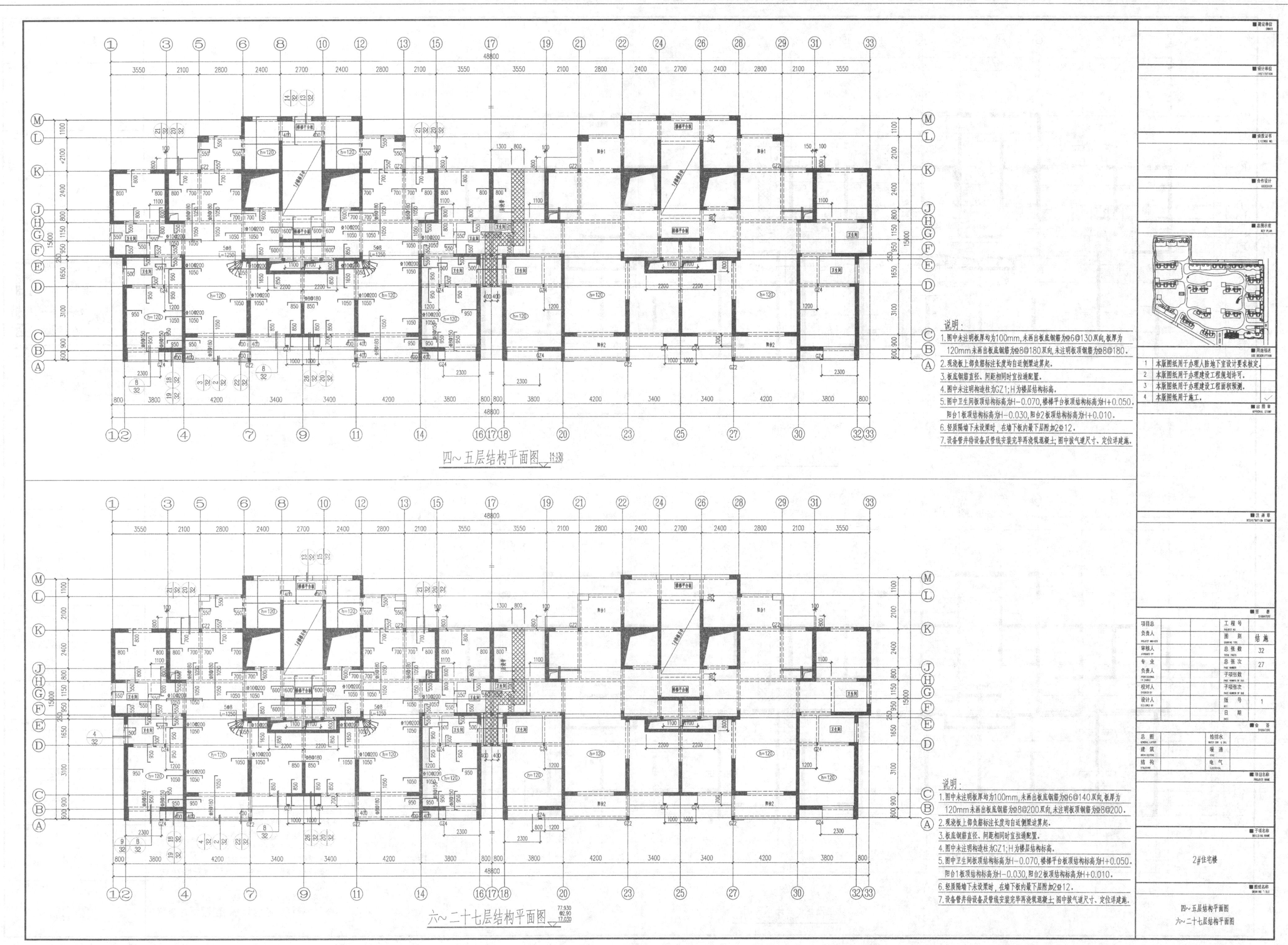
四~五层结构平面图
说明：
1.图中未注明板厚均为100mm,未画出板底钢筋为⌀6@130双向,板厚为120mm未画出板底钢筋为⌀8@180双向,未注明板顶钢筋为⌀8@180。
2.现浇板上部负筋标注长度均自近侧梁边算起。
3.板底钢筋直径、间距相同时宜拉通配置。
4.图中未注明构造柱为GZ1;H为楼层结构标高。
5.图中卫生间板顶结构标高为H-0.070,楼梯平台板顶结构标高为H+0.050。阳台1板顶结构标高为H-0.030,阳台2板顶结构标高为H+0.010。
6.轻质隔墙下未设梁时，在墙下板内最下层附加2⌀12。
7.设备管井待设备及管线安装完毕再浇筑混凝土;图中拔气道尺寸、定位详建施。
六~二十七层结构平面图
说明：
1.图中未注明板厚均为100mm,未画出板底钢筋为⌀6@140双向,板厚为120mm未画出板底钢筋为⌀8@200双向,未注明板顶钢筋为⌀8@200。
2.现浇板上部负筋标注长度均自近侧梁边算起。
3.板底钢筋直径、间距相同时宜拉通配置。
4.图中未注明构造柱为GZ1;H为楼层结构标高。
5.图中卫生间板顶结构标高为H-0.070,楼梯平台板顶结构标高为H+0.050。阳台1板顶结构标高为H-0.030,阳台2板顶结构标高为H+0.010。
6.轻质隔墙下未设梁时，在墙下板内最下层附加2⌀12。
7.设备管井待设备及管线安装完毕再浇筑混凝土;图中拔气道尺寸、定位详建施。
用途描述 USE DESCRIPTION
1 本版图纸用于办理人防地下室设计要求核定。
2 本版图纸用于办理建设工程规划许可。
3 本版图纸用于办理建设工程面积预测。
4 本版图纸用于施工。
出图章 APPROVAL STAMP
签署 SIGNATURE
项目总负责人
审核人
专业负责人
校对人
设计人
工程号
图别 结施
总张数 32
总张次 27
子项张数
子项张次
版号 1
日期
会签 SIGNATURE
总图
建筑
结构
给排水
暖通
电气
项目名称 PROJECT NAME
子项名称 BUILDING NAME
2#住宅楼
图纸名称 DRAWING TITLE
四~五层结构平面图
六~二十七层结构平面图

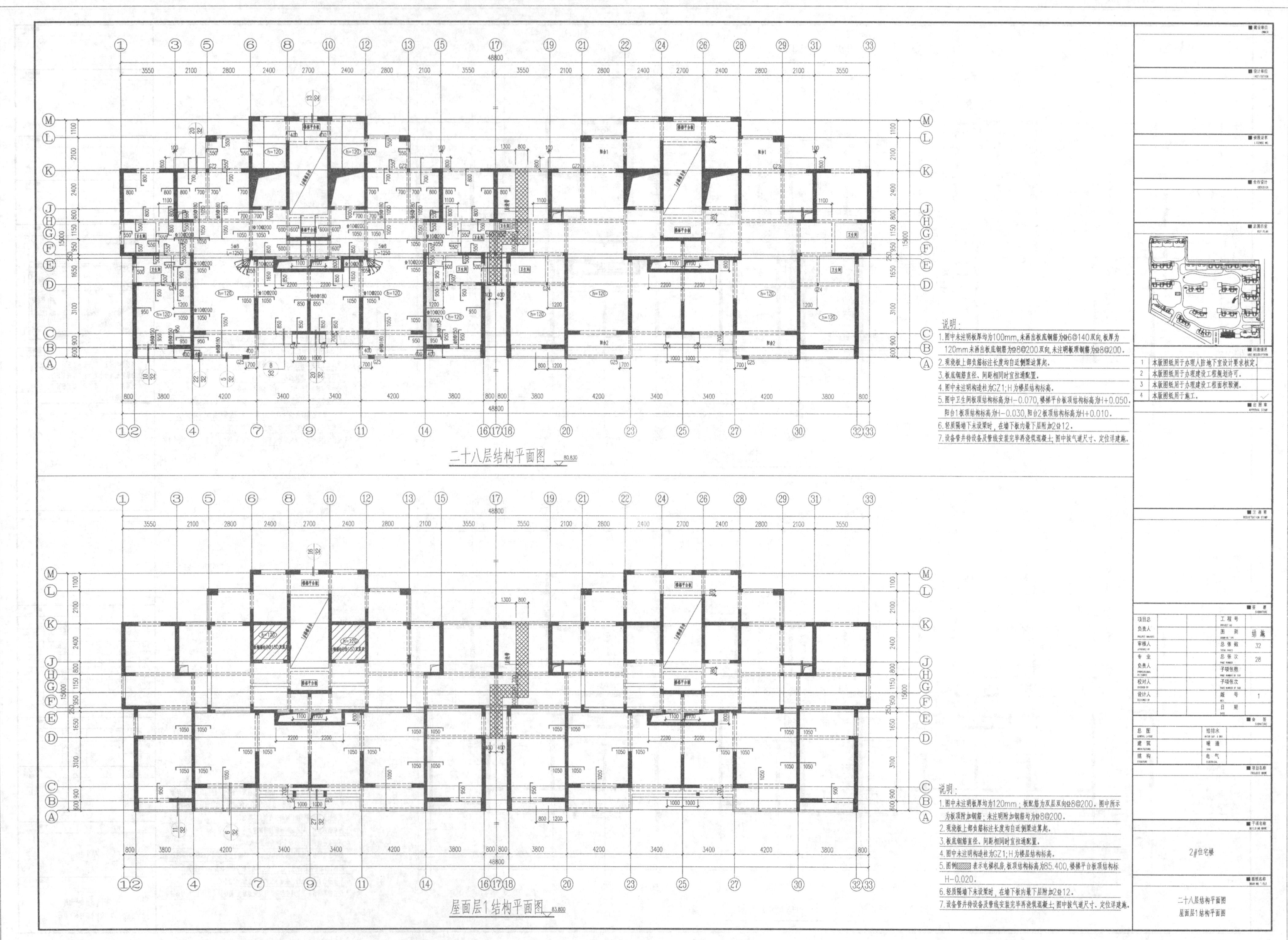
二十八层结构平面图 80.830
说明：
1.图中未注明板厚均为100mm，未画出板底钢筋为⌀6@140双向，板厚为120mm未画出板底钢筋为⌀8@200双向，未注明板顶钢筋为⌀8@200。
2.现浇板上部负筋标注长度均自近侧梁边算起。
3.板底钢筋直径、间距相同时宜拉通配置。
4.图中未注明构造柱为GZ1；H为楼层结构标高。
5.图中卫生间板顶结构标高为H-0.070，楼梯平台板顶结构标高为H+0.050。阳台1板顶结构标高为H-0.030，阳台2板顶结构标高为H+0.010。
6.轻质隔墙下未设梁时，在墙下板内最下层附加2⌀12。
7.设备管井待设备及管线安装完毕再浇筑混凝土；图中拔气道尺寸、定位详建施。
屋面层1结构平面图 83.800
说明：
1.图中未注明板厚均为120mm；板配筋为双层双向⌀8@200。图中所示为板顶附加钢筋；未注明附加钢筋均为⌀8@200。
2.现浇板上部负筋标注长度均自近侧梁边算起。
3.板底钢筋直径、间距相同时宜拉通配置。
4.图中未注明构造柱为GZ1；H为楼层结构标高。
5.图例▨表示电梯机房，板顶结构标高为85.400，楼梯平台板顶结构标高H-0.020。
6.轻质隔墙下未设梁时，在墙下板内最下层附加2⌀12。
7.设备管井待设备及管线安装完毕再浇筑混凝土；图中拔气道尺寸、定位详建施。
用途描述
1 本版图纸用于办理人防地下室设计要求核定。
2 本版图纸用于办理建设工程规划许可。
3 本版图纸用于办理建设工程面积预测。
4 本版图纸用于施工。
出图章
签署
项目总负责人
审核人
专业负责人
校对人
设计人
工程号
图别 结施
总张数 32
总张次 28
子项张数
子项张次
版号 1
日期
会签
总图
建筑
结构
给排水
暖通
电气
项目名称
子项名称
2#住宅楼
图纸名称
二十八层结构平面图
屋面层1结构平面图

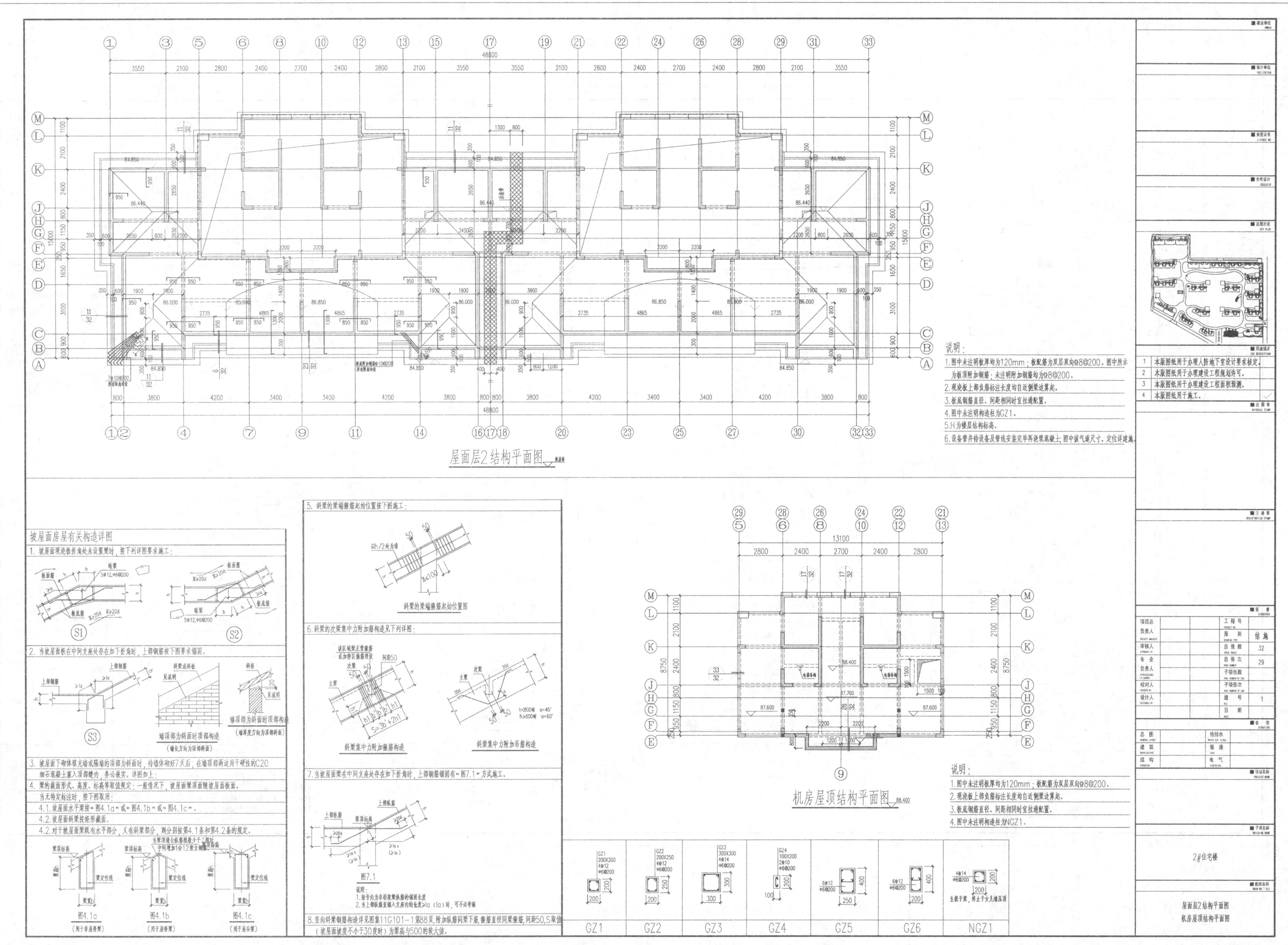
屋面层2结构平面图
说明：
1.图中未注明板厚均为120mm；板配筋为双层双向Φ8@200。图中所示为板顶附加钢筋；未注明附加钢筋均为Φ8@200。
2.现浇板上部负筋标注长度均自近侧梁边算起。
3.板底钢筋直径、间距相同时宜拉通配置。
4.图中未注明构造柱为GZ1。
5.H为楼层结构标高。
6.设备管井待设备及管线安装完毕再浇筑混凝土；图中拔气道尺寸、定位详建施。
用途描述
1 本版图纸用于办理人防地下室设计要求核定。
2 本版图纸用于办理建设工程规划许可。
3 本版图纸用于办理建设工程面积预测。
4 本版图纸用于施工。 ✓
出图章
坡屋面房屋有关构造详图
1. 坡屋面现浇板折角处未设置梁时，按下列详图要求施工：
板面筋
暗梁
5Φ12,Φ6@200
板底筋
且≥20d
S1
S2
2. 当坡屋面板在中间支座处存在如下折角时，上部钢筋按下图要求锚固。
上部钢筋
斜梁或斜板
见说明
斜板
S3
墙顶部为斜面时顶部构造
（墙长方向为顶部斜面）
墙顶部为斜面时顶部构造
（墙厚度方向为顶部斜面）
3. 坡屋面下砌体填充墙或隔墙的顶部为斜面时，待墙体砌好7天后，在墙顶部两边用干硬性的C20细石混凝土塞入顶部缝内，务必嵌实。详图如上：
4. 梁的截面形式、高度、标高等取值规定：一般情况下，坡屋面梁顶面随坡屋面板面。
当无特定标注时，按下图取用：
4.1.坡屋面水平梁按“图4.1a”或“图4.1b”或“图4.1c”。
4.2.坡屋面斜梁按矩形截面。
4.2.对于坡屋面梁既有水平部分，又有斜梁部分，则分别按第4.1条和第4.2条的规定。
当梁顶通长纵筋根数少于三根时中间增加1Φ12架立钢筋。
梁顶标高
梁定位线
图4.1a
图4.1b
图4.1c
5. 斜梁的梁端箍筋起始位置按下图施工：
以h/2处为准
且≤100
斜梁的梁端箍筋起始位置图
6.斜梁的次梁集中力附加筋构造见下列详图：
该区域梁正常箍筋或加密区箍筋照设
间距50
次梁
主梁
S=3b'+2h1
h<800时 α=45°
h≥800时 α=60°
斜梁集中力附加箍筋构造
斜梁集中力附加吊筋构造
7.当坡屋面梁在中间支座处存在如下折角时，上部钢筋锚固有“图7.1”方式施工。
上部纵筋
梁顶标高
图7.1
说明：
1.括号内为非框架梁纵筋的锚固长度
2.当上部纵筋直锚入支座内的长度≥la（la）时，可不必弯锚
8.竖向斜梁钢筋构造详见图集11G101-1第88页，附加纵筋同梁下筋，箍筋直径同梁箍筋，间距50，S取值（坡屋面坡度不小于30度时）为梁高与500的较大值。
机房屋顶结构平面图 88.400
说明：
1.图中未注明板厚均为120mm；板配筋为双层双向Φ8@200。
2.现浇板上部负筋标注长度均自近侧梁边算起。
3.板底钢筋直径、间距相同时宜拉通配置。
4.图中未注明构造柱为NGZ1。
GZ1 200X200 4Φ12 Φ6@200
GZ2 200X250 4Φ12 Φ6@200
GZ3 300X300 4Φ14 Φ6@200
GZ4 100X200 2Φ10 Φ6@200
GZ5 6Φ12 Φ6@200
GZ6 6Φ12 Φ6@200
NGZ1 4Φ14 Φ6@200 生根于梁，终止于女儿墙压顶
签署
项目总负责人
审核人
专业负责人
校对人
设计人
工程号
图别 结施
总张数 32
总张次 29
子项张数
子项张次
版号 1
日期
会签
总图
建筑
结构
给排水
暖通
电气
项目名称
子项名称
2#住宅楼
图纸名称
屋面层2结构平面图
机房屋顶结构平面图

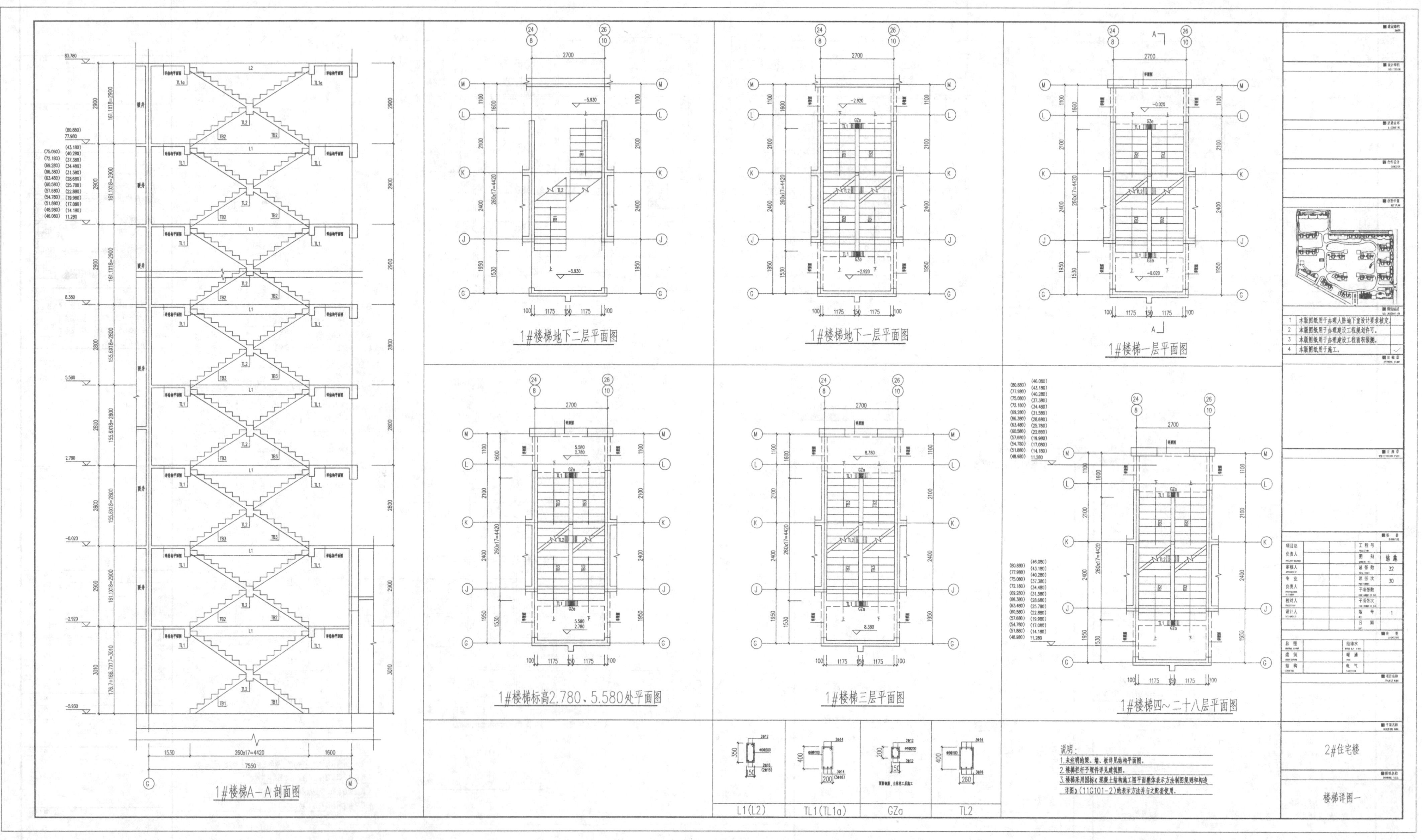

1#楼梯A－A剖面图
1#楼梯地下二层平面图
1#楼梯地下一层平面图
1#楼梯一层平面图
1#楼梯标高2.780、5.580处平面图
1#楼梯三层平面图
1#楼梯四～二十八层平面图
L1(L2)
TL1(TL1a)
GZa
TL2
说明：
1.未注明的梁、墙、板详见结构平面图。
2.楼梯栏杆予埋件详见建筑图。
2#住宅楼
楼梯详图一

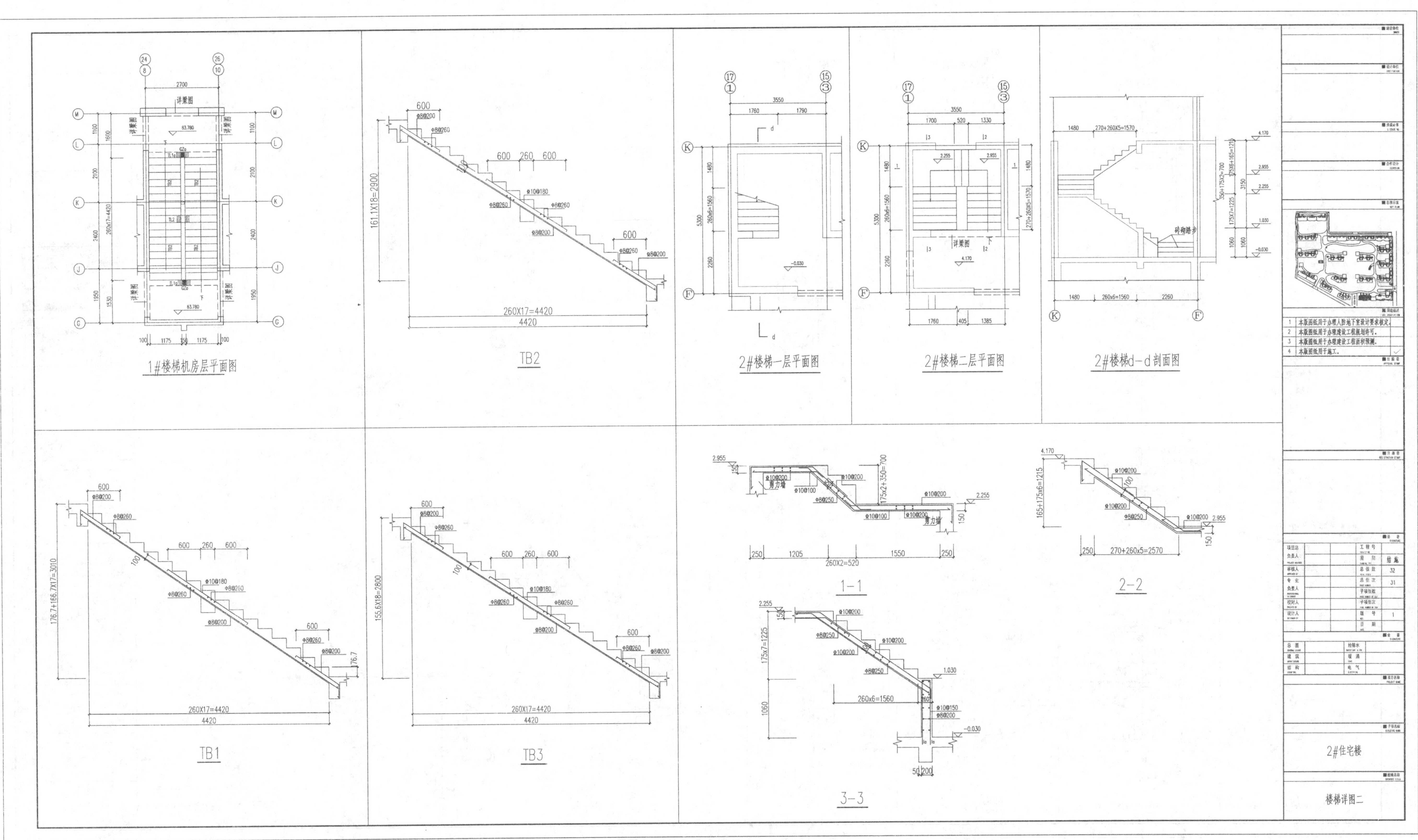

1#楼梯机房层平面图
TB2
2#楼梯一层平面图
2#楼梯二层平面图
2#楼梯d-d剖面图
TB1
TB3
1-1
2-2
3-3
2#住宅楼
楼梯详图二

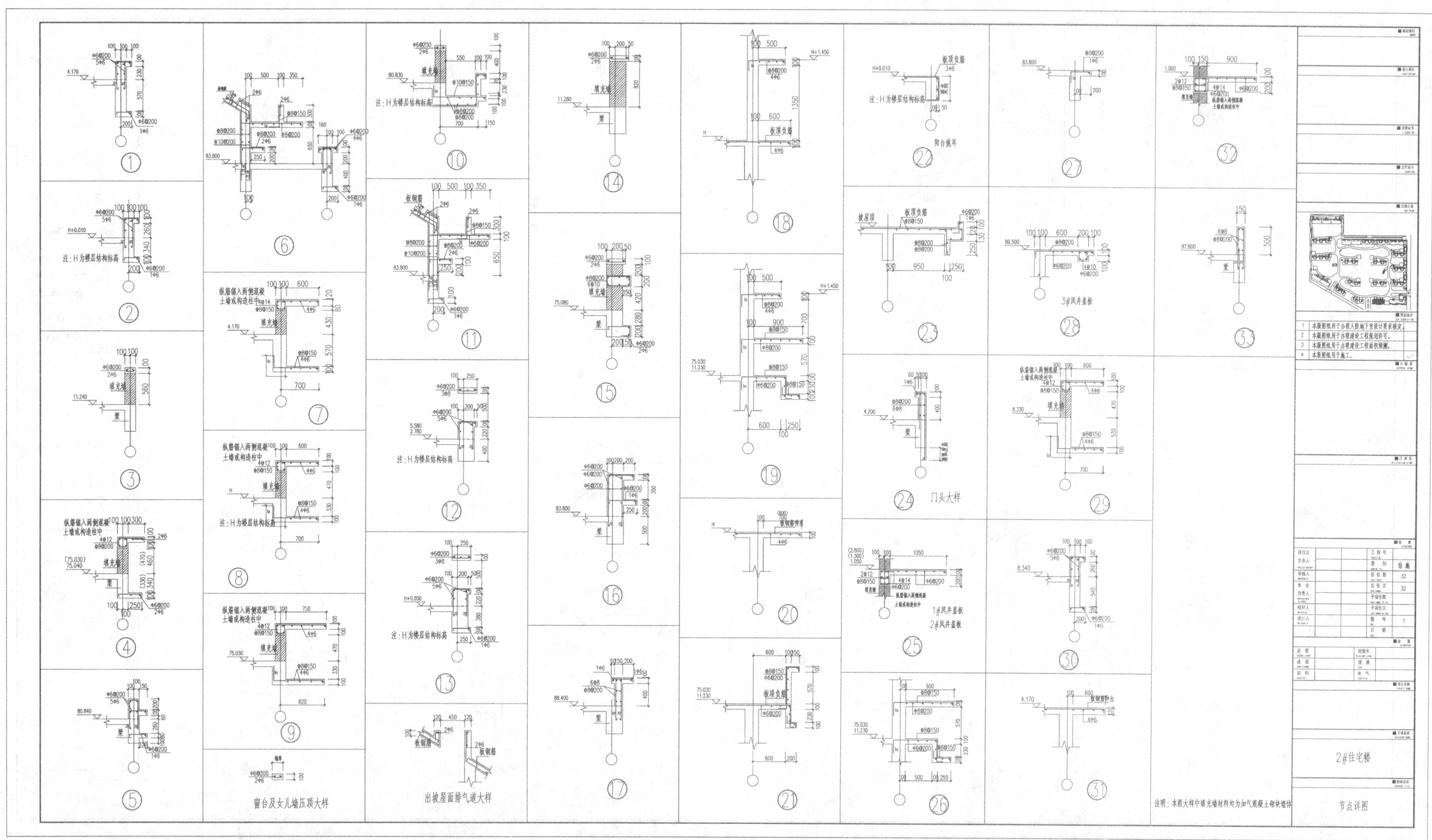